U0213843

国家出版基金项目
NATIONAL PUBLICATION FOUNDATION

"十三五"国家重点出版物出版规划项目

中国生态环境演变与评估

辽河流域生态系统评估

严岩 吴钢 许东 等 著

科学出版社

北京

内 容 简 介

本书以辽河流域生态系统状况及其变化为核心，系统研究了辽河流域 2000～2010 年生态系统类型、格局及变化，评估了生态系统服务及其变化，分析了流域水资源、水环境及变化，探讨了其与流域陆地生态系统之间的关系与调控对策，并对辽宁省大伙房水库及水源地生态环境变化进行了专题研究。

本书适合生态学、环境科学、水文学等专业的科研和教学人员阅读，也可为流域生态系统管理和水文水资源管理人员提供参考。

图书在版编目（CIP）数据

辽河流域生态系统评估／严岩等著 . —北京：科学出版社，2017.1
（中国生态环境演变与评估）
"十三五"国家重点出版物出版规划项目　国家出版基金项目
ISBN 978-7-03-050404-3

Ⅰ.①辽…　Ⅱ.①严…　Ⅲ.①辽河流域–区域生态环境–评估
Ⅳ.①X321.23

中国版本图书馆 CIP 数据核字（2016）第 262875 号

责任编辑：李　敏　张　菊　刘　超／责任校对：钟　洋
责任印制：肖　兴／封面设计：黄华斌

科学出版社 出版
北京东黄城根北街 16 号
邮政编码：100717
http://www.sciencep.com
中国科学院印刷厂 印刷
科学出版社发行　各地新华书店经销

*

2017 年 1 月第　一　版　　开本：787×1092　1/16
2017 年 1 月第一次印刷　　印张：16 1/4
字数：413 000
定价：148.00 元
（如有印装质量问题，我社负责调换〈科印〉）

总　　序

我国国土辽阔，地形复杂，生物多样性丰富，拥有森林、草地、湿地、荒漠、海洋、农田和城市等各类生态系统，为中华民族繁衍、华夏文明昌盛与传承提供了支撑。但长期的开发历史、巨大的人口压力和脆弱的生态环境条件，导致我国生态系统退化严重，生态服务功能下降，生态安全受到严重威胁。尤其 2000 年以来，我国经济与城镇化快速的发展、高强度的资源开发、严重的自然灾害等给生态环境带来前所未有的冲击：2010 年提前 10 年实现 GDP 比 2000 年翻两番的目标；实施了三峡工程、青藏铁路、南水北调等一大批大型建设工程；发生了南方冰雪冻害、汶川大地震、西南大旱、玉树地震、南方洪涝、松花江洪水、舟曲特大山洪泥石流等一系列重大自然灾害事件，对我国生态系统造成巨大的影响。同时，2000 年以来，我国生态保护与建设力度加大，规模巨大，先后启动了天然林保护、退耕还林还草、退田还湖等一系列生态保护与建设工程。进入 21 世纪以来，我国生态环境状况与趋势如何以及生态安全面临怎样的挑战，是建设生态文明与经济社会发展所迫切需要明确的重要科学问题。经国务院批准，环境保护部、中国科学院于 2012 年 1 月联合启动了"全国生态环境十年变化（2000—2010 年）调查评估"工作，旨在全面认识我国生态环境状况，揭示我国生态系统格局、生态系统质量、生态系统服务功能、生态环境问题及其变化趋势和原因，研究提出新时期我国生态环境保护的对策，为我国生态文明建设与生态保护工作提供系统、可靠的科学依据。简言之，就是"摸清家底，发现问题，找出原因，提出对策"。

"全国生态环境十年变化（2000—2010 年）调查评估"工作历时 3 年，经过 139 个单位、3000 余名专业科技人员的共同努力，取得了丰硕成果：建立了"天地一体化"生态系统调查技术体系，获取了高精度的全国生态系统类型数据；建立了基于遥感数据的生态系统分类体系，为全国和区域生态系统评估奠定了基础；构建了生态系统"格局–质量–功能–问题–胁迫"评估框架与技术体系，推动了我国区域生态系统评估工作；揭示了全国生态环境十年变化时空特征，为我国生态保护与建设提供了科学支撑。项目成果已应用于国家与地方生态文明建设规划、全国生态功能区划修编、重点生态功能区调整、国家生态保护红线框架规划，以及国家与地方生态保护、城市与区域发展规划和生态保护政策的制定，并为国家与各地区社会经济发展"十三五"规划、京津冀交通一体化发展生态保护规划、京津冀协同发展生态环境保护规划等重要区域发展规划提供了重要技术支撑。此外，项目建立的多尺度大规模生态环境遥感调查技术体系等成果，直接推动了国家级和省级自然保护区人类活动监管、生物多样性保护优先区监管、全国生态资产核算、矿产资源开发监管、海岸带变化遥感监测等十余项新型遥感监测业务的发展，显著提升了我国生态环境保护管理决策的能力和水平。

《中国生态环境演变与评估》丛书系统地展示了"全国生态环境十年变化（2000—2010年）调查评估"的主要成果，包括：全国生态系统格局、生态系统服务功能、生态环境问题特征及其变化，以及长江、黄河、海河、辽河、珠江等重点流域，国家生态屏障区，典型城市群，五大经济区等主要区域的生态环境状况及变化评估。丛书的出版，将为全面认识国家和典型区域的生态环境现状及其变化趋势、推动我国生态文明建设提供科学支撑。

因丛书覆盖面广、涉及学科领域多，加上作者水平有限等原因，丛书中可能存在许多不足和谬误，敬请读者批评指正。

《中国生态环境演变与评估》丛书编委会
2016 年 9 月

前　　言

在自然因素和人类活动共同作用和驱动下，地球生态系统不断演化。尤其工业革命以来的近 200 年间，随着人类活动的规模和强度急剧增大，人类活动成了生态系统变化的主导驱动因素。流域是人类社会经济聚集与活动的重要地理单元，人类活动通过改变流域内的河流形态、地表与地下水资源分配与水循环过程、土地利用与土地覆盖、污染物排放等，对流域生态系统产生复杂影响，驱动流域生态系统改变，进而又反过来影响人类社会经济的可持续发展。

辽河流域位于我国东北地区南部的半湿润、半干旱区域，是我国"七大流域"之一，也是我国重要的工业基地和商品粮基地。流域上游地处我国北方的农牧交错带，以畜牧业与农业为主，人口与经济密度相对较低；流域下游是中国著名的东北老工业基地，区域内人口稠密，经济活动强度高。当前，辽河流域草地退化和沙化、湿地退化、河流断流、地表水污染、水土流失与河道淤积、地下水水位下降等生态环境问题突出，严重威胁着流域生态安全和社会经济可持续发展。

为了系统揭示辽河流域生态系统的状况、变化和效应，为流域和区域生态环境保护及社会经济发展调控提供科学依据，环境保护部、中国科学院科技专项"全国生态环境十年变化（2000—2010 年）遥感调查与评估"中设置了"辽河流域生态环境十年变化调查与评估"课题，本书即是在该课题主要成果的基础上编写而成。

本书系统阐明了 2000—2010 年辽河流域系统类型、格局及其变化；评估了流域生态系统服务功能空间特征及其变化；明确了流域水资源、水环境、水文过程状况及变化特征；分析了流域陆地生态系统变化、社会经济发展与流域水资源、水环境之间的关系；并针对辽河流域内最重要的饮用水源地——大伙房水库，进行了专题评估；最后，提出了辽河流域生态环境管理与调控对策。

全书共分 7 章。第 1 章主要介绍辽河流域自然与社会经济概况和主要生态环境问题。第 2 章系统阐述了辽河流域生态系统类型、格局及其变化。第 3 章评价了辽河流域生态系统质量及其变化。第 4 章评估了辽河流域生态系统服务及其变化。第 5 章总结了辽河流域水资源与水环境现状、特征及变化趋势。第 6 章是大伙房水库及水源地生态环境变化、效应与安全保障对策专题研究。第 7 章是主要结论和辽河流域生态系统保护与管理对策及建议。

本书写作分工如下：

第 1 章：严岩、赵春黎、吴钢；

第 2 章：严岩、张亚君、董仁才、于天舒；

第 3 章：张亚君、付晓、贾佳、严岩；

第 4 章：赵春黎、王辰星、段靖、严岩；

第 5 章：王辰星、唐明方、许东、吴宝宏、隋鑫；

第 6 章：许东、段靖、刘昕、梁玉静、刘兴双、张颖辉；

第 7 章：严岩、吴钢；

全书由严岩、吴钢统稿；许东、严岩校稿。

由于作者水平和时间的限制，书中难免有不足和疏漏之处，敬请读者不吝批评、赐教。

作　者

2015 年 3 月于北京

目　　录

第1章 辽河流域自然与社会经济概况

辽河流域位于我国东北地区南部，是我国七大流域之一。流域地跨河北、内蒙古、吉林、辽宁四个省（自治区）。流域水系主要包括辽河干流、浑河、大凌河、沿海小河等，辽河干流全长为 1390 km。辽河古称辽泽、辽水、句骊河、巨流河等。流域上游是我国北方的农牧交错带，下游是中国著名的东北老工业基地。辽河流域在国家生态安全、社会经济发展中具有非常重要的作用和地位。

1.1 自然地理概况

1.1.1 地理位置

辽河流域位于我国东北地区，北部与松花江流域相接，南部毗邻渤海湾。流域范围为 116°31′E ~ 128°17′E、38°41′N ~ 45°10′N，流域面积为 31.4×10^4 km^2。

辽河流域地跨河北、内蒙古、吉林、辽宁四省（自治区）的 26 个地级市的 153 个县（市、区、旗）。其中，河北辖区内包括承德市和秦皇岛市的 7 个县区。内蒙古辖区内包括赤峰市、通辽市、锡林郭勒盟和兴安盟的 24 个县区；吉林省辖区内包括白城市、白山市、辽源市、四平市、松原市、通化市的 23 个县区；辽宁省辖区内包括沈阳市、鞍山市、本溪市、朝阳市、大连市、丹东市、抚顺市、阜新市、葫芦岛市、锦州市、辽阳市、盘锦市、铁岭市、营口市的 99 个县区；流域地理位置、范围及行政区划如图 1-1 所示。

1.1.2 地形地貌

辽河流域总体上呈北高南低、东西高中部低的地势形态。西北部为大兴安岭山脉，属低山丘陵地貌，海拔为 500 ~ 1500m；中北部地区分布大片荒漠，主要为冲积平原、沙丘、丘陵山地等地貌类型，海拔为 100 ~ 700m；中南部为冲积平原，海拔在 200m 以下；东部地区主要是中、低起伏山地和滨海丘陵等地貌类型，海拔为 200 ~ 700m，多为林地。流域遥感影像与数字高程如图 1-2 和图 1-3 所示。

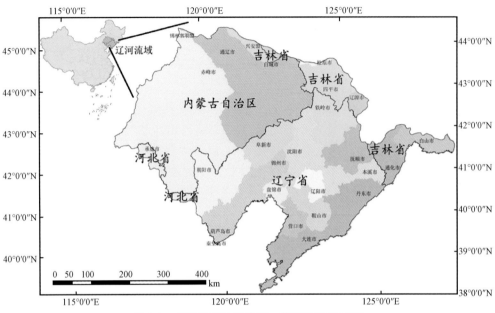

图 1-1　辽河流域地理位置、范围及行政区划

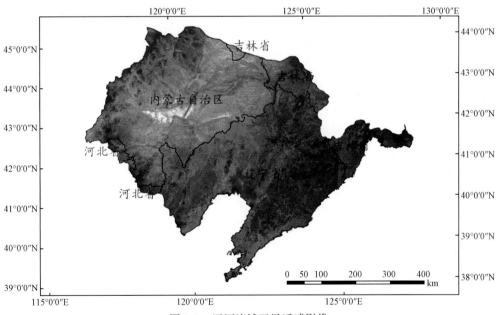

图 1-2　辽河流域卫星遥感影像

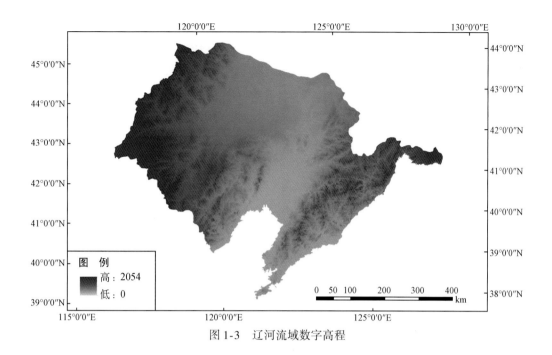

图 1-3　辽河流域数字高程

1.1.3　河流水系

辽河流域水系主要包括辽河干流、浑河、大凌河等主要河流及其支流，以及沿海小河等。辽河干流全长为1390km，年均径流量为126亿 m^3。辽河干流上游为老哈河，发源于河北省平泉县光头山，向东北流经赤峰、通辽，在吉林省双辽市阎家崴子与新开河交汇，而后东流到吉林省双辽境内折向南，于辽宁省福德店与东辽河汇合，向南流，于盘锦汇入渤海。

浑河全长为415km，年均径流量为30.52亿 m^3。浑河发源于抚顺市清原满族自治县（简称清原县）滚马岭，流经抚顺、沈阳等，在鞍山市海城与太子河汇合，向南流至营口市汇入渤海。

大凌河全长为397km，年均径流量为16.67亿 m^3。大凌河发源于辽宁省建昌县，向东北流经努鲁儿虎山，接纳老虎山河、牤中河等支流，到义县转向南流，在凌海市东南注入辽东湾。辽河流域水系分布如图1-4所示。

为了分析辽河流域生态系统状况与变化的格局特征，本书中将辽河流域划分为6个一级子流域、20个二级子流域。一级子流域包括辽河上游流域（郑家屯以上）、辽河下游流域（不包括浑河、太子河）、浑河–太子河流域、绕阳河–大凌河流域、浑江流域、沿海诸河流域。一级子流域与二级子流域划分与范围如图1-5和图1-6所示。

1）辽河上游流域：辽河干流郑家屯以上的流域范围，包含老哈河、西拉木伦河、新开河、西辽河共四个二级子流域，总面积约为 13.2×10^4 km^2。

图 1-4　辽河流域水系

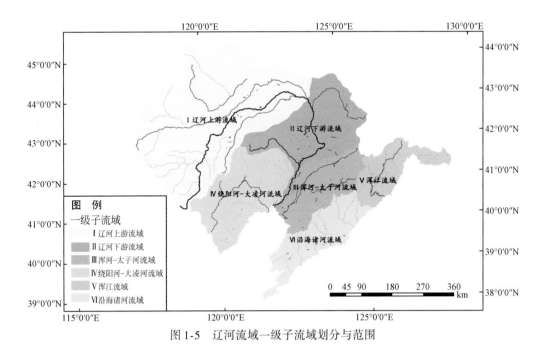

图 1-5　辽河流域一级子流域划分与范围

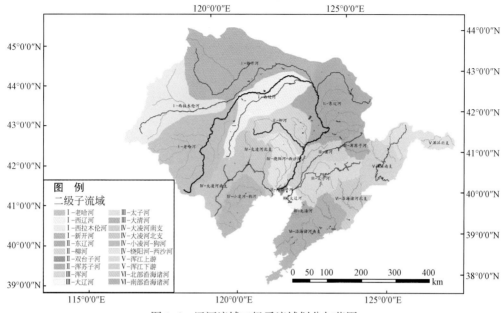

图 1-6 辽河流域二级子流域划分与范围

2）辽河下游流域：辽河干流郑家屯以下的流域范围，包含东辽河、柳河、双台子河共三个二级子流域，总面积为 $5×10^4$ km²。

3）浑河–太子河流域：浑河、太子河及其交汇后（大辽河）的流域范围，包含浑苏子河、浑河、太子河、大辽河、大清河共五个二级子流域，总面积为 $3×10^4$ km²。

4）绕阳河–大凌河流域：指绕阳河、大凌河的流域范围，包含绕阳河、大凌河南支、大凌河北支、小凌河共四个二级子流域，总面积为 $4.6×10^4$ km²。

5）浑江流域：浑江的流域范围，包含浑江上游、浑江下游两个二级子流域，总面积为 $2.2×10^4$ km²。

6）沿海诸河流域：辽宁东南部独立入海的诸多河流的流域范围，包含北部沿海诸河、南部沿海诸河两个二级子流域，总面积为 $3×10^4$ km²。

1.1.4 气候

辽河流域中部和东部地区属温带半湿润半干旱季风气候，西部地区属大陆性季风气候，流域整体气候特征为春季干燥多风沙，夏季炎热短促，秋季凉爽多雨，冬季寒冷而漫长。流域内干湿季节分明；日照充足，春秋日照时间长，夏季次之，冬季最短。

从中国地面气候资料日值数据集（V3.0）提取辽河流域内 47 个气象站的气压、气温、降水量、蒸散发量、相对湿度、风向风速、日照时数等观测数据，进行克吕格（Kringing）插值，分析各气候因子在流域内的分布特征与变化，其结果如下。

1）气温：辽河流域年平均气温自南向北逐步降低，南部环渤海区域年均气温高于

8℃，西部辽河上游地区和东北部部分地区年均气温低于5℃。年均气温分布如图1-7所示。

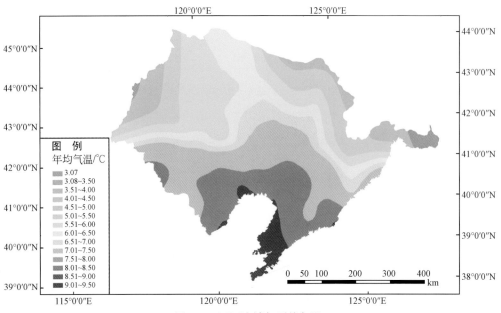

图1-7　辽河流域年平均气温

2）降水：流域内年降水量自东南向西北逐渐减少，东部地区降水量在700～1500mm，西部地区在200～500mm，西部上游地区年降水量最低，平均低于250mm。年均降水量分布如图1-8所示。

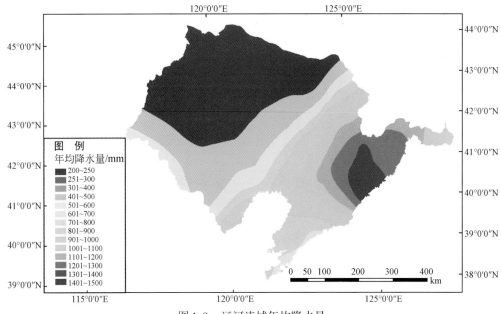

图1-8　辽河流域年均降水量

3）日照时数：流域内年平均日照时数自东向西逐渐增加，东部地区为 5 ~ 6h，西部大部分地区高于 7h。年平均日照时数如图 1-9 所示。

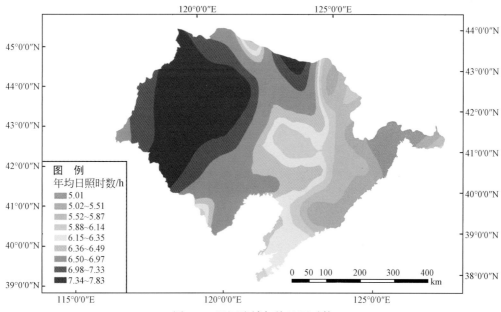

图 1-9　辽河流域年均日照时数

4）风速：流域内平均风速呈现中部高，东、西部低的趋势，东部地区平均风速最低，为 1.5m/s，中部地区最高，最高平均风速可达到 3 m/s，如图 1-10 所示。

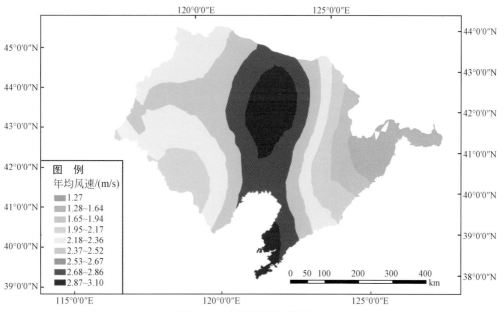

图 1-10　辽河流域年均风速

5）相对湿度：流域内年平均相对湿度自西北向东南逐渐增加，西北部地区低于50%，东北部地区整体高于66%，如图1-11所示。

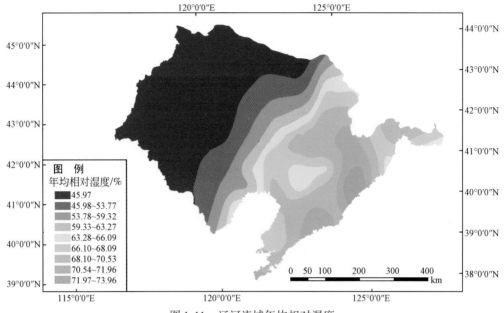

图 1-11　辽河流域年均相对湿度

1.1.5　土壤

辽河流域内土壤以淋溶土、半淋溶土、钙层土等类型为主。东部地区以棕壤为主，零星分布白浆土、暗棕壤和水稻土等；东南部地区以草甸土和水稻土为主；中部以潮土和碱化潮土为主，在最北部零星分布草原风沙土和栗钙土性土；西部以栗钙土、粗骨土和草原风沙土为主，西南部零星分布淡栗褐土、褐土及棕壤，西北部零星分布黑钙土等。按照土壤土纲类型划分，流域东南部多为淋溶土，西北部为钙层土，中南部多为半水成土。流域土壤土纲类型如图1-12所示。

1.1.6　生物多样性

辽河流域内植被类型复杂多样，植物种类涵盖2200余种，其中具有经济价值的1300种以上，药用类830多种。流域内主要植被类型为草原、落叶阔叶林、针叶林、针阔混交林、灌丛等。流域上游区域以草原和稀疏灌木为主，主要的植被有贝加尔针茅草原和大针茅、克氏针茅草等，随海拔升高还有沙地锦鸡儿、篙灌等植被。下游区域以耕地为主，主要种植小麦、高粱、玉米等粮食作物和苹果、梨、柿子、板栗、核桃等经济作物，其他地区以榆树疏林结合沙生灌丛为主。东部浑河–太子河河流域以落叶阔叶林、针阔混交林、

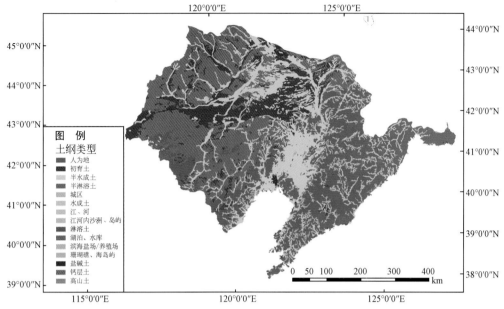

图 1-12 辽河流域土壤土纲类型

针叶林等植被类型为主，主要植物有桦树、杨树、椴树、榆树、松树和落叶栎树等。

辽河流域动物种类繁多。流域内有两栖、哺乳、爬行、鸟类等动物 830 余种。其中，有国家一级保护动物 6 种，二级保护动物 68 种，三级保护动物 107 种。流域范围内有鸟类 400 多种，约占全国鸟类种类的 31%。

流域域内有自然保护区 194 个，总面积达到了 443.04 万 hm²，占流域面积的 9.12%。其中，国家级自然保护区共 26 个，省级自然保护区 39 个，地市级自然保护区 56 个，县级自然保护区 73 个（中华人民共和国环境保护部，2011）。流域内自然保护区情况见表 1-1。

表 1-1 辽河流域自然保护区情况

级别	河北		内蒙古		吉林		辽宁		总计		比例/%
	个数	面积/hm²	个数	面积/hm²	个数	面积/hm²	个数	面积/hm²	个数	面积/hm²	
国家级	3	29 395	6	486 801	4	992 317	13	239 766	26	1 748 279	39.46
省级	0	0	9	533 243	3	340 178	27	14 082	39	887 503	20.03
市级	0	0	17	236 468	3	769 895	36	20 564	56	1 026 927	23.18
县级	0	0	46	649 347	2	110 996	25	7 337	73	767 680	17.33
总计	3	29 395	78	1 905 859	12	2 213 386	101	281 749	194	4 430 389	100

1.2 社会经济概况

辽河流域是我国重要的工业基地和商品粮基地。流域上游以畜牧业与农业为主，人口与经济密度相对较低；流域下游是中国著名的东北老工业基地，发展迅速的辽中南城市群和沈阳经济区位于该区域内，区域内人口稠密，经济活动强度高。

1.2.1　人口

辽河流域人口比较密集。2010 年，辽河流域总人口为 6171.39 万人，相比 2000 年增加了 723.75 万人。流域下游地区和环渤海地区人口密度高，上游地区和沿海诸河区域人口密度较低。流域内人口密度最高和最低的地区为分别为沈阳市沈河区和内蒙古锡林郭勒盟东乌珠穆沁旗（2010 年人口密度分别为 40 850 人/km^2，1.62 人/km^2）。2010 年流域内 GDP 为 24 942 亿元，十年间增长迅速，增加近 6 倍。经济强度表现出了下游流域及浑河、太子河流域人均 GDP 较高且增速较快，上游地区较低而增速较慢。如图 1-13 所示。

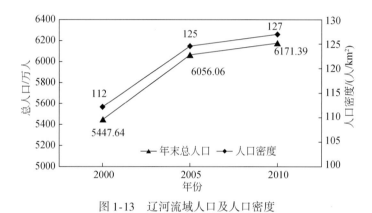

图 1-13　辽河流域人口及人口密度

1.2.2　社会经济

辽河流域是我国重要的重工业基地，在我国经济发展中占有重要的战略地位。2000 年，流域国民生产总值约为 3736.52 亿元，到 2010 年增长至近 24 942 亿元，十年间增加了将近 6 倍。如图 1-14 所示。

辽河流域内产业结构以第二和第三产业为主。2010 年，第一、第二、第三产业产值分别占流域内 GDP 的比例为 10.13%、53.01% 和 36.86%。从规模上，三类产业产值均明显增长，第二、第三产业增长尤为显著，十年间，第一、第二、第三产业分别增长了 1798 亿元、11 736 亿元和 7774 亿元。从产业结构来看，第一产业从 2000 年的 20.20% 显著降低到 2010 年的 10.13%，第二产业从 2000 年的 40.67% 显著提高到 2010 年的 53.01%，第三产业的比例略有下降，从 2000 年的 39.13% 减少至 2010 年的 36.86%。

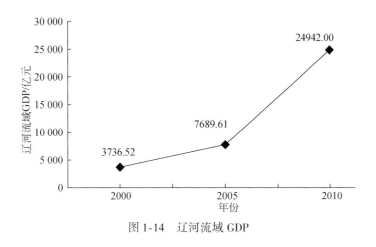

图 1-14 辽河流域 GDP

1.3 生态环境状况与问题

我国水环境总体状况严峻，辽河流域也面临着流域生态退化、水环境污染和水资源矛盾等问题。辽河流域是我国确定的"三河、三湖、一江、一库"水环境治理重点流域之一，流域治理在我国水资源环境安全战略中占有重要地位。

为加强水污染防治、保护和改善水质、保障人群健康和生活生产用水，国家和地方开展了多项辽河流域治理的举措和行动。辽宁省 1997 年制定了《辽宁省辽河流域水污染防治条例》。1999 年和 2003 年，国务院先后批复了《辽河流域水污染防治"九五"计划及2010 年规划》和《辽河流域水污染防治"十五"计划》。2003 年，为加强地下水资源管理，辽宁省制定了《辽宁省地下水资源保护条例》。2008 年，在国务院批复的《辽河流域水污染防治规划（2006—2010 年)》中，明确提出了辽河流域"十一五"水污染防治水质目标。2008 年，辽宁省颁布了《辽宁省跨行政区域河流出市断面水质目标考核暂行办法》，规定以地级市为单位，对主要河流出市断面水质进行考核，水质超过目标值的，上游地区将给予下游地区补偿资金。这些行动计划的实施和政策制度的完善对辽河流域水资源与水环境保护与治理起到了重要作用。

同时，相关部门也开展了辽河流域生态环境相关的系列研究工作。国家"流域水环境污染容量总量控制"研究，对辽河流域辽河水系及浑太水系进行了水环境生态功能分区，为实施流域水生态环境管理奠定了基础。国家水体污染控制与治理科技重大专项把辽河流域作为重点流域，部署了多个项目和课题，对辽河流域水环境污染机理、治理技术、政策与管理等方面开展了系统的研究。此外，还有许多国家与地方不同层级的研究工作。

流域已有的相关研究内容涵盖广泛，涉及水资源、水环境、生态系统、生态安全、可持续发展与生态文明等层面，这些研究为辽河流域生态环境治理与管理提供了重要的科学依据和指导。在流域水环境方面，董德民等（2012）对辽河流域及东辽河流域的水污染状况，水环境容量等的研究显示，吉林省辽河流域水污染严重，非点源污染已成为流域重要的污染源。王宏等在水环境容量与水环境承载力研究的基础上，明确了辽河污染控制的首要任务是控制支流的污染（李明，2012；赵元慧，2012）。李正炎等对大辽河口水环境污染生态风险评估显示，大辽河口水体富营养化严重，生态风险高（张海丽，2013；于格等，2012）。栾维新等对流域污染负荷估算显示，居民生活和畜禽养殖排放是总氮和氨氮主要来源，占到了87%和90%（王辉等，2012，2013）。在流域水资源方面，周林飞等对生态需水的研究与评估显示，辽河干流生态需水在汛期以输沙需水量为主，非汛期以生态基流量为主。干流来水量不足，需要区间补给才能满足河道生态需水量（王铁良等，2007；赵崭，2013；周林飞等，2010；周林飞等，2013；2014）。在辽河流域生态系统方面，杨艳昭等的研究显示，1995~2005年，西辽河流域耕地面积增加、草地面积减少。生态系统总体呈现中度水分亏缺的特征，亏水量较大的区域相对集中在西辽河冲积平原中部地区，土地利用变化使水分亏缺进一步加剧。（孙小舟等，2009；杨玲和杨艳昭，2016；杨艳昭等，2013，2014；张伟科等，2010）。

综合以上研究并进行实地考察等，总体来说，辽河流域当前生态环境问题总体比较严重，主要表现在以下几个方面。

（1）上游地区草场退化、沙化

流域上游浑善达克沙地和科尔沁沙地面积不断增加。浑善达克沙地正在以每年1.8 km的速度向外扩张。科尔沁草地也在退化且速度不断加快，自20世纪90年代以来已有近一半的面积出现严重退化甚至沙化，造成了巨大的生态与经济损失。草场土壤风力与水力侵蚀严重，土质变粗沙化，土壤有机质含量下降，营养物质流失，草地生产力减退，破坏了草原生态系统的稳定性。草场退化引发的土壤盐碱化、大气污染等问题亦愈发严重。

（2）湖泊和湿地萎缩

流域内湿地萎缩迅速，近十年仅上游地区湿地面积就减少了250km²，占上游湿地总面积的13.26%。湖泊水面也普遍大幅度减小，众多湖泊消失。湿地与湖泊生态系统功能退化，生态系统服务能力减弱，进而对上游乃至整个流域的生态系统稳定性和可持续性产生严重危害。

（3）水土流失与面源污染

辽河流域水土流失面积达12.13万km²，特别是上游地区，水土流失严重，水体含沙量偏高，河水浑浊。中下游水少沙多，河道淤积严重，防汛防洪功能显著降低。植被赖以生存的表层土壤的流失，加剧生态系统退化，生态系统退化反过来又使得水土流失更为严重。另外，农田水土流失也导致了流域非点源污染这一问题。

（4）河道断流和泥沙淤积

辽河上游主要河流老哈河常年断流，西拉木伦河径流量很小，1980~2000年西拉木伦河累计断流天数为3733天，老哈河累计断流天数为3040天，是辽河流域断流现象最严重的河段。由于上游水土流失严重，河道泥沙淤积问题突出。流域多年平均年输沙量达1187.96万t，径流多年平均含沙量达3.32 kg/m³，含沙量大导致部分河段泥沙淤积严重。

（5）水质严重污染，水环境质量差

辽河流域水污染严重，被纳入我国水环境污染重点治理的"三河、三湖"之列。流域内多处河段水质严重超标，超标的主要污染物指标有 COD（化学需氧量）、TN（总氮含量）、TP（总磷含量）、石油类污染物质等。流域水污染空间差异明显，下游人口和产业密集，各类污水及污染负荷排放量高，水质超标严重。水库湖泊富营养化现象明显，部分水库湖泊富营养化程度严重。

（6）上游地区地下水位大幅下降

流域上游地区地下水位大幅下降，2000～2010 年赤峰市地下水位下降了近 15m；下游地区地下水位波动显著，但趋势不明显。另外，地下水存在局部污染现象。辽河平原区浅层地下水劣于Ⅲ类的污染区面积占辽河平原区面积的 59%，其中轻污染（Ⅳ类水）面积占 27.8%，重污染（Ⅴ类水）面积占 31.2%，省区中辽宁省污染面积比例最大，为辽宁省平原区面积的 91%。

|第 2 章| 辽河流域生态系统类型、格局及其变化

本章分析了 2000 年、2005 年和 2010 年的辽河流域生态系统类型、格局及其变化。

从生态系统类型构成和生态系统格局两个方面衡量和评价辽河流域生态系统变化。生态系统类型构成指不同生态系统类型的面积及其占流域总面积的比例。生态系统类型构成及其变化分析分为三部分：①生态系统类型构成分析，主要指标为各生态系统类型面积及其所占总面积比例；②生态系统类型构成变化分析，主要指标为各生态系统类型面积变化量和变化率；③不同生态系统类型之间的相互转换特征分析，主要指标为各生态系统类型变化过程（转换矩阵和转换比例矩阵）、生态系统综合动态度和类型相互转化强度。生态系统格局是指不同生态系统类型在空间上的配置。生态系统格局及其变化分析主要采用斑块数（NP）、平均斑块面积（MPS）、类斑块平均面积（MPST）、边界密度（ED）、聚集度指数（CONTAG）5 个景观指数。

2.1 生态系统类型构成及变化

2.1.1 生态系统分类体系

根据"全国生态环境十年变化（2000—2010 年）遥感调查与评估"项目确定的生态系统分类系统，一级生态系统为 6 类，对应于联合国政府间气候变化专门委员会（Intergovernmental Panel on Climate Change，IPCC）的土地覆被类型，分别为林地、草地、湿地、耕地、人工表面和其他；二级生态系统基于碳收支差异，通过联合国粮食及农业组织（Food and Agriculture Organization of the United Nations，FAO）的土地覆盖分类系统（land cover classification system，LCCS）方法定义得到，共 38 类，具有统一的数据代码，便于政府间、国际组织的数据交换与对比分析，反映通用的土地覆被特征。生态系统分类系统见表 2-1。

表 2-1 生态系统分类系统

序号	I级分类	代码	II级分类	指标
1	林地	101	常绿阔叶林	自然或半自然植被，$H=3\sim30\text{m}$，$C>20\%$，不落叶，阔叶
		102	落叶阔叶林	自然或半自然植被，$H=3\sim30\text{m}$，$C>20\%$，落叶，阔叶
		103	常绿针叶林	自然或半自然植被，$H=3\sim30\text{m}$，$C>20\%$，不落叶，针叶
		104	落叶针叶林	自然或半自然植被，$H=3\sim30\text{m}$，$C>20\%$，落叶，针叶

序号	I级分类	代码	II级分类	指标
1	林地	105	针阔混交林	自然或半自然植被，$H=3\sim30m$，$C>20\%$，$25\%<F<75\%$
		106	常绿阔叶灌木林	自然或半自然植被，$H=0.3\sim5m$，$C>20\%$，不落叶，阔叶
		107	落叶阔叶灌木林	自然或半自然植被，$H=0.3\sim5m$，$C>20\%$，落叶，阔叶
		108	常绿针叶灌木林	自然或半自然植被，$H=0.3\sim5m$，$C>20\%$，不落叶，针叶
		109	乔木园地	人工植被，$H=3\sim30m$，$C>20\%$
		110	灌木园地	人工植被，$H=0.3\sim5m$，$C>20\%$
		111	乔木绿地	人工植被，人工表面周围，$H=3\sim30m$，$C>20\%$
		112	灌木绿地	人工植被，人工表面周围，$H=0.3\sim5m$，$C>20\%$
2	草地	21	草甸	自然或半自然植被，$K>1.5$，土壤水饱和，$H=0.03\sim3m$，$C>20\%$
		22	草原	自然或半自然植被，$K=0.9\sim1.5$，$H=0.03\sim3m$，$C>20\%$
		23	草丛	自然或半自然植被，$K>1.5$，$H=0.03\sim3m$，$C>20\%$
		24	草本绿地	人工植被，人工表面周围，$H=0.03\sim3m$，$C>20\%$
3	湿地	31	森林湿地	自然或半自然植被，$T>2$或湿土，$H=3\sim30m$，$C>20\%$
		32	灌丛湿地	自然或半自然植被，$T>2$或湿土，$H=0.3\sim5m$，$C>20\%$
		33	草本湿地	自然或半自然植被，$T>2$或湿土，$H=0.03\sim3m$，$C>20\%$
		34	湖泊	自然水面，静止
		35	水库/坑塘	人工水面，静止
		36	河流	自然水面，流动
		37	运河/水渠	人工水面，流动
4	耕地	41	水田	人工植被，土地扰动，水生作物，收割过程
		42	旱地	人工植被，土地扰动，旱生作物，收割过程
5	人工表面	51	居住地	人工硬表面，居住建筑
		52	工业用地	人工硬表面，生产建筑
		53	交通用地	人工硬表面，线状特征
		54	采矿场	人工挖掘表面
6	其他	61	稀疏林	自然或半自然植被，$H=3\sim30m$，$C=4\%\sim20\%$
		62	稀疏灌木林	自然或半自然植被，$H=0.3\sim5m$，$C=4\%\sim20\%$
		63	稀疏草地	自然或半自然植被，$H=0.03\sim3m$，$C=4\%\sim20\%$
		64	苔藓/地衣	自然，微生物覆盖
		65	裸岩	自然，坚硬表面
		66	裸土	自然，松散表面，壤质
		67	沙漠/沙地	自然，松散表面，沙质
		68	盐碱地	自然，松散表面，高盐分
		69	冰川/永久积雪	自然，水的固态

注：C为覆盖度/郁闭度（%）；F为针阔比率（%）；H为植被高度（m）；T为水一年覆盖时间（月）；K为湿润指数。

2.1.2 一级生态系统类型构成

从一级生态系统类型构成来看，耕地、林地、草地是辽河流域最主要的生态系统类型。2010 年，耕地、林地和草地分别占流域总面积的比例依次为 40.69%、30.89% 和 19.33%；湿地作为重要的生态系统类型，占流域总面积的 1.95%；人工表面面积超过 4%；其他生态系统类型为 2.33%。2000 年、2005 年和 2010 年辽河流域一级生态系统类型分布和构成如图 2-1、图 2-2 和表 2-2 所示。

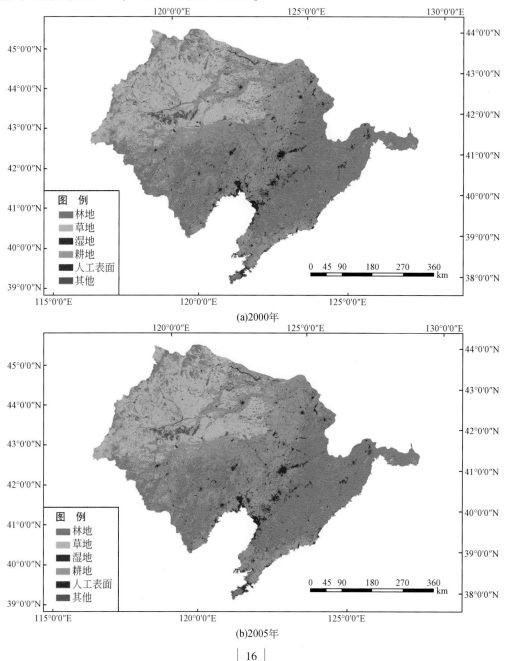

(a)2000年

(b)2005年

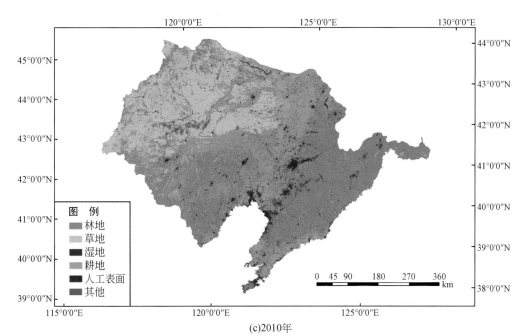

(c)2010年

图 2-1 辽河流域一级生态系统类型分布

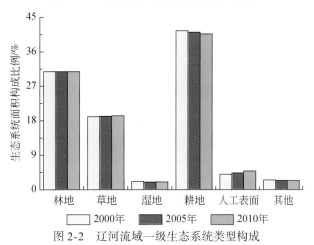

图 2-2 辽河流域一级生态系统类型构成

表 2-2 辽河流域一级生态系统类型构成

年份	统计参数	林地	草地	湿地	耕地	人工表面	其他	总计
2000	面积/km²	96 988.45	60 087.34	6 455.90	130 110.30	12 622.79	7 792.02	314 056.69
	比例/%	30.88	19.13	2.06	41.43	4.02	2.48	100.00
2005	面积/km²	96 984.69	60 313.34	6 300.86	129 266.74	13 668.93	7 522.24	314 056.80
	比例/%	30.88	19.20	2.01	41.16	4.35	2.40	100.00
2010	面积/km²	96 996.86	60 703.78	6 139.52	127 777.13	15 117.83	7 321.68	314 056.80
	比例/%	30.89	19.33	1.95	40.69	4.81	2.33	100.00

生态系统类型构成变化分析的指标包括生态系统类型面积变化量（式2-1）和变化率（式2-2）计算方法为

$$E_{ba} = \mathrm{EU}_b - \mathrm{EU}_a \tag{2-1}$$

$$E_v = \frac{\mathrm{EU}_b - \mathrm{EU}_a}{\mathrm{EU}_a} \times 100\% \tag{2-2}$$

式中，E_{ba}、E_v分别为研究时段内某一生态系统类型的变化量和变化率；EU_b、EU_a分别为研究期初 a 和研究期末 b 某一种生态系统类型的数量（面积、斑块数等）。

从一级生态系统类型面积变化来看，2000～2010年，辽河流域内林地总面积保持稳定；耕地、湿地和其他生态系统面积呈现缩减趋势，草地和人工生态系统面积呈现增加趋势。从面积来看，变化最大的是耕地，十年间减少了 2333.07 km²，约占耕地总面积的 1.8%，且后五年的减少大于前五年，缩减速度在加快；湿地面积减少了 316.38 km²，约占其总面积的 5%；其他生态系统类型面积减少了 470.34 km²，减少比例约为 6%；草地面积增加了 616.45 km²，约占其总面积的 1%；人工表面大幅扩张，增加了 2495.04km²，增长率为 20%，其中，后五年增加了 1448.90 km²，远大于前五年的增幅，见表 2-3 和图 2-3。

表 2-3　辽河流域一级生态系统类型变化

时段	统计参数	林地	草地	湿地	耕地	人工表面	其他
2000～2005 年	面积变化量/km²	−3.76	226.01	−155.04	−843.56	1046.14	−269.77
	面积变化率/%	−0.0039	0.3761	−2.4015	−0.6483	8.2877	−3.4622
2005～2010 年	面积变化量/km²	12.17	390.44	−161.34	−1489.61	1448.90	−200.56
	面积变化率/%	0.0125	0.6474	−2.5607	−1.1524	10.5999	−2.6663
2000～2010 年	面积变化量/km²	8.41	616.45	−316.38	−2333.17	2495.04	−470.34
	面积变化率/%	0.0087	1.0259	−4.9007	−1.7932	19.7661	−6.0361

通过转移矩阵和转移比例矩阵可以反映研究期内各生态系统类型之间的转移变化过程，了解各生态系统类型的流入来源和流失去向。转移矩阵横轴值为研究期初生态系统类型面积构成以及该生态系统类型在研究期内的流失去向，纵轴值为研究期末生态系统类型构成以及该生态系统类型在研究期内的转入来源。转移矩阵通过 ArcGIS 软件的融合和叠加分析得到，转移比例矩阵的计算方法如下：

$$\begin{cases} A_{ij} = a_{ij} \times 100 \bigg/ \sum_{j=1}^{n} a_{ij} \\ B_{ij} = a_{ij} \times 100 \bigg/ \sum_{i=1}^{n} a_{ij} \\ R = \sum_{i=1}^{n} a_{ij} \bigg/ \sum_{j=1}^{n} a_{ij} \end{cases} \tag{2-3}$$

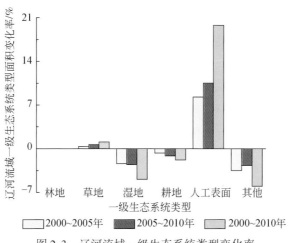

图 2-3 辽河流域一级生态系统类型变化率

式中，i 为研究期初生态系统类型；j 为研究期末生态系统类型；a_{ij} 为生态系统类型面积；n 为生态系统类型数；A_{ij} 为研究期初第 i 种生态系统类型转变为研究期末第 j 种生态系统类型的比例；B_{ij} 为研究期末第 j 种生态系统类型中由研究期初的第 i 种生态系统类型转变而来的比例；R 为期初到期末的生态系统变化率。

从一级生态系统类型的变化过程来看，2000～2010 年辽河流域内，耕地是与其他生态系统类型相互转化最为剧烈的生态系统类型，其总面积减少的最主要去向是人工表面（2030.85 km²），约占耕地转出量的 70%，其次是转化为草地（322.91 km²）、湿地（242.08 km²）和林地（165.02 km²）；其补充来源依次为湿地（256.13 km²）、林地（118.55 km²）、草地（88.94 km²）和其他（79.48 km²）。湿地减少主要是转变为耕地（256.13 km²）、草地（164 km²）、人工表面（157.81 km²）和其他生态系统类型（61.91 km²），而补充主要来自耕地（242.08 km²）和草地（69.66 km²）。草地的增加主要来自于其他（611.26 km²）、耕地（322.91 km²）和湿地（164 km²），其转出主要为人工表面（271.45 km²）、耕地（88.94 km²）和湿地（69.66 km²）。人工表面的增加主要来自于耕地（2031.85 km²），占其来源的 80%，其次是草地（271.45 km²）和湿地（157.81 km²）。其他生态系统类型面积减少，主要是转变为草地（611.26 km²）和耕地（79.48 km²）。林地总面积基本没发生变化，但仍有相当林地转变为耕地（118.55 km²）和人工表面（61.32 km²），而补充的林地主要来自耕地（165.02 km²）、湿地（27.29 km²）和草地（24.28 km²），如图 2-4、图 2-5 和表 2-4、表 2-5 所示。

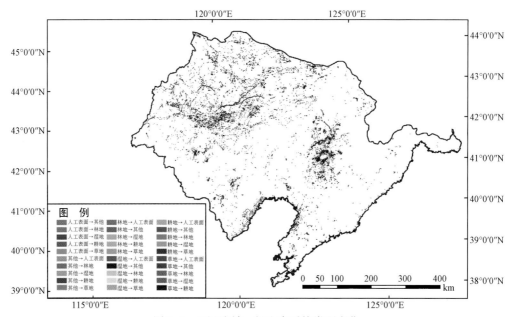

图 2-4 辽河流域一级生态系统类型变化

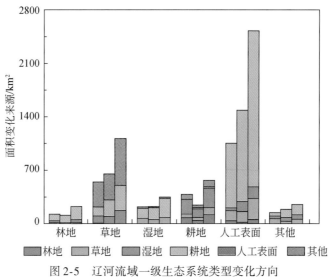

图 2-5 辽河流域一级生态系统类型变化方向

表 2-4　辽河流域一级生态系统类型转移矩阵　　　　（单位：km²）

时段	Ⅰ级分类	林地	草地	湿地	耕地	人工表面	其他
2000~2005 年	林地	96 858.51	5.99	5.21	79.34	38.02	1.39
	草地	13.52	59 767.10	66.81	49.22	133.56	57.14
	湿地	24.11	93.37	6 079.54	183.05	36.68	39.26
	耕地	82.74	123.80	129.33	128 882.20	844.15	48.02
	人工表面	1.64	1.80	0.88	9.68	12 608.57	0.25
	其他	4.14	321.29	19.19	63.24	7.98	7 376.19
2005~2010 年	林地	96 888.88	5.91	8.75	44.03	22.56	14.56
	草地	10.89	60 050.97	47.54	42.09	142.46	19.39
	湿地	4.82	89.84	5 921.44	109.72	124.79	50.26
	耕地	86.34	218.16	144.79	127 524.88	1 186.00	106.55
	人工表面	3.71	3.31	9.36	15.04	13 634.96	2.56
	其他	2.23	335.60	13.08	35.92	7.05	7 128.37
2000~2010 年	林地	96 770.08	10.78	12.10	118.55	61.32	15.61
	草地	24.28	59 590.77	69.66	88.94	271.45	42.25
	湿地	27.29	164.00	5 788.76	256.13	157.81	61.91
	耕地	165.02	322.91	242.08	127 213.70	2 030.85	135.63
	人工表面	4.99	4.06	9.80	20.29	12 581.02	2.64
	其他	5.17	611.26	17.10	79.48	15.37	7 063.64

表 2-5　辽河流域一级生态系统类型转移比例矩阵　　　　（单位:%）

时段	Ⅰ级分类	林地	草地	湿地	耕地	人工表面	其他
2000~2005 年	林地	99.88	0.01	0.01	0.08	0.04	0.00
	草地	0.02	99.47	0.11	0.08	0.22	0.10
	湿地	0.37	1.45	94.16	2.84	0.57	0.61
	耕地	0.06	0.10	0.10	99.05	0.65	0.04
	人工表面	0.01	0.01	0.01	0.08	99.89	0.00
	其他	0.05	4.12	0.25	0.81	0.10	94.67

时段	Ⅰ级分类	林地	草地	湿地	耕地	人工表面	其他
2005~2010 年	林地	99.89	0.01	0.01	0.05	0.02	0.02
	草地	0.02	99.57	0.08	0.07	0.24	0.03
	湿地	0.08	1.43	93.98	1.74	1.98	0.80
	耕地	0.07	0.17	0.11	98.65	0.92	0.08
	人工表面	0.03	0.02	0.07	0.11	99.75	0.02
	其他	0.03	4.46	0.17	0.48	0.09	94.76
2000~2010 年	林地	99.78	0.01	0.01	0.12	0.06	0.02
	草地	0.04	99.17	0.12	0.15	0.45	0.07
	湿地	0.42	2.54	89.67	3.97	2.44	0.96
	耕地	0.13	0.25	0.19	97.77	1.56	0.10
	人工表面	0.04	0.03	0.08	0.16	99.67	0.02
	其他	0.07	7.84	0.22	1.02	0.20	90.65

2.1.3 二级生态系统类型构成

生态系统二级分类系统共包括 38 种生态系统类型，辽河流域分布有 33 种，常绿阔叶林、常绿阔叶灌木林、灌木绿地、森林湿地和冰川/永久积雪 5 种类型在研究区内没有分布。

从二级生态系统类型构成与变化来看，旱地是主要耕地类型，占耕地总面积的 92.7%，2000~2010 年，水田和旱地分别缩减了 140.17 km^2 和 2193.30 km^2。2000 年，林地生态系统类型中，乔木和灌木生态系统分别为 84 506 km^2（占林地的 87.3%）和 12 287 km^2（12.7%），乔木林中落叶阔叶林是主要类型（占乔木林的 86.8%）；十年间森林生态系统的变化主要是落叶阔叶林面积缩减，针阔混交林面积增加；灌木林中落叶阔叶灌木林在十年间面积有所增加。草地生态系统中，草原是主要类型，面积为 59 644.32 km^2，占草地面积的 99.3%；十年间草原面积增加了 527.38 km^2；草甸面积不大，但增幅显著，增加了 88.18km^2，达 57.01%。湖泊面积十年间减少了 167.03km^2，是湿地生态系统面积减少的最主要原因。人工表面中各二级类型面积都有增加，其中居住地增加量最大，达 2121.65 km^2，占人工表面总增加量的 84.61%，另外，交通用地增加了 211.14 km^2，工业用地面积增加了 136.02km^2。2010 年，其他生态系统类型中主要为沙漠/沙地（5589.49 km^2）和盐碱地（1330.45 km^2），分别占 78.75% 和 18.75%；十年间，沙漠/沙地减少了 510.09 km^2，显示出了区域生态恢复措施的效果；稀疏林和稀疏灌木林增加了 40.69 km^2，而稀疏草地减少了 50.77 km^2，减幅显著，达 85%。2000 年、2005 年和 2010 年辽河流域二级生态系统类型分布和构成如图 2-6、表 2-6 和图 2-7、表 2-7 所示。

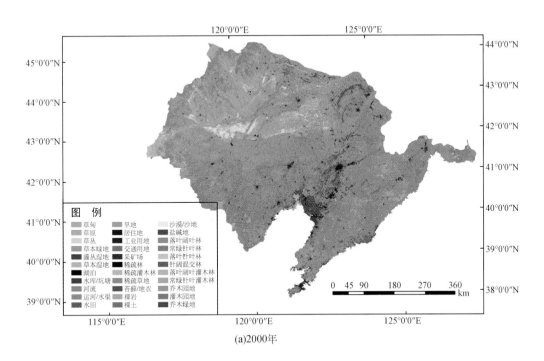

(a)2000年

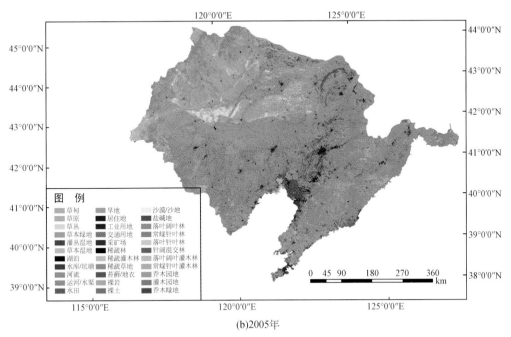

(b)2005年

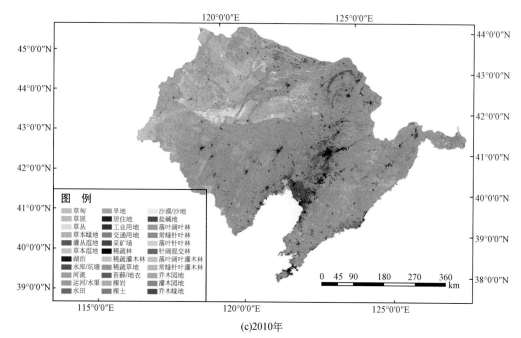

(c)2010年

图 2-6 辽河流域二级生态系统类型分布

表 2-6 辽河流域二级生态系统类型构成

代码	Ⅱ级分类	2000 年		2005 年		2010 年	
		面积/km²	比例/%	面积/km²	比例/%	面积/km²	比例/%
101	常绿阔叶林	—	—	—	—	—	—
102	落叶阔叶林	73 361.06	23.36	73 375.35	23.34	73 123.31	23.28
103	常绿针叶林	6 919.19	2.20	6 902.15	2.20	6 910.15	2.20
104	落叶针叶林	3 025.99	0.96	3 014.98	0.96	3 006.82	0.96
105	针阔混交林	1 199.72	0.38	1 197.68	0.38	1 416.31	0.45
106	常绿阔叶灌木林	—	—	—	—	—	—
107	落叶阔叶灌木林	12 280.24	3.91	12 294.74	3.91	12 303.62	3.92
108	常绿针叶灌木林	7.00	0.00	7.00	0.00	7.75	0.00
109	乔木园地	54.59	0.02	52.23	0.02	79.58	0.03
110	灌木园地	67.84	0.02	68.06	0.02	75.60	0.02
111	乔木绿地	26.68	0.01	26.37	0.01	27.08	0.01
112	灌木绿地	—	—	—	—	—	—
21	草甸	154.69	0.05	177.30	0.06	242.88	0.08

续表

代码	Ⅱ级分类	2000 年		2005 年		2010 年	
		面积/km²	比例/%	面积/km²	比例/%	面积/km²	比例/%
22	草原	59 644.32	19.01	59 848.44	19.06	60 171.69	19.16
23	草丛	272.30	0.09	272.29	0.09	274.31	0.09
24	草本绿地	22.99	0.01	22.30	0.01	22.19	0.01
31	森林湿地	—	—	—	—	—	—
32	灌丛湿地	22.17	0.01	22.95	0.01	22.34	0.01
33	草本湿地	1 532.90	0.49	1 477.04	0.47	1 507.70	0.48
34	湖泊	888.07	0.28	776.82	0.25	721.05	0.23
35	水库/坑塘	1 545.34	0.49	1 562.39	0.50	1 496.91	0.48
36	河流	2 418.88	0.77	2 414.52	0.77	2 343.39	0.75
37	运河/水渠	50.26	0.02	48.81	0.02	49.91	0.02
41	水田	9 427.71	3.00	9 371.87	2.98	9 287.54	2.96
42	旱地	120 713.71	38.44	119 925.93	38.19	118 520.51	37.72
51	居住地	11 502.59	3.66	12 358.14	3.94	13 623.24	4.34
52	工业用地	266.78	0.08	351.41	0.11	402.81	0.13
53	交通用地	674.93	0.21	765.41	0.24	886.07	0.28
54	采矿场	185.33	0.06	200.96	0.06	212.96	0.07
61	稀疏林	165.36	0.05	166.22	0.05	194.29	0.06
62	稀疏灌木林	9.49	0.00	9.49	0.00	21.26	0.01
63	稀疏草地	59.48	0.02	50.33	0.02	8.71	0.00
64	苔藓/地衣	40.24	0.01	37.10	0.01	36.96	0.01
65	裸岩	31.62	0.01	32.68	0.01	34.11	0.01
66	裸土	88.69	0.03	88.29	0.03	106.81	0.03
67	沙漠/沙地	6 098.57	1.94	5 769.32	1.84	5 588.49	1.78
68	盐碱地	1 298.07	0.41	1 368.23	0.44	1 330.45	0.42
69	冰川/永久积雪	—	—	—	—	—	—
	总计	314 056.80	100.00	314 056.88	100.00	314 056.80	100.00

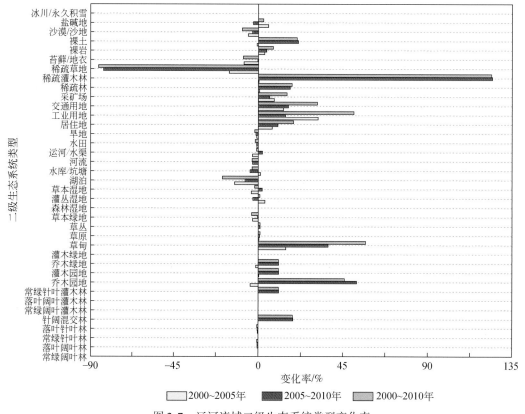

图 2-7 辽河流域二级生态系统类型变化率

表 2-7 辽河流域二级生态系统类型变化

代码	Ⅱ级分类	2000～2005 年		2005～2010 年		2000～2010 年	
		变化量/km²	变化率/%	变化量/km²	变化率/%	变化量/km²	变化率/%
101	常绿阔叶林	—	—	—	—	—	—
102	落叶阔叶林	14.29	0.02	−252.04	−0.34	−237.75	−0.32
103	常绿针叶林	−17.04	−0.25	8.00	0.12	−9.04	−0.13
104	落叶针叶林	−11.01	−0.36	−8.16	−0.27	−19.16	−0.63
105	针阔混交林	−2.03	−0.17	218.63	818.25	216.59	18.05
106	常绿阔叶灌木林	—	—	—	—	—	—
107	落叶阔叶灌木林	14.50	0.12	8.88	0.07	23.38	0.19
108	常绿针叶灌木林	0.00	0.03	0.75	10.73	0.75	10.76
109	乔木园地	−2.36	−4.32	27.34	52.35	24.99	45.77
110	灌木园地	0.22	0.33	7.54	11.09	7.77	11.45
111	乔木绿地	−0.31	−1.16	0.71	2.71	0.40	1.52
112	灌木绿地	—	—	—	—	—	—

代码	Ⅱ级分类	2000～2005 年		2005～2010 年		2000～2010 年	
		变化量/km²	变化率/%	变化量/km²	变化率/%	变化量/km²	变化率/%
21	草甸	22.61	14.61	65.58	36.99	88.18	57.01
22	草原	204.12	0.34	323.26	0.54	527.38	0.88
23	草丛	-0.01	0.00	2.01	0.74	2.01	0.74
24	草本绿地	-0.68	-2.97	-0.11	-0.51	-0.80	-3.47
31	森林湿地	—	—	—	—	—	—
32	灌丛湿地	0.78	3.52	-0.62	-2.69	0.16	0.74
33	草本湿地	-55.87	-3.64	30.66	2.08	-25.20	-1.64
34	湖泊	-111.25	-12.53	-55.78	-7.18	-167.03	-18.81
35	水库/坑塘	17.05	1.10	-65.48	-4.19	-48.43	-3.13
36	河流	-4.36	0.18	-71.13	-2.95	-75.49	-3.12
37	运河/水渠	-1.45	-2.89	1.11	2.27	-0.35	-0.69
41	水田	-55.84	-0.59	-84.33	-0.90	-140.17	-1.49
42	旱地	-787.90	-0.65	-1405.40	-1.17	-2193.30	-1.82
51	居住地	855.54	7.44	1265.10	10.24	2120.65	18.44
52	工业用地	84.63	31.72	51.40	14.63	136.02	50.99
53	交通用地	90.48	13.41	120.66	15.76	211.14	31.28
54	采矿场	15.63	8.43	12.00	5.97	27.63	14.91
61	稀疏林	0.86	0.52	28.07	16.88	28.93	17.49
62	稀疏灌木林	-0.01	-0.07	11.77	124.07	11.76	123.90
63	稀疏草地	-9.15	-15.38	-41.62	-82.70	-50.77	-85.36
64	苔藓/地衣	-3.14	-7.81	-0.14	-0.37	-3.28	-8.15
65	裸岩	1.07	3.37	1.43	4.37	2.50	7.89
66	裸土	-0.39	-0.44	18.52	20.97	18.13	20.44
67	沙漠/沙地	-329.25	-5.40	-180.83	-3.13	-510.09	-8.36
68	盐碱地	70.16	5.41	-37.78	-2.76	32.38	2.49
69	冰川/永久积雪	—	—	—	—	—	—

2.2　生态系统格局及变化

　　基于 IMG 格式数据，采用 Fragstat 软件计算总面积（CA）、斑块数（NP）、平均斑块面积（MPS）、类斑块平均面积（MPST）、边界密度（ED）和聚集度指数（CONTAG）等景观格局指数，分析生态系统格局特征及其变化。生态系统数据重采样为 90m。

2.2.1 景观格局指数

采用的景观格局指数及其说明如下。

（1）斑块数（number of patches，NP）

单位：个，范围：NP≥1。斑块数指评价范围内所有斑块或某类型斑块的数量。斑块数用于描述整个景观的异质性。一般来说，斑块数越大，景观破碎度越高。斑块数对许多生态过程都有影响，如景观中各物种及其次生种的空间分布特征，物种间相互作用和协同共生的稳定性，以及各种干扰的蔓延程度等。

（2）平均斑块面积（mean patch size，MPS）

单位：km^2，范围：MPS>0。计算方法为 MPS＝TS/NP，其中 NP 为斑块数，TS 为评价区域总面积的总面积。平均斑块面积可以指征景观的破碎程度，即具有较小 MPS 值的景观比一个具有较大 MPS 值的景观更破碎。MPS 值的变化能反馈更丰富的景观生态信息，是反映景观异质性的关键。

（3）类斑块平均面积（average class area，MPST）

单位：km^2，范围：MPST >0。计算方法为

$$\overline{A_i} = \frac{1}{N_i} \sum_{j=1}^{N_i} A_{ij} \tag{2-4}$$

式中，N_i 为第 i 类景观要素的斑块总数；A_{ij} 为第 i 类景观要素第 j 个斑块的面积。类斑块平均面积可以反映该类景观要素斑块规模的平均水平。

（4）边界密度（edge density，ED）

单位：km/km^2，范围：ED >0。计算方法为

$$ED = \frac{1}{A} \sum_{i=1}^{M} \sum_{j=1}^{M} P_{ij} \tag{2-5}$$

$$ED_i = \frac{1}{A_i} \sum_{j=1}^{M} P_{ij} \tag{2-6}$$

式中，ED 为景观边界密度（边缘密度）；A 和 A_i 分别为景观总面积和第 i 类型斑块的总面积；P_{ij} 为景观中第 i 类型斑块与相邻第 j 类型斑块间的边界长度。边界密度可以反映景观破碎化程度，ED 值越大，说明景观破碎化程度越高。

（5）聚集度指数（contagion index，CONTAG）

单位:%，范围：0<CONTAG≤100。计算方法为

$$C = C_{max} + \sum_{i=1}^{n} \sum_{j=1}^{n} P_{ij} \ln(P_{ij}) \tag{2-7}$$

式中，C_{max} 为 $P_{ij} = P_i P_{j/i}$ 指数的最大值，$P_{j/i}$ 指在给定斑块类型 i 的情况下，斑块 j 与其相邻的条件概率；n 为景观中斑块类型总数；P_{ij} 为斑块类型 j 和 i 相邻的概率。聚集度指数（CONTAG）是描述景观格局的最重要的指数之一，反映景观中不同斑块类型分布的非随机性或聚集程度，一般来说，CONTAG 值较小时表明景观中存在许多小拼块；趋于 100 时

表明景观中有连通度极高的优势斑块类型存在。

2.2.2 生态系统格局

从 2000～2010 年辽河流域总的生态系统景观格局变化来看，斑块数增加，平均斑块面积减小，边界密度增加，聚集度指数下降，说明辽河流域生态系统破碎化程度有所增加，连通性有所下降，见表 2-8。

表 2-8 辽河流域生态系统景观格局特征及其变化

年份	一级生态系统				二级生态系统			
	斑块数/个	平均斑块面积/km²	边界密度/(km/km²)	聚集度指数	斑块数/个	平均斑块面积/km²	边界密度/(km/km²)	聚集度指数
2000	476 328	66.00	30.58	47.26	751 181	41.85	17.80	73.87
2005	475 063	66.18	30.63	47.11	751 668	41.82	17.84	73.82
2010	481 851	65.26	31.01	46.71	760 269	41.35	18.01	73.68

从一级生态系统类斑块平均面积的变化情况来看，十年间，林地、湿地、人工表面的类斑块面积减小，说明林地、湿地、人工表面生态系统类型破碎度增加。以林地为例，尽管林地总面积几乎没有变化，但其平均斑块面积值明显减小，林地破碎化程度加剧。草地和耕地生态系统类型的类斑块平均面积在升高。其他生态系统类型的类斑块平均面积值变化呈现波动，无明显特征，见表 2-9。

表 2-9 辽河流域一级生态系统类斑块平均面积 （单位：km²）

年份	林地	草地	湿地	耕地	人工表面	其他
2000	76.83	65.39	141.35	14.49	18.03	18.75
2005	76.71	65.44	141.03	15.35	18.34	18.94
2010	76.43	66.41	137.84	16.01	17.66	18.49

从二级生态系统类斑块平均面积的变化情况来看，十年间，针阔混交林、草甸、湖泊、运河/水渠、稀疏林，以及居住地、工业用地、采矿场等生态系统类型的类斑块平均面积呈增大趋势，其中以针阔混交林和草甸的类斑块平均面积增大最为显著。针阔混交林的类斑块平均面积由 46.71 km² 增大至 54.76km²，草甸由 11.61 km² 增大至 28.11 km²；结合针阔混交林和草甸生态系统类型面积增加的趋势，可以看出，这两类生态系统面积增大很大程度上属于外延式扩张。人工表面各二级生态系统类型的类斑块平均面积均呈现稳步增大趋势，以工业用地类斑块平均面积增大最为显著。其他二级生态系统类型的类斑块平均面积大多呈现减小趋势，包括水田、旱地、稀疏灌木林、稀疏草地、沙漠/沙地和盐碱地等，见表 2-10。

表 2-10　辽河流域二级生态系统类斑块平均面积　　　（单位：km²）

代码	Ⅱ级分类	2000 年	2005 年	2010 年	代码	Ⅱ级分类	2000 年	2005 年	2010 年
101	常绿阔叶林	—	—	—	34	湖泊	28.70	30.54	36.35
102	落叶阔叶林	51.74	51.65	51.55	35	水库/坑塘	29.86	30.11	26.30
103	常绿针叶林	12.53	12.51	12.41	36	河流	9.27	9.44	9.50
104	落叶针叶林	11.93	11.89	11.87	37	运河/水渠	4.88	4.88	5.07
105	针阔混交林	46.71	46.83	54.76	41	水田	26.50	25.75	25.67
106	常绿阔叶灌木林	—	—	—	42	旱地	116.10	115.81	113.53
107	落叶阔叶灌木林	11.34	11.34	11.34	51	居住地	14.74	15.65	16.15
108	常绿针叶灌木林	27.29	27.29	21.71	52	工业用地	20.60	24.21	27.79
109	乔木园地	9.38	9.32	6.76	53	交通用地	4.62	4.65	4.80
110	灌木园地	12.77	12.68	13.61	54	采矿场	34.28	34.93	37.24
111	乔木绿地	8.59	9.14	9.48	61	稀疏林	2.80	2.82	3.32
112	灌木绿地	—	—	—	62	稀疏灌木林	5.39	5.38	4.09
21	草甸	11.61	14.95	28.11	63	稀疏草地	4.92	6.25	2.63
22	草原	67.05	66.92	67.96	64	苔藓/地衣	118.47	109.30	105.79
23	草丛	12.13	12.18	12.15	65	裸岩	7.75	8.15	8.52
24	草本绿地	4.77	4.71	4.66	66	裸土	5.62	5.49	7.46
31	森林湿地	—	—	—	67	沙漠/沙地	19.50	19.56	18.94
32	灌丛湿地	158.36	176.64	159.40	68	盐碱地	33.09	32.33	30.92
33	草本湿地	21.71	22.74	18.55	69	冰川/永久积雪	—	—	—

2.3　子流域生态系统类型构成、格局及变化

2.3.1　辽河上游流域

2.3.1.1　生态系统类型构成

2000 年，辽河上游流域的主要生态系统类型为草地（5.5×10⁴ km²，42%）、耕地（4.5×10⁴km²，34%）和林地（2.2×10⁴ km²，16%），见表 2-11。

表 2-11　辽河上游流域生态系统类型构成

年份	统计参数	林地	草地	湿地	耕地	人工表面	其他	总计
2000	面积/km²	21 542.64	55 453.61	1 869.01	44 577.30	2 394.30	6 744.13	132 580.99
	比例/%	16.25	41.83	1.41	33.61	1.81	5.09	100.00

续表

年份	统计参数	林地	草地	湿地	耕地	人工表面	其他	总计
2005	面积/km²	21 541.31	55 648.10	1 715.49	44 380.26	2 794.34	6 501.49	132 580.99
	比例/%	16.25	41.97	1.29	33.48	2.11	4.90	100.00
2010	面积/km²	21 550.87	55 979.12	1 621.13	44 021.34	3 157.71	6 250.82	132 580.99
	比例/%	16.25	42.22	1.22	33.22	2.38	4.71	100.00

2000~2010 年，生态系统类型的变化主要变现为，人工表面显著增加，增加了 763.41km²，近 32%；草地面积增加了 525.51km²，约 1%；湿地、耕地和其他类型显著减少，分别减少 247.88km²（30%）、555.96km²（1%）和 493.31km²（4%）；林地面积十年间几乎没有变化。人工表面的增加主要由草地（265.02 km²）和耕地（466.31 km²）转入；草地的增加主要由其他类型（572.26 km²），以及耕地（250.99 km²）和湿地（159.03 km²）转入；同时有 135.97km² 湿地和 83.84km² 草地转为耕地，见表 2-12 和表 2-13。

表 2-12 辽河上游流域生态系统类型变化

时段	统计参数	林地	草地	湿地	耕地	人工表面	其他
2000~2005 年	面积变化量/km²	−1.33	194.49	−153.52	−197.04	400.04	−242.64
	面积变化率/%	−0.01	0.35	−8.21	−0.44	16.71	−3.60
2005~2010 年	面积变化量/km²	9.56	331.02	−94.36	−358.92	363.37	−250.67
	面积变化率/%	0.04	0.59	−5.50	−0.81	13.00	−3.86
2000~2010 年	面积变化量/km²	8.23	525.51	−247.88	−555.96	763.41	−493.31
	面积变化率/%	0.04	0.95	−13.26	−1.25	31.88	−7.31

表 2-13 辽河上游流域生态系统类型转移矩阵

时段	Ⅰ级分类	林地/km²	草地/km²	湿地/km²	耕地/km²	人工表面/km²	其他/km²
2000~2005 年	林地	21 527.43	4.84	0.76	4.92	4.51	0.18
	草地	4.66	55 156.14	66.08	45.41	128.23	53.09
	湿地	2.55	91.25	1 613.67	121.99	5.37	34.18
	耕地	5.48	98.79	18.93	44 156.21	261.18	36.71
	人工表面	0.26	1.62	0.24	3.18	2 388.92	0.08
	其他	0.92	295.46	15.82	48.56	6.12	6 377.25
2005~2010 年	林地	21 513.57	5.51	0.73	4.17	5.6	11.73
	草地	5.98	55 394.71	41.97	45.02	141.34	19.08
	湿地	1.18	86.89	1 542.16	37.02	16.19	32.05
	耕地	29.14	169.17	25.88	43 903.54	202.82	49.73
	人工表面	0.41	1.99	0.12	3.42	2 788.32	0.08
	其他	0.59	320.86	10.27	28.16	3.44	6 138.17

续表

时段	Ⅰ级分类	林地/km²	草地/km²	湿地/km²	耕地/km²	人工表面/km²	其他/km²
2000~2010年	林地	21 501.96	9.39	1.14	8.41	9.93	11.81
	草地	9.9	54 984.85	68.85	83.84	265.02	41.17
	湿地	3.24	159.03	1 509.27	135.97	20.08	41.43
	耕地	33.81	250.99	28.83	43 727.84	466.31	69.51
	人工表面	0.59	2.6	0.17	4.78	2 386.02	0.13
	其他	1.37	572.26	12.87	60.5	10.35	6 086.77

2.3.1.2 生态系统格局

2000~2010年,辽河上游流域景观格局变化主要表现为斑块数减少、平均斑块面积增加、边界密度和聚集度指数呈现一定波动。

从一级和二级生态系统类型的类斑块平均面积的变化情况来看,十年间,草地、湿地、耕地和人工表面的类斑块平均面积增大,主要表现为草甸、草原、湖泊、水田、旱地,以及居住地、工业用地、采矿场等二级生态系统类型类斑块平均面积的增加。采矿场类斑块平均面积由2000年的34.5 km²增加至2010年的81.7 km²;林地类斑块平均面积略有减少,对应其二级生态系统类型主要表现为落叶阔叶林类斑块平均面积增加,乔木园地类斑块平均面积减小,见表2-14~表2-16所示。

表2-14 辽河上游流域生态系统景观格局特征

年份	一级生态系统类型				二级生态系统类型			
	斑块数/个	平均斑块面积/km²	边界密度/(km/km²)	聚集度指数	斑块数/个	平均斑块面积/km²	边界密度/(km/km²)	聚集度指数
2000	200 918	65.99	30.50	48.29	226 381	58.57	32.40	68.38
2005	197 452	67.15	30.38	48.30	223 139	60.21	32.30	68.03
2010	195 223	67.91	30.44	48.24	220 182	60.21	32.34	67.98

表2-15 辽河上游流域一级生态系统类斑块平均面积 （单位：km²）

年份	林地	草地	湿地	耕地	人工表面	其他
2000	43.28	92.81	14.84	156.75	13.69	20.52
2005	43.26	93.09	15.22	159.75	15.79	20.88
2010	43.13	95.15	15.23	161.43	17.45	20.56

表 2-16 辽河上游流域二级生态系统类斑块平均面积 （单位：km²）

代码	Ⅱ级分类	2000 年	2005 年	2010 年	代码	Ⅱ级分类	2000 年	2005 年	2010 年
101	常绿阔叶林				34	湖泊	22.01	21.59	24.10
102	落叶阔叶林	37.99	37.99	38.36	35	水库/坑塘	20.57	13.89	20.91
103	常绿针叶林	22.25	22.22	22.30	36	河流	10.12	10.70	10.68
104	落叶针叶林	12.54	12.50	12.52	37	运河/水渠	0.81	0.81	0.81
105	针阔混交林	28.99	28.99	28.99	41	水田	19.95	21.30	22.73
106	常绿阔叶灌木林				42	旱地	154.73	157.52	159.39
107	落叶阔叶灌木林	20.99	20.96	20.99	51	居住地	15.57	18.41	20.12
108	常绿针叶灌木林				52	工业用地	20.00	23.49	32.49
109	乔木园地	4.73	4.87	4.28	53	交通用地	4.74	4.82	5.25
110	灌木园地				54	采矿场	34.53	29.04	81.73
111	乔木绿地				61	稀疏林	2.70	2.71	3.20
112	灌木绿地				62	稀疏灌木林	5.55	5.57	4.16
21	草甸	11.53	15.71	44.51	63	稀疏草地	5.21	5.83	2.13
22	草原	94.98	94.97	97.10	64	苔藓/地衣			
23	草丛	13.14	13.15	13.16	65	裸岩	7.19	7.22	7.44
24	草本绿地	1.12	1.07	1.07	66	裸土	2.56	2.58	2.58
31	森林湿地				67	沙漠/沙地	21.16	21.45	20.81
32	灌丛湿地	5.27			68	盐碱地	41.19	40.20	44.24
33	草本湿地	23.34	29.12	27.40	69	冰川/永久积雪			

2.3.2 辽河下游流域

2.3.2.1 生态系统类型构成

辽河下游流域主要生态系统类型为耕地（3.3×10⁴ km²，65.78%）、林地（0.93×10⁴ km²，18.47%）、人工表面（0.29×10⁴ km²，5.81%）。

2000~2010 年生态系统类型的主要变化为，耕地显著减少（538.58 km²，1.63%）；人工表面显著增加（411.34 km²，14.13%），主要由耕地（404.53 km²）转入；草地和湿地类型也有所增加，主要由耕地转入；林地比较稳定，见表 2-17 ～表 2-19 所示。

表 2-17 辽河下游流域生态系统类型构成

年份	统计参数	林地	草地	湿地	耕地	人工表面	其他	总计
2000	面积/km²	9 260.03	3 155.58	953.17	32 968.44	2 910.83	870.74	50 118.79
	比例/%	18.47	6.30	1.90	65.78	5.81	1.74	100.00

年份	统计参数	林地	草地	湿地	耕地	人工表面	其他	总计
2005	面积/km²	9 257.26	3 186.44	987.02	32 738.08	3 109.51	840.49	50 118.79
	比例/%	18.47	6.36	1.97	65.32	6.20	1.68	100.00
2010	面积/km²	9 261.50	3 246.47	1 021.05	32 429.86	3 322.16	837.76	50 118.79
	比例/%	18.48	6.48	2.04	64.70	6.63	1.67	100.00

表 2-18　辽河下游流域生态系统类型变化

时段	统计参数	林地	草地	湿地	耕地	人工表面	其他
2000~2005 年	面积变化量/km²	-2.77	30.86	33.85	-230.36	198.68	-30.25
	面积变化率/%	-0.03	0.98	3.55	-0.70	6.83	-3.47
2005~2010 年	面积变化量/km²	4.24	60.03	34.03	-308.22	212.65	-2.73
	面积变化率/%	0.05	1.88	3.45	-0.94	6.84	-0.32
2000~2010 年	面积变化量/km²	1.46	90.89	67.88	-538.58	411.34	-32.98
	面积变化率/%	0.02	2.88	7.12	-1.63	14.13	-3.79

表 2-19　辽河下游流域生态系统类型转移矩阵　　　　（单位：km²）

时段	Ⅰ级分类	林地	草地	湿地	耕地	人工表面	其他
2000~2005 年	林地	9 247.48	0.18	1.22	7.91	3.22	0.02
	草地	0.17	3 144.58	0.07	2.63	4.10	4.03
	湿地	1.11	1.94	921.96	20.53	4.14	3.49
	耕地	8.09	13.84	61.96	32 690.76	188.87	4.93
	人工表面	0.16	0.08	0.15	2.61	2 907.79	0.04
	其他	0.24	25.83	1.66	13.64	1.39	827.98
2005~2010 年	林地	9 246.79	0.13	1.57	7.30	1.36	0.10
	草地	0.15	3 183.90	0.06	1.52	0.55	0.27
	湿地	1.39	2.80	950.39	24.33	6.25	1.87
	耕地	11.89	43.86	60.51	32 386.61	215.02	20.19
	人工表面	0.41	1.04	6.27	3.75	3 097.80	0.23
	其他	0.88	14.74	2.25	6.34	1.19	815.09
2000~2010 年	林地	9 238.40	0.27	2.07	14.57	4.60	0.12
	草地	1.05	3 145.44	0.12	3.31	4.64	1.03
	湿地	1.96	4.67	900.41	32.86	8.54	4.73
	耕地	19.22	56.01	108.66	32 356.75	404.53	23.28
	人工表面	0.52	1.09	6.34	5.01	2 897.62	0.25
	其他	0.35	38.99	3.46	17.36	2.23	808.35

2.3.2.2 生态系统格局

2000~2010 年，辽河下游流域景观格局变化主要表现为斑块数增加、平均斑块面积减少，而边界密度增加，聚集度指数下降，说明辽河下游流域的生态系统破碎化程度有所增加，连通性有所下降。

从生态系统类型的类斑块平均面积变化情况来看，2000~2010 年耕地类型类斑块平均面积显著减少，主要表现为水田和旱地的类平均斑块面积减少；人工表面类斑块平均面积增加不显著，主要表现为居住地和工业用地类斑块平均面积略微增加，但交通用地和采矿场类斑块平均面积都略有下降；此外，针阔混交林、灌木园地、草甸、湖泊、稀疏草地、裸岩以及裸土等二级生态系统类型类平均斑块面积均增加，而草本湿地类平均斑块面积减少，见表 2-20~表 2-22。

表 2-20　辽河下游流域生态系统景观格局特征

年份	一级生态系统类型				二级生态系统类型			
	斑块数/个	平均斑块面积/km²	边界密度/(km/km²)	聚集度指数	斑块数/个	平均斑块面积/km²	边界密度/(km/km²)	聚集度指数
2000	87 711	57.14	30.29	55.92	158 036	31.71	41.66	66.24
2005	89 580	55.95	30.73	55.44	160 219	31.28	42.12	65.95
2010	92 946	53.92	31.45	54.73	164 563	30.46	42.83	65.49

表 2-21　辽河下游流域一级生态系统类斑块平均面积　（单位：km²）

年份	林地	草地	湿地	耕地	人工表面	其他
2000	33.48	29.95	14.88	250.33	12.14	14.50
2005	33.42	29.96	15.09	244.35	12.16	14.60
2010	33.28	29.63	13.33	236.53	12.30	14.41

表 2-22　辽河下游流域二级生态系统类斑块平均面积　（单位：km²）

代码	Ⅱ级分类	2000 年	2005 年	2010 年	代码	Ⅱ级分类	2000 年	2005 年	2010 年
101	常绿阔叶林	—	—	—	110	灌木园地	16.34	16.34	19.20
102	落叶阔叶林	21.16	21.13	21.11	111	乔木绿地			
103	常绿针叶林	8.28	8.26	8.06	112	灌木绿地			
104	落叶针叶林	8.66	8.66	8.68	21	草甸	9.72	10.54	19.33
105	针阔混交林	6.40	6.37	7.18	22	草原	30.33	30.30	29.91
106	常绿阔叶灌木林				23	草丛	0.81	0.81	0.81
107	落叶阔叶灌木林	6.15	6.16	6.15	24	草本绿地	3.55	3.58	3.55
108	常绿针叶灌木林				31	森林湿地			
109	乔木园地	8.68	8.67	8.48	32	灌丛湿地			

代码	Ⅱ级分类	2000 年	2005 年	2010 年	代码	Ⅱ级分类	2000 年	2005 年	2010 年
33	草本湿地	11.08	11.57	8.16	54	采矿场	8.42	8.19	8.23
34	湖泊	18.66	18.67	21.69	61	稀疏林	6.81	7.84	9.02
35	水库/坑塘	21.99	23.65	21.69	62	稀疏灌木林			
36	河流	8.37	8.15	8.02	63	稀疏草地	4.29	20.72	34.29
37	运河/水渠	3.87	3.79	3.47	64	苔藓/地衣			
41	水田	19.22	18.70	18.52	65	裸岩	13.65	13.83	14.72
42	旱地	161.77	159.81	155.05	66	裸土	8.99	8.99	12.27
51	居住地	12.13	12.37	12.54	67	沙漠/沙地	14.90	14.44	14.21
52	工业用地	14.28	15.04	16.49	68	盐碱地	7.18	7.43	8.17
53	交通用地	5.15	4.65	4.48	69	冰川/永久积雪			

2.3.3 浑河-太子河流域

2.3.3.1 生态系统类型构成

2000 年，浑河-太子河流域的主要生态系统类型为林地（1.4×10^4 km^2，46.80%）和耕地（1.20×10^4 km^2，39.17%），其次为人工表面（0.30×10^4 km^2，9.68%）。

2000~2010 年，浑河-太子河流域生态系统类型主要变化为，耕地显著减少（668.09 km^2，5.59%）；人工表面显著增加（749.04 km^2，25.37%），主要由耕地和湿地转入；湿地、林地和草地面积有所减少，其他类型有所增加，见表 2-23~表 2-25 所示。

表 2-23 浑河-太子河流域生态系统类型构成

年份	统计参数	林地	草地	湿地	耕地	人工表面	其他	总计
2000	面积/km^2	14 274.95	243.31	1 064.30	11 951.91	2 952.09	17.68	30 504.24
	比例/%	46.80	0.80	3.49	39.17	9.68	0.06	100.00
2005	面积/km^2	14 263.22	242.58	1 061.19	11 814.49	3 104.78	17.98	30 504.24
	比例/%	46.76	0.80	3.48	38.72	10.18	0.06	100.00
2010	面积/km^2	14 256.06	241.37	999.89	11 284.12	3 701.25	21.55	30 504.24
	比例/%	46.74	0.79	3.28	36.99	12.13	0.07	100.00

表 2-24　浑河–太子河流域生态系统类型变化

时段	统计参数	林地	草地	湿地	耕地	人工表面	其他
2000~2005 年	面积变化量/km²	−11.72	−0.73	−3.10	−137.42	152.69	0.30
	面积变化率/%	−0.08	−0.30	−0.29	−1.15	5.17	1.68
2005~2010 年	面积变化量/km²	−7.16	−1.21	−61.30	−530.37	596.47	3.57
	面积变化率/%	−0.05	−0.50	−5.78	−4.49	19.21	19.87
2000~2010 年	面积变化量/km²	−18.89	−1.94	−64.41	667.79	749.16	3.87
	面积变化率/%	−0.13	−0.80	−6.05	−5.59	25.37	21.88

表 2-25　浑河–太子河流域生态系统类型转移矩阵　　　（单位：km²）

时段	Ⅰ级分类	林地	草地	湿地	耕地	人工表面	其他
2000~2005 年	林地	14 252.16	0.06	0.27	11.38	10.68	0.40
	草地	0.04	242.41	0.01	0.42	0.42	0.00
	湿地	0.81	0.00	1 050.82	7.09	5.49	0.08
	耕地	9.93	0.10	9.98	11 794.36	137.38	0.19
	人工表面	0.28	0.01	0.07	1.22	2 950.48	0.03
	其他	0.00	0.00	0.05	0.02	0.32	17.28
2005~2010 年	林地	14 246.80	0.05	1.61	11.09	3.68	0.00
	草地	1.32	241.07	0.00	0.05	0.00	0.14
	湿地	0.13	0.00	973.88	4.97	79.03	3.18
	耕地	6.94	0.12	23.20	11 262.60	519.72	1.50
	人工表面	0.87	0.13	0.94	4.82	3 097.58	0.44
	其他	0.00	0.00	0.26	0.32	0.97	16.42
2000~2010 年	林地	14 236.10	0.08	1.88	21.62	14.87	0.40
	草地	1.34	240.94	0.01	0.05	0.56	0.00
	湿地	0.93	0.00	963.69	11.75	84.60	3.31
	耕地	16.60	0.21	33.04	11 244.71	655.72	1.67
	人工表面	1.09	0.14	0.97	5.38	2 944.08	0.43
	其他	0.01	0.00	0.31	0.33	1.29	15.74

2.3.3.2　生态系统格局

2000~2010 年浑河–太子河流域生态系统景观格局变化表现为斑块数增加、平均斑块面积减少，而边界密度增加，聚集度指数下降，说明浑河–太子河流域的生态系统破碎化程度有所增加，连通性有所下降。

从一级和二级生态系统类型的类斑块平均面积的变化情况来看，2000~2010 年人工表面和其他类型类斑块平均面积显著增加，而其对应的二级生态系统类型类斑块平均面积变化不显著；2010 年的湿地、林地和耕地类型类斑块平均面积显著减少，具体表现为灌木园地、草本湿地和水库/坑塘的类斑块平均面积显著减少，而乔木绿地、湖泊和运河/水渠的类斑块平均面积则有所增加，见表 2-26 ~ 表 2-28。

表 2-26　浑河-太子河流域生态系统景观格局特征

年份	一级生态系统类型				二级生态系统类型			
	斑块数/个	平均斑块面积/km²	边界密度/(km/km²)	聚集度指数	斑块数/个	平均斑块面积/km²	边界密度/(km/km²)	聚集度指数
2000	40 095	76. 08	27. 59	56. 04	98 213	31. 06	44. 59	59. 58
2005	40 134	76. 00	27. 60	55. 83	99 100	30. 78	44. 80	59. 37
2010	43 208	70. 60	28. 77	54. 82	103 054	29. 60	45. 76	59. 28

表 2-27　浑河-太子河流域一级生态系统类斑块平均面积　　　　（单位：km²）

年份	林地	草地	湿地	耕地	人工表面	其他
2000	160. 80	6. 19	21. 62	105. 79	27. 61	4. 99
2005	160. 65	6. 21	21. 87	103. 28	29. 12	4. 89
2010	160. 08	6. 22	19. 51	89. 99	30. 02	5. 35

表 2-28　浑河-太子河流域二级生态系统类斑块平均面积　　　　（单位：km²）

代码	Ⅱ级分类	2000 年	2005 年	2010 年	代码	Ⅱ级分类	2000 年	2005 年	2010 年
101	常绿阔叶林				34	湖泊	137. 12	169. 19	176. 03
102	落叶阔叶林	86. 42	86. 30	86. 04	35	水库/坑塘	24. 18	24. 51	19. 21
103	常绿针叶林	6. 77	6. 72	6. 73	36	河流	10. 03	10. 22	10. 26
104	落叶针叶林	8. 32	8. 30	8. 30	37	运河/水渠	4. 38	4. 55	5. 05
105	针阔混交林	86. 50	86. 50	86. 50	41	水田	44. 97	42. 24	42. 08
106	常绿阔叶灌木林				42	旱地	55. 94	54. 22	48. 18
107	落叶阔叶灌木林	7. 76	7. 76	7. 76	51	居住地	27. 32	28. 36	28. 56
108	常绿针叶灌木林				52	工业用地	37. 34	38. 83	39. 37
109	乔木园地	15. 15	15. 08	15. 66	53	交通用地	4. 50	4. 62	4. 64
110	灌木园地	51. 64	51. 56	47. 42	54	采矿场	43. 81	44. 54	44. 75
111	乔木绿地	8. 30	8. 45	8. 48	61	稀疏林			6. 48
112	灌木绿地				62	稀疏灌木林			
21	草甸	4. 92	4. 95	4. 95	63	稀疏草地			
22	草原	6. 63	6. 63	6. 65	64	苔藓/地衣			
23	草丛	3. 23	3. 23	3. 23	65	裸岩			
24	草本绿地	3. 13	3. 15	3. 16	66	裸土	5. 53	5. 38	5. 94
31	森林湿地				67	沙漠/沙地	2. 58	2. 59	2. 96
32	灌丛湿地				68	盐碱地			
33	草本湿地	10. 92	9. 87	9. 48	69	冰川/永久积雪			

2.3.4 绕阳河–大凌河流域

2.3.4.1 生态系统类型构成

绕阳河–大凌河流域主要生态系统类型为耕地（2.47×10^4 km^2，53.34%）和林地（1.70×10^4 km^2，36.5%），其次为人工表面（0.26×10^4 km^2，5.54%）。

2000～2010年生态系统类型的主要变化为，耕地显著减少（367.69 km^2，149%），人工表面显著增加（316.13 km^2，12.31%），主要由耕地转入；林地、草地和其他类型有所增加；湿地有所减少，主要转出为耕地，见表2-29～表2-31。

表 2-29　绕阳河–大凌河流域生态系统类型构成

年份	统计参数	林地	草地	湿地	耕地	人工表面	其他	总计
2000	面积/km^2	16 954.54	791.50	1 257.96	24 714.92	2 567.21	52.42	46 338.55
	比例/%	36.59	1.71	2.71	53.34	5.54	0.11	100.00
2005	面积/km^2	16 969.49	795.57	1 259.69	24 557.49	2 699.73	56.58	46 338.55
	比例/%	36.62	1.72	2.72	52.99	5.83	0.12	100.00
2010	面积/km^2	16 966.20	796.64	1 255.14	24 347.28	2 883.34	89.95	46 338.55
	比例/%	36.61	1.72	2.71	52.55	6.22	0.19	100.00

表 2-30　绕阳河–大凌河流域生态系统类型构成面积变化

时段	统计参数	林地	草地	湿地	耕地	人工表面	其他
2000～2005 年	面积变化量/km^2	14.96	4.07	1.72	−157.47	132.52	4.16
	面积变化率/%	0.09	0.51	0.14	−0.64	5.16	7.93
2005～2010 年	面积变化量/km^2	−3.29	1.08	−4.55	−210.22	183.61	33.37
	面积变化率/%	−0.02	0.14	−0.36	−0.86	6.80	58.98
2000～2010 年	面积变化量/km^2	11.67	5.14	−2.82	−367.69	316.13	37.53
	面积变化率/%	0.07	0.65	−0.22	−1.49	12.31	71.59

表 2-31　绕阳河–大凌河流域生态系统类型转移矩阵　　　　　　（单位：km^2）

时段	Ⅰ级分类	林地	草地	湿地	耕地	人工表面	其他
2000～2005 年	林地	16 915.81	0.57	1.21	28.79	7.85	0.31
	草地	5.99	784.01	0.06	0.65	0.78	0.01
	湿地	5.84	0.09	1 237.26	12.15	1.86	0.74
	耕地	41.29	10.81	19.57	24 513.37	124.13	5.79
	人工表面	0.35	0.08	0.10	1.62	2 565.05	0.02
	其他	0.21	0.01	1.50	0.92	0.08	49.70

时段	Ⅰ级分类	林地	草地	湿地	耕地	人工表面	其他
2005~2010年	林地	16 947.76	0.15	4.43	9.13	6.79	1.25
	草地	0.72	793.54	0.02	0.83	0.42	0.04
	湿地	0.90	0.13	1 232.37	14.66	8.11	3.52
	耕地	16.35	2.79	17.37	24 319.95	172.53	28.51
	人工表面	0.43	0.04	0.80	1.87	2 695.29	1.31
	其他	0.05	0.00	0.15	0.84	0.21	55.33
2000~2010年	林地	16 895.68	0.69	5.28	36.78	14.58	1.52
	草地	6.69	782.12	0.05	1.40	1.19	0.05
	湿地	6.52	0.22	1 212.65	26.18	9.84	2.54
	耕地	56.33	13.50	36.13	24 278.77	296.40	33.83
	人工表面	0.72	0.10	0.87	3.09	2 561.11	1.31
	其他	0.26	0.01	0.17	1.06	0.23	50.70

2.3.4.2 生态系统格局

2000~2010年绕阳河-大凌河流域景观格局变化表现为斑块数增加、平均斑块面积减少,而边界密度增加,聚集度指数下降,说明绕阳河-大凌河流域的生态系统破碎化程度有所增加,连通性有所下降。

从生态系统类型的类斑块平均面积的变化情况来看,林地、耕地和其他类型类斑块平均面积显著减少,主要表现为落叶阔叶林、常绿针叶林、水田和旱地等二级生态系统类型类平均斑块面积减少;湿地和人工表面类斑块平均面积增加,主要表现为灌丛湿地、湖泊、河流、运河/水渠,以及居住地、工业用地、采矿场等二级生态系统类型的类斑块平均面积增加,见表2-32~表2-34所示。

表2-32 绕阳河-大凌河流域生态系统景观格局特征

年份	一级生态系统类型				二级生态系统类型			
	斑块数/个	平均斑块面积/km²	边界密度/(km/km²)	聚集度指数	斑块数/个	平均斑块面积/km²	边界密度/(km/km²)	聚集度指数
2000	97 316	47.62	38.80	54.61	156 263	29.65	49.52	64.43
2005	98 076	47.25	39.04	54.29	157 353	29.45	49.81	64.22
2010	100 795	45.97	39.66	53.67	160 410	28.89	50.45	64.21

表 2-33 绕阳河–大凌河流域一级生态系统类斑块平均面积 （单位：km²）

年份	林地	草地	湿地	耕地	人工表面	其他
2000	51.96	6.88	15.50	125.07	10.48	6.37
2005	51.75	6.87	15.58	124.00	10.81	6.65
2010	51.48	6.87	15.65	121.01	10.81	6.26

表 2-34 绕阳河–大凌河流域二级生态系统类斑块平均面积 （单位：km²）

代码	Ⅱ级分类	2000 年	2005 年	2010 年	代码	Ⅱ级分类	2000 年	2005 年	2010 年
101	常绿阔叶林				34	湖泊	23.12	23.31	26.62
102	落叶阔叶林	26.30	26.25	26.17	35	水库/坑塘	16.57	17.24	15.92
103	常绿针叶林	11.04	11.00	10.98	36	河流	7.10	7.13	7.24
104	落叶针叶林	10.64	10.63	10.66	37	运河/水渠	4.70	4.66	4.86
105	针阔混交林	5.16	5.11	5.11	41	水田	32.45	30.98	30.09
106	常绿阔叶灌木林				42	旱地	113.58	112.44	109.96
107	落叶阔叶灌木林	18.37	18.38	18.39	51	居住地	10.22	10.51	10.42
108	常绿针叶灌木林				52	工业用地	22.62	25.01	25.08
109	乔木园地	4.25	4.24	4.27	53	交通用地	4.47	4.57	4.95
110	灌木园地	3.39	3.39	3.24	54	采矿场	24.89	24.73	24.95
111	乔木绿地	9.99	9.99	9.99	61	稀疏林			
112	灌木绿地				62	稀疏灌木林			2.11
21	草甸	15.25	15.98	15.79	63	稀疏草地			
22	草原	6.62	6.60	6.61	64	苔藓/地衣			
23	草丛	12.57	12.51	12.51	65	裸岩	7.30	7.61	7.98
24	草本绿地	36.05	22.84	12.84	66	裸土	6.63	7.13	7.93
31	森林湿地				67	沙漠/沙地	9.56	9.44	9.52
32	灌丛湿地				68	盐碱地	3.03	4.29	4.99
33	草本湿地	45.06	45.49	43.18	69	冰川/永久积雪			

2.3.5 浑江流域

2.3.5.1 生态系统类型构成

2000 年，浑江流域的主要生态系统类型为林地（1.8×10⁴ km²，79.86%），其次为耕地（0.37×10⁴ km²，16.41%）。

2000～2010 年，浑江流域生态系统类型构成的变化幅度较小，主要为耕地和湿地都减少了约 17 km²，林地和人工表面分别增加了 26.50 km² 和 11.45 km²，见表 2-35～表 2-37。

表 2-35 浑江流域生态系统类型构成

年份	统计参数	林地	草地	湿地	耕地	人工表面	其他	总计
2000	面积/km²	18 006.11	161.48	329.01	3 701.17	331.69	17.80	22 547.26
	比例/%	79.86	0.72	1.46	16.41	1.47	0.08	100.00
2005	面积/km²	18 020.84	160.81	313.08	3 703.95	332.32	16.26	22 547.26
	比例/%	79.92	0.71	1.39	16.43	1.47	0.07	100.00
2010	面积/km²	18 032.61	159.20	311.53	3 684.61	343.14	16.17	22 547.26
	比例/%	79.98	0.71	1.38	16.34	1.52	0.07	100.00

表 2-36 浑江流域生态系统类型变化

时段	统计参数	林地	草地	湿地	耕地	人工表面	其他
2000~2005 年	面积变化量/km²	14.68	-0.68	-15.93	2.78	0.64	-1.54
	面积变化率/%	0.08	-0.42	-4.84	0.08	0.19	-8.66
2005~2010 年	面积变化量/km²	11.81	-1.60	-1.55	-19.34	10.82	-0.09
	面积变化率/%	0.07	-1.00	-0.50	-0.52	3.25	-0.53
2000~2010 年	面积变化量/km²	26.49	-2.28	-17.48	-16.56	11.45	-1.63
	面积变化率/%	0.15	-1.41	-5.31	-0.45	3.45	-9.15

表 2-37 浑江流域生态系统类型转移矩阵 （单位：km²）

时段	Ⅰ级分类	林地	草地	湿地	耕地	人工表面	其他
2000~2005 年	林地	17 993.19	0.14	1.10	11.52	0.04	0.12
	草地	0.54	160.36	0.18	0.41	0.00	0.00
	湿地	12.28	0.07	308.47	7.51	0.63	0.06
	耕地	12.96	0.23	3.30	3 684.40	0.14	0.14
	人工表面	0.08	0.00	0.02	0.07	331.51	0.00
	其他	1.84	0.00	0.00	0.02	0.00	15.94
2005~2010 年	林地	18 019.59	0.02	0.00	1.01	0.15	0.02
	草地	2.49	158.21	0.00	0.11	0.00	0.00
	湿地	0.85	0.01	310.71	0.98	0.45	0.08
	耕地	9.23	0.96	0.71	3 682.29	10.46	0.30
	人工表面	0.06	0.00	0.01	0.16	332.09	0.00
	其他	0.41	0.00	0.00	0.08	0.00	15.77
2000~2010 年	林地	17 992.67	0.12	0.79	12.22	0.26	0.04
	草地	2.98	158.05	0.16	0.28	0.00	0.00
	湿地	12.76	0.07	306.87	8.14	1.09	0.08
	耕地	21.96	0.96	3.67	3 663.74	10.46	0.37
	人工表面	0.13	0.00	0.03	0.21	331.31	0.00
	其他	2.10	0.00	0.00	0.02	0.00	15.69

2.3.5.2 生态系统格局

2000～2010 年浑江流域景观格局变化表现为斑块数减少，平均斑块面积增加，边界密度降低，聚集度指数升高，说明浑江流域生态系统的团聚程度增加，连通性有所增强。

从一级和二级生态系统类型的类斑块平均面积的变化情况来看，2000～2010 年林地、草地和人工表面的类斑块平均面积显著增加，主要表现为针阔混交林、落叶阔叶灌木林、居住地、交通用地和采矿场的类斑块平均面积增加，见表 2-38～表 2-40 所示。

表 2-38 浑江流域生态系统景观格局特征

年份	一级生态系统类型				二级生态系统类型			
	斑块数/个	平均斑块面积/km²	边界密度/(km/km²)	聚集度指数	斑块数/个	平均斑块面积/km²	边界密度/(km/km²)	聚集度指数
2000	17 431	129.35	19.02	73.47	46 174	48.83	33.37	69.65
2005	17 170	131.32	18.90	73.62	45 919	49.10	33.30	69.72
2010	17 160	131.39	18.89	73.62	45 893	49.13	33.28	70.06

表 2-39 浑江流域一级生态系统类斑块平均面积 （单位：km²）

年份	林地	草地	湿地	耕地	人工表面	其他
2000	1120.64	7.86	20.53	37.32	14.95	38.72
2005	1150.17	7.85	20.27	37.98	14.99	28.51
2010	1161.28	7.92	20.20	37.85	15.05	31.08

表 2-40 浑江流域二级生态系统类斑块平均面积 （单位：km²）

代码	Ⅱ级分类	2000 年	2005 年	2010 年	代码	Ⅱ级分类	2000 年	2005 年	2010 年
101	常绿阔叶林				22	草原	7.99	7.95	8.04
102	落叶阔叶林	369.45	372.78	367.25	23	草丛	3.06	3.61	3.63
103	常绿针叶林	61.63	61.79	61.25	24	草本绿地			
104	落叶针叶林	12.96	12.93	12.83	31	森林湿地			
105	针阔混交林	43.67	43.57	52.93	32	灌丛湿地	276.31	286.34	278.54
106	常绿阔叶灌木林				33	草本湿地	4.09	4.10	4.12
107	落叶阔叶灌木林	6.77	6.81	6.86	34	湖泊	690.49	690.78	1259.01
108	常绿针叶灌木林			6.70	35	水库/坑塘	11.48	11.60	11.48
109	乔木园地	93.15	92.61	92.61	36	河流	13.18	12.61	12.59
110	灌木园地				37	运河/水渠			
111	乔木绿地				41	水田	7.31	7.34	7.36
112	灌木绿地				42	旱地	30.58	31.14	31.20
21	草甸			1.46	51	居住地	15.61	15.66	15.83

续表

代码	Ⅱ级分类	2000年	2005年	2010年	代码	Ⅱ级分类	2000年	2005年	2010年
52	工业用地	8.91	8.91	8.91	64	苔藓/地衣	69.63	53.06	50.69
53	交通用地	3.38	3.38	3.75	65	裸岩			
54	采矿场	1.08	1.08	3.65	66	裸土	14.58	14.58	14.58
61	稀疏林				67	沙漠/沙地	4.94	4.74	6.36
62	稀疏灌木林				68	盐碱地			
63	稀疏草地				69	冰川/永久积雪			

2.3.6 沿海诸河流域

2.3.6.1 生态系统类型构成

2000年，沿海诸河流域的主要生态系统类型为林地（$1.62×10^4$ km²，54.43%）和耕地（$1.1×10^4$ km²，38.68%），其次为人工表面（$0.12×10^4$ km²，4.6%）。

2000年~2010年，沿海诸河流域生态系统类型主要变化为，耕地显著减少（149.44 km²，1.29%）；人工表面显著增加（171.69 km²，13.83%），主要由耕地转入；此外湿地、林地和草地有所减少，其他类型面积增加。见表2-41~表2-43。

表2-41 沿海诸河流域生态系统类型构成

年份	统计参数	林地	草地	湿地	耕地	人工表面	其他	总计
2000	面积/km²	16 244.13	277.31	495.65	11 544.17	1 241.82	42.05	29 845.12
	比例/%	54.43	0.93	1.66	38.68	4.16	0.14	100.00
2005	面积/km²	16 227.12	275.39	494.62	11 442.53	1 362.70	42.76	29 845.12
	比例/%	54.37	0.92	1.66	38.34	4.57	0.14	100.00
2010	面积/km²	16 226.30	276.45	486.87	11 394.72	1 413.51	47.27	29 845.12
	比例/%	54.36	0.93	1.63	38.18	4.74	0.16	100.00

表2-42 沿海诸河流域生态系统类型变化

时段	统计参数	林地	草地	湿地	耕地	人工表面	其他
2000~2005年	面积变化量/km²	−17.01	−1.92	−1.03	−101.63	120.88	0.71
	面积变化率/%	−0.10	−0.69	−0.21	−0.88	9.73	1.69
2005~2010年	面积变化量/km²	−0.82	1.06	−7.75	−47.81	50.81	4.51
	面积变化率/%	−0.01	0.38	−1.57	−0.42	3.73	10.55
2000~2010年	面积变化量/km²	−17.83	−0.86	−8.78	−149.44	171.69	5.22
	面积变化率/%	−0.11	−0.31	−1.77	−1.29	13.83	12.42

表 2-43　沿海诸河流域生态系统类型转移矩阵　　　　（单位：km²）

时段	I 级分类	林地	草地	湿地	耕地	人工表面	其他
2000～2005 年	林地	16 220.22	0.20	0.58	11.84	11.03	0.27
	草地	2.11	275.13	0.01	0.03	0.02	0.00
	湿地	0.15	0.01	484.37	4.33	6.38	0.42
	耕地	4.24	0.04	9.48	11 425.50	104.78	0.12
	人工表面	0.37	0.01	0.12	0.81	1 240.46	0.05
	其他	0.03	0.00	0.06	0.01	0.04	41.90
2005～2010 年	林地	16 212.04	0.05	0.14	10.86	3.60	0.44
	草地	0.22	275.09	0.05	0.02	0.01	0.00
	湿地	0.30	0.00	473.64	17.44	2.24	0.99
	耕地	12.47	1.20	12.85	11 365.78	46.20	4.04
	人工表面	1.17	0.11	0.15	0.61	1 360.44	0.22
	其他	0.09	0.00	0.04	0.01	1.03	41.59
2000～2010 年	林地	16 205.63	0.23	0.75	21.56	15.27	0.70
	草地	2.31	274.85	0.05	0.05	0.03	0.00
	湿地	0.38	0.01	463.93	21.75	8.59	0.99
	耕地	16.40	1.24	21.81	11 350.01	150.12	4.58
	人工表面	1.46	0.12	0.20	1.32	1 238.45	0.26
	其他	0.11	0.00	0.12	0.02	1.05	40.75

2.3.6.2　生态系统格局

2000～2010 年，沿海诸河流域景观格局变化表现为斑块数减少，平均斑块面积增加，边界密度增加，聚集度指数下降，说明沿海诸河流域的生态系统破碎化程度有所降低。

从生态系统类型的类斑块平均面积的变化情况来看，林地、湿地和人工表面的类斑块平均面积显著增加，主要表现为针阔混交林、乔木园地和灌木园地，以及湿地和人工表面对应的二级生态系统类型类斑块平均面积均显著增加，而落叶阔叶林和常绿阔叶林的类斑块平均面积有所减少；耕地的类斑块平均面积有所减少，主要表现为旱地类斑块平均面积减少，2010 年水田类斑块平均面积显著增加，见表 2-44～表 2-46。

表 2-44　沿海诸河流域生态系统景观格局特征

年份	一级生态系统类型				二级生态系统类型			
	斑块数/个	平均斑块面积/km²	边界密度/(km/km²)	聚集度指数	斑块数/个	平均斑块面积/km²	边界密度/(km/km²)	聚集度指数
2000	19 936	149.71	21.43	62.92	49 245	60.61	34.37	68.20
2005	19 738	151.21	21.53	62.60	49 052	60.84	34.47	68.01
2010	19 622	152.10	21.60	62.46	49 020	60.88	34.58	67.84

表 2-45　沿海诸河流域一级生态系统类斑块平均面积　　（单位：km²）

年份	林地	草地	湿地	耕地	人工表面	其他
2000	492.83	14.92	29.58	182.76	19.59	9.49
2005	491.87	14.74	30.38	179.34	22.30	9.54
2010	499.11	14.81	31.90	179.60	22.89	10.40

表 2-46　沿海诸河流域二级生态系统类斑块平均面积　　（单位：km²）

代码	Ⅱ级分类	2000 年	2005 年	2010 年	代码	Ⅱ级分类	2000 年	2005 年	2010 年
101	常绿阔叶林				34	湖泊	56.58	59.23	73.91
102	落叶阔叶林	190.03	189.28	188.47	35	水库/坑塘	24.63	24.34	25.48
103	常绿针叶林	45.13	43.76	43.76	36	河流	18.25	19.06	19.44
104	落叶针叶林	22.23	22.27	22.30	37	运河/水渠	23.28	23.28	22.74
105	针阔混交林	98.29	98.29	107.45	41	水田	114.58	114.19	118.47
106	常绿阔叶灌木林				42	旱地	160.75	157.59	157.53
107	落叶阔叶灌木林	10.05	10.07	10.07	51	居住地	20.33	22.94	23.46
108	常绿针叶灌木林	28.82	28.86	28.86	52	工业用地	12.93	15.60	16.62
109	乔木园地	29.47	44.28	51.82	53	交通用地	5.43	6.07	6.24
110	灌木园地	31.17	30.72	36.67	54	采矿场			107.73
111	乔木绿地	18.63	18.63	18.43	61	稀疏林			
112	灌木绿地	—	—	—	62	稀疏灌木林			
21	草甸	2.84	2.84		63	稀疏草地			
22	草原	14.60	14.41	14.45	64	苔藓/地衣			
23	草丛	2.43	2.43	2.43	65	裸岩	2.23	2.03	1.89
24	草本绿地	85.05	85.05	115.29	66	裸土	7.18	7.07	8.51
31	森林湿地				67	沙漠/沙地	13.71	14.07	14.07
32	灌丛湿地				68	盐碱地			
33	草本湿地	46.22	50.39	59.53	69	冰川/永久积雪			

2.4　岸边带生态系统类型构成、格局及变化

本节对辽河流域内五级以上河流作 2000m 的缓冲区，得到岸边带范围，并按照 0～500m，500～1000m，1000～2000m 三个区间分析了岸边带的生态系统类型构成、格局及其变化。

2.4.1　岸边带（0～500m）

2.4.1.1　生态系统类型构成

2000 年，0～500m 岸边带总面积约为 1.1×10^4 km²，主要生态系统类型为耕地 55.31%（0.61×10^4 km²）、林地 16.5%（0.18×10^4 km²）、湿地 13.7%（0.15×10^4 km²）、草地

8.1%（0.09×10⁴km²）、人工表面6.5%（0.07×10⁴km²）。

2000~2010年，0~500m岸边带生态系统类型的主要变化为，耕地减少了2.35%，为143.35km²，主要转移为人工表面和湿地；湿地减少了2.38%，为35.88 km²，主要转移为耕地和草地；人工表面增加了24.28%，为139.31km²；草地增加了5.25%，为47.04km²，见表2-47~表2-49。

表 2-47　岸边带（0~500m）生态系统类型构成

年份	统计参数	林地	草地	湿地	耕地	人工表面	其他	总计
2000	面积/km²	1 815.58	895.73	1 507.49	6 105.94	573.81	141.66	11 040.21
	比例/%	16.45	8.11	13.65	55.31	5.20	1.28	100.00
2005	面积/km²	1 825.99	908.28	1 505.40	6 063.00	631.22	106.32	11 040.21
	比例/%	16.54	8.23	13.64	54.91	5.72	0.96	100.00
2010	面积/km²	1 823.56	942.77	1 471.61	5 962.57	713.13	126.57	11 040.21
	比例/%	16.52	8.54	13.33	54.00	6.46	1.15	100.00

表 2-48　岸边带（0~500m）生态系统类型变化

时段	统计参数	林地	草地	湿地	耕地	人工表面	其他
2000~2005年	面积变化量/km²	10.40	12.55	-2.09	-42.93	57.41	-35.34
	面积变化率/%	0.57	1.40	-0.14	-0.70	10.00	-24.95
2005~2010年	面积变化量/km²	-2.43	34.49	-33.79	-100.42	81.91	20.25
	面积变化率/%	-0.13	3.80	-2.24	-1.66	12.98	19.04
2000~2010年	面积变化量/km²	7.97	47.04	-35.88	-143.35	139.31	-15.09
	面积变化率/%	0.44	5.25	-2.38	-2.35	24.28	-10.65

表 2-49　岸边带（0~500m）生态系统类型转移矩阵　　　（单位：km²）

时段	Ⅰ级分类	林地	草地	湿地	耕地	人工表面	其他
2000~2005年	林地	1810.40	0.23	0.64	3.28	0.80	0.24
	草地	2.63	866.60	14.04	8.65	3.54	0.27
	湿地	7.71	11.74	1454.54	25.79	4.55	3.16
	耕地	5.09	5.66	29.42	6015.92	48.99	0.85
	人工表面	0.07	0.05	0.14	0.48	573.06	0.02
	其他	0.09	24.01	6.62	8.89	0.27	101.78
2005~2010年	林地	1819.23	0.24	2.07	2.75	0.64	1.06
	草地	0.14	891.04	7.88	4.66	3.83	0.73
	湿地	0.69	30.59	1435.30	20.08	6.93	11.82
	耕地	3.19	17.50	24.65	5933.60	72.20	11.87
	人工表面	0.16	0.07	0.76	0.94	628.81	0.47
	其他	0.14	3.34	0.95	0.55	0.72	100.63

时段	Ⅰ级分类	林地	草地	湿地	耕地	人工表面	其他
2000~2010年	林地	1804.12	0.40	2.44	5.90	1.43	1.29
	草地	2.70	859.73	13.76	10.46	7.37	1.71
	湿地	8.20	31.43	1403.32	41.68	11.21	11.65
	耕地	8.10	20.59	49.34	5894.37	121.19	12.34
	人工表面	0.21	0.09	0.85	1.22	570.97	0.47
	其他	0.22	30.54	1.89	8.95	0.94	99.12

2.4.1.2　生态系统格局

从景观格局指数的计算结果来看，2000~2010年，0~500m岸边带的一级和二级生态系统类型总体呈现为斑块数增加，平均斑块面积减少，边界密度增加，聚集度指数下降，说明0~500m岸边带生态系统破碎化程度有所增加，连通性有所下降。

从生态系统类型的类斑块平均面积的变化情况来看，草地和人工表面的类斑块平均面积呈增加趋势，主要表现为草甸以及居住地、工业用地、交通用地和采矿场等二级生态系统类型类平均斑块面积增加，耕地对应的水田、旱地二级生态系统类型的类平均斑块面积则都呈现明显地减少趋势，见表2-50~表2-52。

表2-50　岸边带（0~500m）生态系统景观格局特征

年份	一级生态系统				二级生态系统			
	斑块数/个	平均斑块面积/km²	边界密度/(km/km²)	聚集度指数	斑块数/个	平均斑块面积/km²	边界密度/(km/km²)	聚集度指数
2000	40 073	27.55	41.45	43.39	57 142	19.34	48.99	59.95
2005	39 737	27.78	41.27	43.38	56 674	19.45	48.88	59.89
2010	40 663	27.16	41.85	42.36	57 735	19.15	49.40	59.58

表2-51　岸边带（0~500m）一级生态系统类斑块平均面积　（单位：km²）

年份	林地	草地	湿地	耕地	人工表面	其他
2000	17.19	17.41	19.52	85.82	7.93	6.31
2005	17.25	18.12	20.00	84.45	8.37	5.74
2010	17.20	19.09	19.59	79.64	8.85	6.31

表2-52　岸边带（0~500m）二级生态系统类斑块平均面积　（单位：km²）

代码	Ⅱ级分类	2000年	2005年	2010年	代码	Ⅱ级分类	2000年	2005年	2010年
101	常绿阔叶林				103	常绿针叶林	6.50	6.39	6.30
102	落叶阔叶林	13.09	13.22	13.20	104	落叶针叶林	6.23	6.21	6.16

代码	Ⅱ级分类	2000 年	2005 年	2010 年	代码	Ⅱ级分类	2000 年	2005 年	2010 年
105	针阔混交林	23.11	22.77	22.29	36	河流	13.72	13.94	13.64
106	常绿阔叶灌木林				37	运河/水渠	3.15	3.14	3.39
107	落叶阔叶灌木林	5.51	5.53	5.51	41	水田	15.03	14.75	14.50
108	常绿针叶灌木林	5.47	5.47	5.47	42	旱地	62.78	61.96	60.01
109	乔木园地	5.67	5.58	4.12	51	居住地	8.20	8.71	9.13
110	灌木园地	7.35	7.35	7.36	52	工业用地	9.01	9.53	10.45
111	乔木绿地	2.03	2.03	2.03	53	交通用地	3.28	3.31	3.42
112	灌木绿地				54	采矿场	5.39	5.65	5.91
21	草甸	7.79	13.31	24.12	61	稀疏林	2.31	2.34	2.34
22	草原	17.34	17.24	17.70	62	稀疏灌木林			4.22
23	草丛	7.43	7.61	7.44	63	稀疏草地	1.18	1.22	1.01
24	草本绿地	3.82	3.82	3.82	64	苔藓/地衣	6.21	4.59	2.84
31	森林湿地				65	裸岩	4.63	4.63	4.63
32	灌丛湿地	144.99	150.12	148.77	66	裸土	7.35	7.68	8.90
33	草本湿地	9.96	9.76	9.08	67	沙漠/沙地	6.66	5.96	6.56
34	湖泊	71.03	82.25	90.63	68	盐碱地	3.05	3.10	3.86
35	水库/坑塘	26.58	29.45	24.87	69	冰川/永久积雪			

2.4.2 岸边带（500~1000m）

2.4.2.1 生态系统类型构成

2000 年，500~1000 m 岸边带总面积约为 1.0×10^4 km²，主要生态系统类型为耕地 53.6%（0.56×10^4 km²）、林地 23.8%（0.25×10^4 km²）、草地 10.8%（1.1×10^4 km²）、湿地 3.8%（0.04×10^4 km²）、人工表面 6.9%（0.07×10^4 km²）。

2000~2010 年，500~1000 m 岸边带生态系统类型的主要变化为，耕地减少了 2.66%，为 149.70 km²；湿地减少了 2.15%，为 8.64 km²；人工表面增加了 19.75%，为 143.36km²，主要由耕地和草地转入；草地增加了 2.42%，为 27.35 km²，见表 2-53~表 2-55。

表 2-53 岸边带（500~1000m）生态系统类型构成

年份	统计参数	林地	草地	湿地	耕地	人工表面	其他	总计
2000	面积/km²	2 501.16	1 129.08	402.74	5 624.96	725.87	106.14	10 489.95
	比例/%	23.84	10.76	3.84	53.63	6.92	1.01	100.00

年份	统计参数	林地	草地	湿地	耕地	人工表面	其他	总计
2005	面积/km²	2 501.94	1 138.31	401.44	5 576.50	781.19	90.57	10 489.95
	比例/%	23.85	10.85	3.83	53.16	7.45	0.86	100.00
2010	面积/km²	2 501.99	1 156.43	394.10	5 475.27	869.23	92.93	10 489.95
	比例/%	23.84	11.02	3.76	52.20	8.29	0.89	100.00

表 2-54　岸边带（500~1000m）生态系统类型变化

时段	统计参数	林地	草地	湿地	耕地	人工表面	其他
2000~2005 年	面积变化量/km²	0.78	9.23	−1.30	−48.46	55.31	−15.57
	面积变化率/%	0.03	0.82	−0.32	−0.86	7.62	−14.67
2005~2010 年	面积变化量/km²	0.06	18.12	−7.34	−101.23	88.04	2.36
	面积变化率/%	0.00	1.59	−1.83	−1.82	11.27	2.61
2000~2010 年	面积变化量/km²	0.83	27.35	−8.64	−149.69	143.36	−13.21
	面积变化率/%	0.03	2.42	−2.15	−2.66	19.75	−12.44

表 2-55　岸边带（500~1000m）生态系统类型转移矩阵　（单位：km²）

时段	Ⅰ级分类	林地	草地	湿地	耕地	人工表面	其他
2000~2005 年	林地	2 496.00	0.16	0.16	3.36	1.47	0.00
	草地	0.84	1 115.98	3.62	2.71	5.70	0.23
	湿地	1.51	4.80	386.21	8.42	1.19	0.61
	耕地	3.43	3.70	10.31	5 558.94	47.57	1.00
	人工表面	0.06	0.08	0.02	0.53	725.18	0.00
	其他	0.09	13.59	1.12	2.53	0.08	88.73
2005~2010 年	林地	2 497.76	0.19	0.50	2.12	1.00	0.36
	草地	0.72	1 127.09	3.00	1.38	5.50	0.62
	湿地	0.15	8.51	381.29	4.97	4.14	2.38
	耕地	3.08	14.51	8.62	5 464.99	79.57	5.73
	人工表面	0.20	0.73	0.05	1.16	778.76	0.29
	其他	0.08	5.40	0.63	0.64	0.27	83.55
2000~2010 年	林地	2 492.05	0.31	0.64	5.27	2.55	0.35
	草地	1.54	1 107.71	4.05	3.73	10.99	1.06
	湿地	1.66	10.77	371.49	11.54	5.14	2.14
	耕地	6.34	17.52	16.94	5 450.44	127.07	6.63
	人工表面	0.25	0.77	0.06	1.41	723.14	0.25
	其他	0.15	19.33	0.92	2.89	0.34	82.51

2.4.2.2 生态系统格局

从景观格局指数的计算结果来看，2000~2010年，500~1000m岸边带生态系统总体呈现斑块数增加，平均斑块面积减少，边界密度增加，聚集度指数下降，说明500~1000 m岸边带生态系统破碎化程度有所增加，连通性有所下降。

从生态系统类型的类斑块平均面积的变化情况来看，草地和人工表面的类斑块平均面积呈增加趋势，主要表现为草甸以及居住地、工业用地、交通用地和采矿场等二级生态系统类型类平均斑块面积的增加；林地、耕地和其他一级生态系统类型类斑块平均面积则呈减少趋势，主要表现为乔木园地、水田、旱地、沙漠/沙地和盐碱地等二级生态系统类型类斑块平均面积显著减少，而灌木园地、苔藓/地衣和裸土的类斑块平均面积增加；湿地类型类斑块平均面积呈现波动性的变化，其对应的二级生态系统中，灌丛湿地、湖泊、河流和运河/水渠的类斑块平均面积显著增加，草本湿地和水库/坑塘的类斑块平均面积显著减少，见表2-56~表2-58。

表2-56 岸边带（500~1000m）生态系统景观格局特征

年份	一级生态系统				二级生态系统			
	斑块数/个	平均斑块面积/km²	边界密度/(km/km²)	聚集度指数	斑块数/个	平均斑块面积/km²	边界密度/(km/km²)	聚集度指数
2000	40 680	25.79	28.06	49.10	58 654	17.89	35.95	63.34
2005	40 735	25.75	28.17	48.89	58 911	17.81	36.15	63.16
2010	41 762	25.12	28.73	48.11	59 948	17.50	36.62	62.94

表2-57 岸边带（500~1000m）一级生态系统类斑块平均面积 （单位：km²）

年份	林地	草地	湿地	耕地	人工表面	其他
2000	22.79	20.74	11.56	50.79	9.10	6.27
2005	22.71	21.17	11.90	49.86	9.47	6.04
2010	22.66	21.61	11.61	47.28	9.87	5.95

表2-58 岸边带（500~1000m）二级生态系统类斑块平均面积 （单位：km²）

代码	Ⅱ级分类	2000年	2005年	2010年	代码	Ⅱ级分类	2000年	2005年	2010年
101	常绿阔叶林				108	常绿针叶灌木林	6.32	6.32	6.32
102	落叶阔叶林	16.39	16.35	16.30	109	乔木园地	7.06	6.36	5.93
103	常绿针叶林	6.44	6.43	6.39	110	灌木园地	7.48	7.48	8.10
104	落叶针叶林	6.40	6.36	6.37	111	乔木绿地	5.82	5.82	5.82
105	针阔混交林	19.21	19.10	19.74	112	灌木绿地			
106	常绿阔叶灌木林				21	草甸	5.71	9.14	14.25
107	落叶阔叶灌木林	6.11	6.10	6.10	22	草原	21.11	21.25	21.70

代码	Ⅱ级分类	2000年	2005年	2010年	代码	Ⅱ级分类	2000年	2005年	2010年
23	草丛	7.18	7.18	7.19	52	工业用地	9.58	10.24	12.86
24	草本绿地	2.40	2.54	2.61	53	交通用地	3.15	3.16	3.20
31	森林湿地				54	采矿场	15.08	15.31	15.64
32	灌丛湿地	102.55	170.10	170.10	61	稀疏林	1.99	1.98	1.98
33	草本湿地	12.11	12.35	10.54	62	稀疏灌木林			2.14
34	湖泊	25.97	27.57	28.64	63	稀疏草地	1.69	1.71	1.30
35	水库/坑塘	15.52	16.30	14.49	64	苔藓/地衣	2.55	3.51	3.24
36	河流	5.47	5.57	5.58	65	裸岩	5.18	5.18	5.18
37	运河/水渠	4.10	4.20	4.31	66	裸土	3.10	3.18	5.40
41	水田	15.05	14.46	14.24	67	沙漠/沙地	6.85	6.66	6.33
42	旱地	38.40	37.78	36.42	68	盐碱地	10.43	9.30	7.72
51	居住地	9.42	9.84	10.22	69	冰川/永久积雪			

2.4.3 岸边带（1000~2000m）

2.4.3.1 生态系统类型构成

2000年，1000~2000m岸边带总面积约为 $1.99 \times 10^4 \ km^2$，主要生态系统类型为耕地 49.6%（$0.99 \times 10^4 \ km^2$）、林地 28.0%（$5.57 \times 10^4 \ km^2$）、草地 12.7%（$0.25 \times 10^4 \ km^2$）、人工表面 6.19%（$0.12 \times 10^4 km^2$）。

2000~2010年，1000~2000m岸边带生态系统类型的主要变化为，耕地减少了 2.45%，为 242.09 km^2；湿地减少了 2.1%，为 8.72 km^2，人工表面增加了 19.69%，为 242.53 km^2，主要由耕地和草地转入；草地增加了 1.42%，为 35.86 km^2，见表 2-59~表 2-61。

表 2-59 岸边带（1000~2000m）生态系统类型构成

年份	统计参数	林地	草地	湿地	耕地	人工表面	其他	总计
2000	面积/km²	5 569.05	2 523.90	415.18	9 878.66	1231.81	286.18	19 904.78
	比例/%	27.98	12.68	2.09	49.62	6.19	1.44	100.00
2005	面积/km²	5 563.73	2 537.53	410.86	9 796.66	1 331.27	264.73	19 904.79
	比例/%	27.95	12.75	2.06	49.22	6.69	1.33	100.00
2010	面积/km²	5 566.33	2 559.76	406.45	9 636.58	1 474.34	261.32	19 904.78
	比例/%	27.96	12.86	2.04	48.42	7.41	1.31	100.00

表 2-60   岸边带 （1000～2000m） 生态系统类型变化

时段	统计参数	林地	草地	湿地	耕地	人工表面	其他
2000～2005 年	面积变化量/km²	−5.31	13.63	−4.32	−82.00	99.46	−21.45
	面积变化率/%	−0.10	0.54	−1.04	−0.83	8.07	−7.49
2005～2010 年	面积变化量/km²	2.59	22.23	−4.41	−160.08	143.07	−3.41
	面积变化率/%	0.05	0.88	−1.07	−1.63	10.75	−1.29
2000～2010 年	面积变化量/km²	−2.72	35.86	−8.72	−242.08	242.53	−24.86
	面积变化率/%	−0.05	1.42	−2.10	−2.45	19.69	−8.69

表 2-61   岸边带 （1000～2000m） 生态系统类型转移矩阵   （单位：km²）

时段	Ⅰ级分类	林地	草地	湿地	耕地	人工表面	其他
2000～2005 年	林地	5 557.05	0.24	0.58	6.51	4.62	0.05
	草地	1.14	2 506.37	3.59	2.57	9.70	0.53
	湿地	0.64	5.47	396.78	10.14	1.05	1.09
	耕地	4.53	5.52	9.33	9 772.63	84.81	1.85
	人工表面	0.11	0.15	0.03	0.93	1 230.58	0.01
	其他	0.26	19.78	0.54	3.89	0.50	261.20
2005～2010 年	林地	5 556.36	0.23	0.54	4.34	1.79	0.47
	草地	0.85	2 521.70	2.88	2.02	9.31	0.77
	湿地	0.54	5.49	390.87	5.31	6.98	1.67
	耕地	8.17	17.69	11.85	9 622.68	127.16	9.11
	人工表面	0.29	0.47	0.10	1.72	1 328.65	0.04
	其他	0.11	14.19	0.20	0.51	0.45	249.26
2000～2010 年	林地	5 550.14	0.42	0.90	9.94	7.13	0.52
	草地	2.03	2 494.80	3.17	3.75	18.97	1.19
	湿地	0.94	7.90	382.02	14.13	7.74	2.45
	耕地	12.48	22.13	19.97	9 602.48	211.03	10.59
	人工表面	0.37	0.54	0.09	2.23	1 228.52	0.05
	其他	0.37	33.98	0.29	4.05	0.95	246.54

2.4.3.2 生态系统格局

从景观格局指数的计算结果来看，2000～2010 年，1000～2000m 岸边带的一级和二级生态系统类型总体呈现为斑块数增加，平均斑块面积减少，边界密度增加，聚集度指数下降，说明 1000～2000m 岸边带生态系统破碎化程度有所增加，连通性有所下降。

从生态系统类型的类斑块平均面积的变化情况来看，草地和人工表面的类斑块平均面积呈增加趋势；林地、湿地、耕地和其他一级生态系统类型类斑块平均面积均呈显著减少趋势，见表2-62～表2-64所示。

表2-62　岸边带（1000～2000m）生态系统景观格局特征及其变化

年份	一级生态系统				二级生态系统			
	斑块数/个	平均斑块面积/km²	边界密度/(km/km²)	聚集度指数	斑块数/个	平均斑块面积/km²	边界密度/(km/km²)	聚集度指数
2000	50 769	39.20	28.08	49.69	77 700	25.62	36.94	63.81
2005	50 722	39.24	28.16	49.47	77 948	25.53	37.12	63.64
2010	52 015	38.27	28.71	48.81	79 466	25.05	37.60	63.48

表2-63　岸边带（1000～2000m）一级生态系统类斑块平均面积　（单位：km²）

年份	林地	草地	湿地	耕地	人工表面	其他
2000	38.77	32.93	12.41	78.76	12.24	10.30
2005	38.72	33.57	12.50	77.68	12.93	10.20
2010	38.65	34.00	11.97	74.39	13.29	9.89

表2-64　岸边带（1000～2000m）二级生态系统类斑块平均面积　（单位：km²）

代码	Ⅱ级分类	2000年	2005年	2010年	代码	Ⅱ级分类	2000年	2005年	2010年
101	常绿阔叶林				34	湖泊	25.16	27.72	29.76
102	落叶阔叶林	26.27	26.21	26.16	35	水库/坑塘	12.59	13.08	11.72
103	常绿针叶林	8.73	8.71	8.65	36	河流	5.46	5.41	5.46
104	落叶针叶林	8.37	8.34	8.33	37	运河/水渠	4.04	4.05	3.92
105	针阔混交林	24.11	24.21	26.94	41	水田	21.75	21.08	21.02
106	常绿阔叶灌木林	8.24			42	旱地	60.02	59.13	57.11
107	落叶阔叶灌木林	8.24	8.23	8.24	51	居住地	12.51	13.24	13.54
108	常绿针叶灌木林	15.30	15.30	14.26	52	工业用地	12.74	15.30	16.57
109	乔木园地	5.54	5.49	4.72	53	交通用地	3.86	3.88	3.92
110	灌木园地	5.54	5.54	5.86	54	采矿场	30.16	27.91	28.37
111	乔木绿地	4.53	4.77	4.92	61	稀疏林	2.09	2.08	2.08
112	灌木绿地	4.48			62	稀疏灌木林			2.11
21	草甸	4.48	7.38	13.20	63	稀疏草地	1.67	1.62	2.03
22	草原	33.87	34.33	34.95	64	苔藓/地衣	18.43	13.68	12.87
23	草丛	9.56	9.68	9.54	65	裸岩	6.21	5.47	5.47
24	草本绿地	3.25	3.39	3.39	66	裸土	4.12	4.09	4.43
31	森林湿地	380.70			67	沙漠/沙地	11.02	11.07	10.82
32	灌丛湿地	380.70	266.22	259.20	68	盐碱地	19.56	16.88	13.32
33	草本湿地	15.82	15.81	13.38	69	冰川/永久积雪			

2.4.4　不同子流域的岸边带

2010 年，从不同子流域的岸边带的生态系统构成来看，辽河上游流域以耕地（2114 km²，56%）、草地（846 km²，22%）和湿地（369 km²，9%）生态系统类型为主，人工表面面积为 156 km²（4%）；辽河下游流域以耕地（1451 km²，67%）、湿地（253 km²，12%）和林地（213 km²，10%）生态系统类型为主，人工表面面积为 145 km²（6.7%）；浑河-太子河流域以耕地（666 km²，46%）、湿地（297km²，20%）和林地（286 km²，20%）生态系统类型为主，人工表面面积为 208 km²（14%）；绕阳河-大凌河流域以耕地（860km²，52%）、林地（367 km²，22%）和湿地（266 km²，16%）生态系统类型为主，人工表面面积为 115 km²（7%）；浑江流域以耕地（283 km²，32%）、林地（411 km²，46%）和湿地（140 km²，16%）生态系统类型为主，人工表面面积为 52 km²（6%）；沿海诸河流域以耕地（586 km²，53%）、林地（301 km²，27%）和湿地（146 km²，13%）生态系统类型为主，人工表面面积为 36 km²（3%）。

从不同子流域的岸边带生态系统变化来看，2000～2010 年，辽河上游流域主要是湿地减少，十年间减少了 50.69 km²，草地和人工表面则分别增加了 38.96 km² 和 38.04 km²；辽河下游流域主要是耕地减少，十年间共减少了 53.49 km²，人工表面则增加了 33.11 km²；浑河-太子河流域主要是耕地减少，十年间共减少了 54.23 km²，人工表面增加了 51.97 km²；绕阳河-大凌河流域主要是耕地减少，十年间共减少了 20.08 km²，人工表面和林地略有增加（分别为 9.41 km² 和 7.23 km²）；浑江流域主要是湿地减少，十年间共减少 5.15 km²，人工表面和林地略有增加（分别为 1.79 km² 和 2.29 km²）；沿海诸河流域主要是耕地减少，十年间共减少了 13.93 km²，湿地则增加了 7.66 km²，见表 2-65。

表 2-65　子流域岸边带生态系统类型构成及变化

子流域	项目	林地	草地	湿地	耕地	人工表面	其他
辽河上游流域	2000 年/km²	244.28	806.83	419.25	2116.32	117.69	78.87
	2005 年/km²	244.85	820.05	406.08	2130.59	137.08	44.59
	2010 年/km²	244.34	845.79	368.56	2114.04	155.73	54.77
	2000～2010 年变化量/km²	0.06	38.96	−50.69	−2.28	38.04	−24.1
	变化率/%	0.02	4.83	−12.09	−0.11	32.32	−30.56
辽河下游流域	2000 年/km²	213.05	55.72	245.07	1504.21	112.1	22.81
	2005 年/km²	213.06	56.91	253.62	1473.59	133.06	22.73
	2010 年/km²	212.51	65.41	252.99	1450.72	145.21	26.11
	2000～2010 年变化量/km²	−0.54	9.69	7.92	−53.49	33.11	3.3
	变化率/%	−0.25	17.39	3.23	−3.56	29.54	14.47

子流域	项目	林地	草地	湿地	耕地	人工表面	其他
浑河-太子河流域	2000 年/km²	286.44	2.39	293.91	720.31	155.74	3.1
	2005 年/km²	286.24	2.38	294.63	711.32	164.26	3.06
	2010 年/km²	285.89	2.38	296.52	666.08	207.71	3.31
	2000~2010 年变化量/km²	−0.55	−0.01	2.61	−54.23	51.97	0.21
	变化率/%	−0.19	−0.42	0.89	−7.53	33.37	6.77
绕阳河-大凌河流域	2000 年/km²	360.08	25.79	264.45	879.84	105.93	13.58
	2005 年/km²	368.74	24.15	265.66	868.47	110.32	12.31
	2010 年/km²	367.31	24.19	266.19	859.76	115.34	16.88
	2000~2010 年变化量/km²	7.23	−1.6	1.74	−20.08	9.41	3.3
	变化率/%	2.01	−6.20	0.66	−2.28	8.88	24.30
浑江流域	2000 年/km²	408.32	0.7	144.84	282.46	50.6	0.28
	2005 年/km²	410.22	0.65	140.12	284.94	50.98	0.29
	2010 年/km²	410.61	0.83	139.69	283.15	52.39	0.53
	2000~2010 年变化量/km²	2.29	0.13	−5.15	0.69	1.79	0.25
	变化率/%	0.56	18.57	−3.56	0.24	3.54	89.29
沿海诸河流域	2000 年/km²	301.42	4.28	138.44	599.68	31.52	22.87
	2005 年/km²	300.88	4.11	143.75	590.98	35.28	23.22
	2010 年/km²	300.9	4.14	146.1	585.75	36.49	24.84
	2000~2010 年变化量/km²	−0.52	−0.14	7.66	−13.93	4.97	1.97
	变化率/%	−0.17	−3.27	5.53	−2.32	15.77	8.61
流域总体	2000 年/km²	1813.59	895.71	1505.96	6102.82	573.58	141.51
	2005 年/km²	1823.99	908.25	1503.86	6059.89	630.98	106.2
	2010 年/km²	1821.56	942.74	1470.05	5959.5	712.87	126.44
	2000~2010 年变化量/km²	7.97	47.03	−35.91	−143.32	139.29	−15.07
	变化率/%	0.44	5.25	−2.38	−2.35	24.28	−10.65

2.5　流域生态系统类型转换特征

2.5.1　生态系统类型相互转化强度

生态系统类型相互转化强度反映研究区生态系统类型在一定时段内变化的总体趋势，通过土地覆被转类指数（Land cover chang index，LCCI）来衡量。首先将生态系统类型按照一定的生态意义进行定级，并去除受人类活动影响变化较剧烈且无规律的耕地和人工表面等类型，得到四种一级生态系统类型的生态意义分级标准，生态系统类型越接近 1 级，表示该生态系统类型的生态综合功能越高，见表 2-66。

表 2-66　一级生态系统类型分级标准

生态系统类型	湿地	林地	草地	其他
生态级别	1 级	2 级	3 级	5 级

对生态系统类型定级后，将生态系统类型变化前后的生态级别相减，结果为正值表示研究区生态系统类型构成状况及宏观生态状况总体上转好，且值越大，转好程度高；反之表示转差，且绝对值越大，转差程度越大。土地覆被转类指数计算方法为

$$\mathrm{LCCI}_{ij} = \frac{\sum \left[A_{ij} \times (D_a - D_b) \right]}{A_{ij}} \times 100\% \tag{2-8}$$

式中，j 为研究区；i 为生态系统类型（$j = 1，\cdots，n$）；A_{ij} 为某研究区土地覆被一次转类的面积；D_a 为转类前级别；D_b 为转类后级别。

辽河流域生态系统动态类型相互转化强度的评价结果显示，2000～2010 年辽河流域生态系统整体的相互转化强度为 0.43，大于 0，显示从面积角度衡量，流域内生态系统的变化呈现逐渐改善的趋势，而且前五年和后五年转好的趋势和幅度比较稳定，见表 2-67 所示。

表 2-67　辽河流域生态系统类型相互转化强度

区域	时段	2000～2005 年	2005～2010 年	2000～2010 年
辽河流域		0.23	0.22	0.43
一级子流域	辽河上游流域	0.42	0.46	0.86
	辽河下游流域	0.23	0.19	0.45
	浑河-太子河流域	−0.01	−0.06	−0.07
	绕阳河-大凌河流域	0.02	−0.07	−0.05
	浑江流域	−0.03	0.01	−0.02
	沿海诸河流域	0.00	−0.03	−0.02
岸边带	岸边带（0～500 m）	1.41	−1.98	−0.55
	岸边带（500～1000 m）	0.63	−0.20	0.44
	岸边带（1000～2000m）	0.39	0.17	0.56

按一级子流域进行统计分析，结果显示，2000～2005 年和 2005～2010 年两个时段内，辽河上游流域和辽河下游流域土地覆被转类指数均为正值，呈现明显的转好趋势；浑河-太子河流域在 2000～2005 年和 2005～2010 年两个时段内土地覆被转类指数均为负值，且 2005～2010 年绝对值更大，说明浑河-太子河流域生态系统转差的趋势在加剧；绕阳河-大凌河流域和沿海诸河流域生态系统状况在 2000～2010 年内呈现先转好后转差的趋势，而浑江流域呈现先转差后转好的趋势。

按岸边带区段统计分析，结果显示，2000～2005 年岸边带土地覆被转类指数均为正值，说明生态系统状况呈转好趋势，而 2005～2010 年不同区段的岸边带土地覆被转类指数为负值，或转好趋势减弱，尤以 0～500 m 岸边带生态系统状况转差最为严重。

2.5.2 生态系统综合动态度

生态系统综合动态度是定量描述研究时段内生态系统的变化速度的指标，主要着眼于变化的过程而非变化结果，反映了研究区生态系统类型变化的剧烈程度，便于在不同空间尺度上找出生态系统类型变化的热点区域。生态系统综合变化率指标的计算方法为

$$EC = \frac{\sum_{i=1}^{n} \Delta ECO_{i-j}}{\sum_{i=1}^{n} ECO_i} \times 100\% \tag{2-9}$$

式中，n 为生态系统类型数；ECO_i 为监测起始时间第 i 类生态系统类型面积，ECO_i 根据全国生态系统类型图矢量数据在 ArcGIS 平台下进行统计获取；ΔECO_{i-j} 为监测时段内第 i 类生态系统类型转为其他（j 类，$i \neq j$）生态系统类型的面积总和；ΔECO_{i-j} 根据生态系统转移矩阵模型获取。

辽河流域生态系统类型的综合动态度评价结果显示，流域总体、不同子流域和岸边带在 2005 ~ 2010 年的生态系统类型变化都比 2000 ~ 2005 年的变化剧烈，说明 2005 ~ 2010 年是十年间生态系统变化的热点时段。

按一级子流域进行统计分析，浑河-太子河流域是生态系统变化的热点区域，其次是辽河上游流域、辽河下游流域和绕阳河-大凌河流域。浑河-太子河流域、辽河下游流域和绕阳河-大凌河流域在 2005 ~ 2010 年的变化速度显著加快；辽河上游流域、浑江流域和沿海诸河流域在 2005 ~ 2010 年的变化速度较 2000 ~ 2005 年时段略有下降。

按岸边带区段进行统计分析，2005 ~ 2010 年，不同岸边带生态系统的变化速度均高于 2000 ~ 2005 年，且离河岸越近，岸边带生态系统变化速度越快，岸边带（0 ~ 500 m）是岸边带生态系统变化的热点区域，见表 2-68。

表 2-68　辽河流域生态系统综合动态度　　　　　　　（单位:%）

区域	时段	2000 ~ 2005 年	2005 ~ 2010 年	2000 ~ 2010 年
辽河流域一级生态系统		0.79	0.93	1.61
辽河流域二级生态系统		0.92	1.07	1.83
子流域（一级生态系统）	辽河上游流域	1.03	0.98	1.80
	辽河下游流域	0.75	0.87	1.54
	浑河-太子河流域	0.64	2.18	2.81
	绕阳河-大凌河流域	0.59	0.64	1.20
	浑江流域	0.24	0.13	0.35
	沿海诸河流域	0.53	0.39	0.91
岸边带（一级生态系统）	岸边带（0 ~ 500 m）	1.97	2.10	3.70
	岸边带（500 ~ 1000 m）	1.13	1.49	2.50
	岸边带（1000 ~ 2000m）	0.91	1.18	2.01

第3章 辽河流域生态系统质量及其变化

辽河流域 2000~2010 年生态系统质量及其变化主要采用叶面积指数、植被覆盖度、净初级生产力、地表蒸散量等生态系统质量评估指标，重点评估林地、草地、湿地和耕地 4 个生态系统类型的植被状况，并从流域总体和各生态系统类型两个层次进行分析。

3.1 生态系统质量评估指标与方法

生态系统质量评估主要利用遥感地面反演得到的 2000~2010 年逐旬生态系统地表参量来进行，包括叶面积指数、植被覆盖度、净初级生产力和地表蒸散量等。不同生态系统类型质量评估选用不同的评估指标。数据由环境保护部卫星环境应用中心提供，见表 3-1。

表 3-1　生态系统质量评估指标

序号	生态系统类型	评估指标	评估参数	时段	备注
1	林地	叶面积指数	年均叶面积指数 叶面积指数年变异系数 叶面积指数年均变异系数	2000~2010 年	250m，逐旬
2	草地	植被覆盖度	年均植被覆盖度 植被覆盖度年变异系数 植被覆盖度年均变异系数	2000~2010 年	250m，逐旬
3	湿地/耕地	净初级生产力	年均净初级生产力 净初级生产力年总量 净初级生产力年变异系数 净初级生产力年均变异系数	2000~2010 年	250m，逐旬
4		地表蒸散量	年地表蒸散量 年地表蒸散量变异系数 地表蒸散量年均变异系数	2000~2010 年	250m，逐旬

3.1.1　叶面积指数

叶面积指数（leaf area index，LAI）是指单位土地面积上植物叶片总面积占土地面积的倍数，是叶覆盖量的无量纲度量，受植物大小、年龄、株行距和其他因子的影响。叶面积的大小及其分布直接影响着林分对光能的截获及利用，进而影响着林分生产力，因此叶面积指数是植物光合作用、蒸腾作用、联系光合和蒸腾的关系、水分利用以及构成生产力基础等方面进行群体和群落生长分析时的一个重要参数，同时在林分、景观以及地区尺度上对碳、能量、水分通量等研究方面有着重要用途，是在林冠水平上以及景观尺度上模拟水分蒸发蒸腾损失总量的一个重要指标，亦被用来估测林分尺度以及景观水平上的森林生产力。

叶面积指数相关的评估指标包括年均叶面积指数、叶面积指数年变异系数、叶面积指数年均变异系数等。

1）年均叶面积指数（GM_AuL_i）的计算方法为

$$GM\_AuL_i = \frac{\sum_{j=1}^{36} DecL_{ij}}{36} \qquad (3-1)$$

2）叶面积指数年变异系数（GM_CVL_i）的计算方法为

$$GM\_CVL_i = \frac{\sqrt{\dfrac{\left[\sum_{j=1}^{36}(DecL_{ij} - GM\_AuL_i)^2\right]}{35}}}{GM\_AuL_i} \qquad (3-2)$$

3）叶面积指数年均变异系数（GM_ACVL_i）的计算方法为

$$GM\_ACVL_i = \frac{\sum_{i}^{n} GM\_CVL_i}{n} \qquad (3-3)$$

式中，i 为年数；j 为旬数；$DecL_{ij}$ 为第 i 年第 j 旬影像 LAI 值；n 为生态系统内影像像元数量。

3.1.2　植被覆盖度

植被覆盖度（vegetation fraction，VF）是指植被（包括叶、茎、枝）在地面的垂直投影面积占统计区总面积的百分比，用百分数表示，其是反映一个国家或地区植被覆盖面积占有情况或植被资源丰富程度及实现绿化程度的指标。

植被覆盖度相关的评估指标包括年均植被覆盖度、植被覆盖度年变异系数、植被覆盖度年均变异系数等。

1）年均植被覆盖度（CD_ AuF$_i$）的计算方法为

$$CD\_ AuF_i = \frac{\sum_{j=1}^{36} DecF_{ij}}{36}$$ (3-4)

2）植被覆盖度年变异系数（CD_ CVF$_i$）的计算方法为

$$CD\_ CVF_i = \frac{\sqrt{\frac{[\sum_{j=1}^{36} (DecF_{ij} - CD\_ AuF_i)^2]}{35}}}{CD\_ AuF_i}$$ (3-5)

3）植被覆盖度年均变异系数（CD_ ACVF$_i$）的计算方法为

$$CD\_ ACVF_i = \frac{\sum_i^n CD\_ CVF_i}{n}$$ (3-6)

式中，i 为年数；j 为旬数；DecF$_{ij}$ 为第 i 年第 j 旬影像植被覆盖度；n 为生态系统内影像像元数量。

3.1.3　净初级生产力

净初级生产力［net primary productivity，NPP］是指在植物光合作用所固定的光合产物或有机碳中，扣除植物自身呼吸消耗部分后，真正用于植物生长和生殖的光合产物量或有机碳量。它反映了植被生产力状况，是生态系统能量和物质循环的基础，在研究区域乃至全球碳循环和碳存储中扮演着重要角色。

净初级生产力相关的评估指标包括年均净初级生产力、净初级生产力年总量、净初级生产力年变异系数、净初级生产力年均变异系数等。

1）年均净初级生产力［SD_ AuN$_i$，单位：g C/（m^2·a）］的计算方法为

$$SD\_ AuN_i = \frac{\sum_{j=1}^{36} DecN_{ij}}{36}$$ (3-7)

2）净初级生产力年总量（SD_ ZN$_i$）的计算方法为

$$SD\_ ZN_i = \sum_{j=1}^{36} \sum_{k=1}^{n} (SD\_ DecN_{ijk} \times S_k)$$ (3-8)

3）净初级生产力年变异系数（SD_ CVN$_i$）的计算方法为

$$SD\_ CVN_i = \frac{\sqrt{\frac{[\sum_{j=1}^{36} (DecN_{ij} - SD\_ AuN_i)^2]}{35}}}{SD\_ AuN_i}$$ (3-9)

4）净初级生产力年均变异系数（SD_ ACVN$_i$）的计算方法为

$$SD\_ACVN_i = \frac{\sum_{i}^{n} SD\_CVN_i}{n} \tag{3-10}$$

式中，i 为年数；j 为旬数；$DecN_{ij}$ 为第 i 年第 j 旬影像 NPP 值；SD_DecN_{ijk} 为第 i 年第 j 旬影像中第 k 个像元 NPP 值；S_k 为第 k 个像元面积；n 为生态系统内影像像元数量。

3.1.4 地表蒸散量

蒸散发（evapotranspiration，ET）包括地表水分蒸发与植物体内水分的蒸腾。地表蒸散量对地球表面水分和能量平衡过程的模拟以及动态监测具有重要的科学意义与实用价值，其准确估算对于农业干旱和水文干旱监测、水资源分布及利用、农业生产管理和全球气候变化评估等具有重要的参考价值。

地表蒸散量相关的评估指标包括年地表蒸散量、年地表蒸散量变异系数、地表蒸散量年均变异系数等。

1）年地表蒸散量（HM_AuE_i）的计算方法为

$$HM\_AuE_i = \sum_{j=1}^{36} DecE_{ijk} \tag{3-11}$$

2）年地表蒸散量变异系数（HM_CVE_i）的计算方法为

$$HM\_CVE_i = \frac{\sqrt{\dfrac{\left[\sum\limits_{j=1}^{36}\left(DecE_{ij} - \dfrac{HM\_AuE_i}{36}\right)^2\right]}{35}}}{\dfrac{HM\_AuE_i}{36}} \tag{3-12}$$

3）地表蒸散量年均变异系数（HM_ACVE_i）的计算方法为

$$HM\_ACVE_i = \frac{\sum_{i}^{n} HM\_CVE_i}{n} \tag{3-13}$$

式中，i 为年数；j 为旬数；k 为影像像元序数；$DecE_{ij}$ 为第 i 年第 j 旬影像地表蒸散量；$DecE_{ijk}$ 为第 i 年第 j 旬影像中第 k 个像元地表蒸散量；n 为荒漠生态系统内影像像元数量。

3.2 流域总体生态系统质量及变化

3.2.1 叶面积指数

将年均叶面积指数分为小、较小、中、大、较大 5 个等级，对应叶面积指数取值范围分别为：0～0.5，0.5～1，1～2，2～5，5～∞。统计得到 2000～2010 年辽河流域年均叶面积指数各等级的面积及比例（表 3-2），并将各等级时空分布成图。

表 3-2　辽河流域生态系统年均叶面积指数各等级面积与比例

年份	统计参数	小	较小	中	较大	大
2000	面积/km²	220 175.06	41 664.88	25 265.44	27 771.94	1.50
	比例/%	69.93	13.23	8.02	8.82	0.00
2001	面积/km²	221 111.63	43 741.56	29 389.69	20 635.69	0.25
	比例/%	70.23	13.89	9.33	6.55	0.00
2002	面积/km²	217 906.50	46 088.19	29 149.25	21 734.75	0.13
	比例/%	69.20	14.64	9.26	6.90	0.00
2003	面积/km²	203 710.44	55 843.13	31 692.25	23 632.75	0.25
	比例/%	64.69	17.73	10.07	7.51	0.00
2004	面积/km²	212 198.06	55 097.75	39 069.13	8 513.63	0.25
	比例/%	67.39	17.50	12.41	2.70	0.00
2005	面积/km²	198 177.94	66 568.94	36 671.50	13 460.19	0.25
	比例/%	62.94	21.14	11.65	4.27	0.00
2006	面积/km²	201 178.88	60 473.56	32 932.81	20 265.94	27.63
	比例/%	63.89	19.21	10.45	6.44	0.01
2007	面积/km²	204 470.38	56 706.50	30 772.81	22 912.44	16.69
	比例/%	64.94	18.01	9.76	7.28	0.01
2008	面积/km²	188 543.81	72 485.81	34 076.44	19 757.88	14.88
	比例/%	59.88	23.02	10.83	6.27	0.00
2009	面积/km²	201 830.44	60 107.25	30 161.63	22 730.31	49.19
	比例/%	64.10	19.09	9.57	7.22	0.02
2010	面积/km²	204 689.13	56 456.13	31 462.75	22 234.13	36.69
	比例/%	65.01	17.93	9.99	7.06	0.01

　　变异系数取值范围为 0 ~ ∞，变异系数越大，说明生态系统叶面积指数的变动越大。基于叶面积指数年变异系数的计算结果，将叶面积指数年变异系数分为小、较小、中、较大、大 5 级，取值分别为 0 ~ 0.2，0.2 ~ 0.4，0.4 ~ 0.8，0.8 ~ 1，1 ~ ∞。统计 2000 ~ 2010 年辽河流域叶面积指数年变异系数各等级的面积及比例，将各等级时空分布成图（图 3-1）。

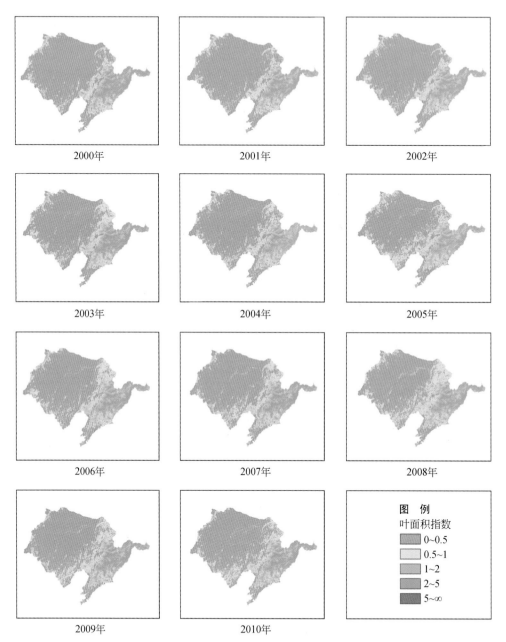

图 3-1 辽河流域生态系统年均叶面积指数空间分布

2000～2010 年，不同年变异系数等级对应的生态系统面积均依次为（1～∞）＞（0.8～1）＞（0.4～0.8）＞（0.2～0.4）＞（0～0.2）。十年间，辽河流域生态系统叶面积指数年变异系数有增大的趋势。2000 年和 2001 年，66% 区域位于 1～∞ 等级，自 2002 年以后，约 80% 区域的叶面积指数年变异系数位于 1～∞ 等级，见表 3-3 和图 3-2。

表 3-3　辽河流域生态系统叶面积指数年变异系数各等级面积及比例

年份	统计参数	小	较小	中	较大	大
2000	面积/km²	585.50	1 008.13	17 298.63	84 008.38	205 057.44
	比例/%	0.19	0.33	5.61	27.28	66.59
2001	面积/km²	552.50	1 041.13	17 265.63	84 041.38	205 059.41
	比例/%	0.18	0.34	5.60	27.29	66.59
2002	面积/km²	416.25	542.81	6 294.06	52 551.25	248 702.50
	比例/%	0.13	0.18	2.04	17.04	80.61
2003	面积/km²	457.19	548.69	5 961.38	49 428.06	252 161.88
	比例/%	0.15	0.18	1.93	16.02	81.72
2004	面积/km²	0.56	399.13	4 501.56	37 514.06	265 900.13
	比例/%	0.00	0.13	1.46	12.17	86.24
2005	面积/km²	370.88	374.06	3 874.81	35 491.69	268 200.31
	比例/%	0.12	0.12	1.26	11.51	86.99
2006	面积/km²	366.13	508.81	6 306.31	48 551.88	254 639.81
	比例/%	0.12	0.16	2.03	15.65	82.04
2007	面积/km²	366.31	802.06	8 214.63	55 357.38	245 325.25
	比例/%	0.12	0.26	2.65	17.85	79.12
2008	面积/km²	349.06	449.38	5 388.13	41 621.94	262 680.25
	比例/%	0.11	0.14	1.74	13.41	84.60
2009	面积/km²	1 645.13	1 353.00	12 191.44	62 290.81	232 697.50
	比例/%	0.53	0.44	3.93	20.08	75.02
2010	面积/km²	16.13	296.19	6 966.25	55 110.31	247 721.19
	比例/%	0.01	0.10	2.25	17.76	79.88

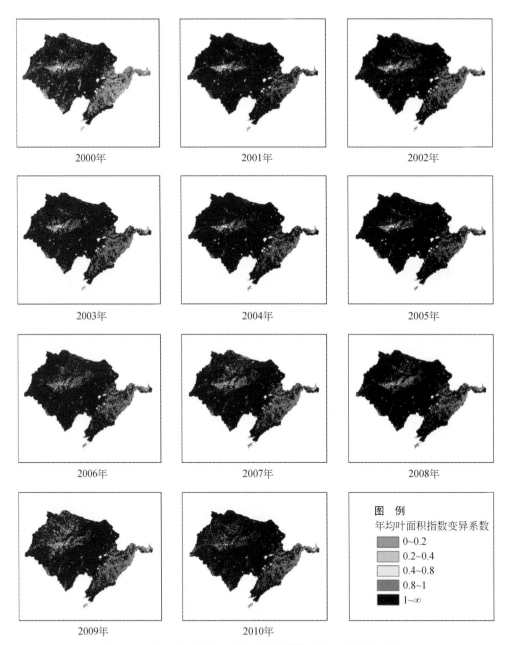

图 3-2　辽河流域生态系统叶面积指数年变异系数空间分布

叶面积指数年均变异系数计算结果显示，流域整体叶面积指数变异程度的年际差异有一定程度的波动，没有呈现出明显趋势，见表 3-4。

表 3-4　辽河流域生态系统叶面积指数年均变异系数

年份	2000	2001	2002	2003	2004	2005	2006	2007	2008	2009	2010
年均变异系数	1.1330	1.2820	1.2565	1.2318	1.2945	1.2681	1.2383	1.2425	1.2849	1.2089	1.2284

3.2.2　植被覆盖度

将年均植被覆盖度指数分为小、较小、中、大、较大 5 个等级，对应植被覆盖度指数取值范围分别为：0~20%，20%~40%，40%~60%，60%~80%，80%~100%。统计 2000~2010 年辽河流域年均植被覆盖度指数各等级的面积及比例，并将各等级时空分布成图。

从不同植被覆盖度的面积构成来看，不同年均植被覆盖度等级对应的生态系统面积从大到小依次为（20%~40%）>（40%~60%）>（0~20%）>（60%~80%）>（80%~100%）。流域内约 60% 的面积处于 20%~40% 年均植被覆盖度指数区间，说明流域整体年均植被覆盖度不高，这与流域整体的植被状况以及季相变化有关。从空间分布来看，辽河流域植被覆盖度空间差异性较大，东南部地区具有较高的植被覆盖度，上游流域的植被覆盖度较低，大部分区域处于 20%~40% 年均植被覆盖度指数等级。

从 2000~2010 年变化来看，植被覆盖度在 0~20% 和 20%~40% 区间的生态系统面积呈波动变化，稍有减少；40%~60% 和 60%~80% 区间的生态系统面积均呈减少趋势；而在 80%~100% 区间的生态系统面积变化呈现波动。显示整个流域的植被状况有两极分化的趋势，低覆盖度（低质草地）的生态系统面积均在增加，中覆盖度（优质草地）面积减少，一方面显示优质草地质量的退化，另一方面显示生态恢复措施在草地增加方面的成效，见表 3-5 和图 3-3。

表 3-5　辽河流域生态系统年均植被覆盖度各等级面积及比例

年份	统计参数	小	较小	中	较大	大
2000	面积/km²	36 024.63	189 044.13	71 207.31	18 564.13	38.63
	比例/%	11.44	60.04	22.61	5.90	0.01
2001	面积/km²	56 525.19	193 427.31	63 117.25	1 800.56	8.50
	比例/%	17.95	61.43	20.04	0.58	0.00
2002	面积/km²	46 260.63	197 425.50	68 598.88	2 590.94	2.88
	比例/%	14.69	62.70	21.79	0.82	0.00
2003	面积/km²	35 071.88	205 385.00	70 640.38	3 766.00	15.56
	比例/%	11.14	65.23	22.43	1.20	0.00

续表

年份	统计参数	小	较小	中	较大	大
2004	面积/km²	42 173.00	196 524.38	72 926.19	3 253.31	1.94
	比例/%	13.39	62.41	23.17	1.03	0.00
2005	面积/km²	31 316.81	207 686.13	72 240.13	3 631.94	3.81
	比例/%	9.95	65.96	22.94	1.15	0.00
2006	面积/km²	48 764.50	194 456.06	69 433.69	2 223.19	1.38
	比例/%	15.49	61.76	22.04	0.71	0.00
2007	面积/km²	61 752.75	177 523.63	71 569.63	4 021.69	11.13
	比例/%	19.61	56.38	22.73	1.28	0.00
2008	面积/km²	32 481.44	202 192.75	74 434.00	5 767.75	2.88
	比例/%	10.32	64.21	23.64	1.83	0.00
2009	面积/km²	59 716.75	186 795.75	64 406.38	3 957.25	2.69
	比例/%	18.96	59.32	20.46	1.26	0.00
2010	面积/km²	40 835.88	197 130.00	71 171.88	5 703.38	37.69
	比例/%	12.97	62.61	22.60	1.81	0.01

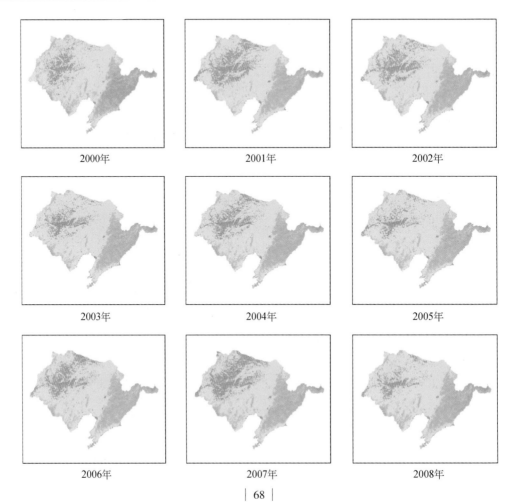

2000年 2001年 2002年

2003年 2004年 2005年

2006年 2007年 2008年

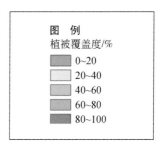

图例
植被覆盖度/%
0~20
20~40
40~60
60~80
80~100

2009年　　　　　　　　2010年

图 3-3　辽河流域生态系统年均植被覆盖度空间分布

变异系数取值范围为 0 ~ ∞，变异系数越大，说明植被覆盖度的变动越大。基于植被覆盖度年变异系数的计算结果，将植被覆盖度年变异系数分为小、较小、中、较大、大 5 个等级，取值分别为 0 ~ 0.5，0.5 ~ 1，1 ~ 1.5，1.5 ~ 2，2 ~ ∞。统计得到 2000 ~ 2010 年辽河流域植被覆盖度年变异系数各等级的面积及比例，并将各等级时空分布成图。

2000 ~ 2010 年，不同年变异系数等级的生态系统面积表现为（0.5 ~ 1）>（0 ~ 0.5）>（1 ~ 1.5）>（1.5 ~ 2）>（2 ~ ∞），超过 90% 的流域面积的植被覆盖度年变异系数较小，位于 0 ~ 1 等级。从空间分布来看，辽河下游流域是植被覆盖度年变异系数较大的区域，这部分区域是 20% ~ 40% 和 40% ~ 60% 这两个年均植被覆盖度区间的交界处，位于铁岭到营口一线的农林交错带，显示出林地和耕地之间的强烈相互转换，见表 3-6 和图 3-4。

表 3-6　辽河流域生态系统植被覆盖度年变异系数各等级面积及比例

年份	统计参数	小	较小	中	较大	大
2000	面积/km²	98 469.56	21 4361.38	755.13	277.38	354.44
	比例/%	31.34	68.22	0.24	0.09	0.11
2001	面积/km²	10 406.75	277 109.25	25 465.19	318.13	292.38
	比例/%	3.32	88.37	8.12	0.10	0.09
2002	面积/km²	22 502.06	281 351.19	9 269.81	301.06	283.06
	比例/%	7.17	89.69	2.95	0.10	0.09
2003	面积/km²	19 023.94	286 260.00	7 923.19	270.88	236.69
	比例/%	6.06	91.25	2.53	0.09	0.08
2004	面积/km²	26 581.25	280 077.81	6 555.50	277.13	235.56
	比例/%	8.47	89.27	2.09	0.09	0.08
2005	面积/km²	17 614.88	277 039.50	18 264.06	396.81	319.06
	比例/%	5.62	88.33	5.82	0.13	0.10
2006	面积/km²	23 866.13	279 830.13	9 315.06	324.44	331.69
	比例/%	7.61	89.21	2.97	0.10	0.11
2007	面积/km²	37 758.44	266 006.81	9 188.56	388.69	345.44
	比例/%	12.04	84.80	2.93	0.12	0.11
2008	面积/km²	43 010.56	263 007.88	7 011.13	335.19	309.13
	比例/%	13.71	83.85	2.23	0.11	0.10

续表

年份	统计参数	小	较小	中	较大	大
2009	面积/km²	65 680.44	222 704.06	24 784.50	272.31	244.44
	比例/%	20.93	71.00	7.90	0.09	0.08
2010	面积/km²	43 304.88	258 455.69	11 486.81	262.81	213.13
	比例/%	13.80	82.38	3.67	0.08	0.07

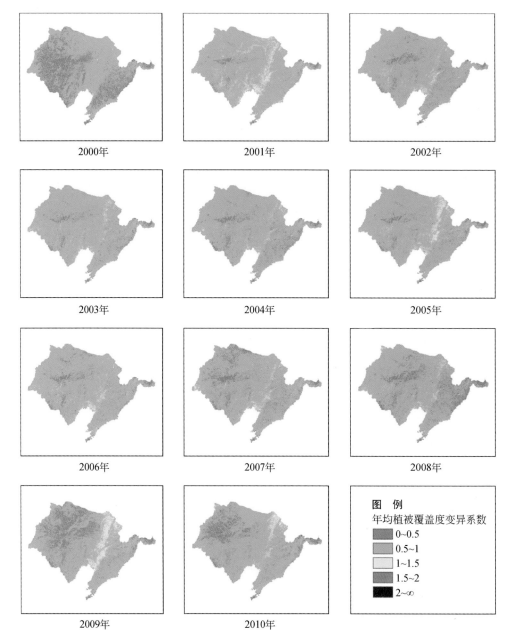

图 3-4　辽河流域生态系统植被覆盖度年变异系数空间分布

植被覆盖度年均变异系数计算结果显示，十年间流域整体植被覆盖度的变异程度呈现一定下降趋势，显示流域生态系统在空间分布和季相差异的变动有所减小，见表 3-7。

表 3-7　辽河流域生态系统植被覆盖度年均变异系数

年份	2000	2001	2002	2003	2004	2005	2006	2007	2008	2009	2010
年均变异系数	0.5813	0.7821	0.7190	0.7281	0.7169	0.7525	0.7173	0.6902	0.6911	0.6766	0.6962

3.2.3　净初级生产力

将年均净初级生产力指数分为小、较小、中、大、较大 5 个等级，对应叶面积指数取值范围分别为：0 ~ 6，6 ~ 12，12 ~ 18，18 ~ 24，24 ~ ∞，单位为 Mg C/（hm² · a）。统计得到 2000 ~ 2010 年辽河流域年均净初级生产力指数各等级的面积及比例，并将各等级时空分布成图。

从不同净初级生产力的面积构成来看，不同年均净初级生产力指数区间对应的生态系统面积从大到小依次为（12 ~ 18）>（6 ~ 12）>（18 ~ 24）>（0 ~ 6）>（24 ~ ∞），流域内超过 60% 的面积处于 6 ~ 18 等级，与流域生态类型的组成特征具有一致性。从空间分布来看，辽河流域的净初级生产力空间差异性较大，东南部地区较高，辽河上游流域较低。

从 2000 ~ 2010 年变化来看，辽河流域净初级生产力总体呈现缓慢增加的趋势，但同时存在两极分化的特征，表现为净初级生产力在 12 ~ 18 等级的生态系统面积呈现明显的增加趋势，而 6 ~ 12 等级的生态系统面积呈现明显地减少趋势，0 ~ 6 等级和 18 ~ 24 等级的面积表现为波动，见表 3-8 和图 3-5。

表 3-8　辽河流域生态系统年均净初级生产力各等级面积及比例

年份	统计参数	小	较小	中	较大	大
2000	面积/km²	51 299.06	98 427.00	94 000.63	59 559.56	11 592.63
	比例/%	16.29	31.26	29.85	18.92	3.68
2001	面积/km²	33 557.38	112 964.38	116 178.94	50 984.06	1 194.13
	比例/%	10.66	35.87	36.90	16.19	0.38
2002	面积/km²	23 361.94	105 506.94	116 397.38	66 891.63	2 721.00
	比例/%	7.42	33.51	36.97	21.24	0.86
2003	面积/km²	22 684.94	109 195.63	116 843.75	64 008.75	2 145.81
	比例/%	7.20	34.68	37.11	20.33	0.68
2004	面积/km²	27 114.56	98 989.25	121 023.56	64 940.75	2 810.75
	比例/%	8.61	31.44	38.43	20.63	0.89
2005	面积/km²	16 599.31	86 539.00	130 604.63	69 329.44	11 806.50
	比例/%	5.27	27.48	41.48	22.02	3.75

续表

年份	统计参数	小	较小	中	较大	大
2006	面积/km²	34 308.50	105 708.19	129 804.25	43 962.25	1 095.69
	比例/%	10.90	33.57	41.22	13.96	0.35
2007	面积/km²	46 677.38	80 483.44	115 986.50	69 324.31	2 407.25
	比例/%	14.82	25.56	36.84	22.02	0.76
2008	面积/km²	20 848.13	88 073.25	138 850.06	63 113.13	3 994.31
	比例/%	6.62	27.97	44.10	20.04	1.27
2009	面积/km²	50 935.56	79 361.19	112 224.63	67 053.88	5 303.63
	比例/%	16.18	25.20	35.64	21.30	1.68
2010	面积/km²	35 228.44	80 034.94	133 538.00	63 223.81	2 853.69
	比例/%	11.19	25.41	42.41	20.08	0.91

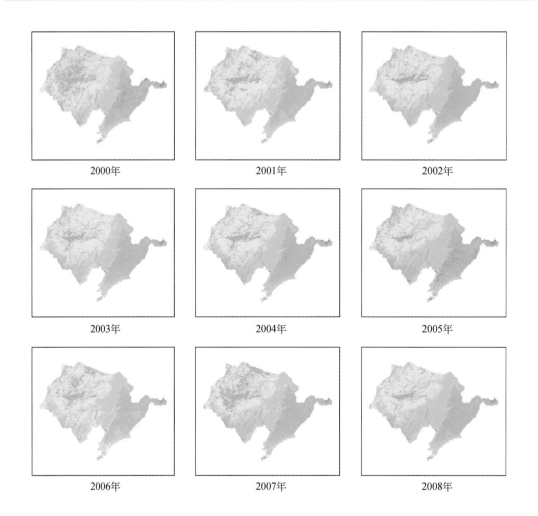

2000年　　　　　　　2001年　　　　　　　2002年

2003年　　　　　　　2004年　　　　　　　2005年

2006年　　　　　　　2007年　　　　　　　2008年

  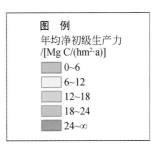

图　例
年均净初级生产力
/[Mg C/(hm²·a)]
0~6
6~12
12~18
18~24
24~∞

2009年　　　　　　　　2010年

图 3-5　辽河流域生态系统年均净初级生产力空间分布

年净初级生产力总量计算结果显示，2000~2010 年辽河流域生态系统年净初级生产力总量总体呈现上升趋势，见表 3-9。

表 3-9　辽河流域生态系统年净初级生产力总量

年份	2000	2001	2002	2003	2004	2005	2006	2007	2008	2009	2010
年净初级生产力 总量/Pg	0.4027	0.3902	0.4229	0.4198	0.4214	0.4543	0.3923	0.4118	0.4348	0.4139	0.4201

注：1Pg=10¹⁵g。

注：$1Pg=10^{15}g$。

变异系数取值范围为 0~∞，变异系数越大，说明净初级生产力的变动越大。基于净初级生产力年变异系数的计算结果，将净初级生产力年变异系数分为小、较小、中、较大、大 5 个等级，取值分别为：0~0.5，0.5~1，1~1.5，1.5~2，2~∞。统计得到 2000~2010 年辽河流域净初级生产力年变异系数各等级的面积及比例，并将各等级时空分布成图。

不同净初级生产力年变异系数等级的生态系统面积由大到小依次为（1~1.5）>（0.5~1）>（1.5~2）>（2~∞）>（0~0.5），约 98% 的流域面积的净初级生产力年变异系数位于 0.5~1.5 等级。

从 2000~2010 年变化来看，辽河流域净初级生产力年变异系数大于 1 的生态系统面积逐渐减小，0.5~1 等级面积增加并破碎化，显示出流域生态系统年内的净初级生产力变动减小，见表 3-10 和图 3-6。

表 3-10　辽河流域生态系统净初级生产力年变异系数各等级面积及比例

年份	统计参数	小	较小	中	较大	大
2000	面积/km²	233.13	107 308.13	205 686.06	879.56	496.19
	比例/%	0.07	34.11	65.38	0.28	0.16
2001	面积/km²	8.44	38 527.25	260 273.81	15 328.13	503.69
	比例/%	0.00	12.24	82.73	4.87	0.16

续表

年份	统计参数	小	较小	中	较大	大
2002	面积/km²	0.00	41 009.88	266 880.69	6 153.50	631.06
	比例/%	0.00	13.03	84.81	1.96	0.20
2003	面积/km²	0.13	43 919.00	265 516.94	4 784.19	475.81
	比例/%	0.00	13.96	84.37	1.52	0.15
2004	面积/km²	10.44	70 257.19	240 424.31	3 483.31	471.31
	比例/%	0.00	22.33	76.41	1.11	0.15
2005	面积/km²	0.63	99 618.56	212 530.50	1 994.94	491.38
	比例/%	0.00	31.66	67.55	0.63	0.16
2006	面积/km²	3.19	46 671.31	260 282.00	7 056.56	658.81
	比例/%	0.00	14.83	82.72	2.24	0.21
2007	面积/km²	0.44	67 953.63	240 691.81	5 291.50	749.69
	比例/%	0.00	21.59	76.49	1.68	0.24
2008	面积/km²	68.00	84 098.19	228 311.88	1 707.38	504.13
	比例/%	0.02	26.72	72.56	0.54	0.16
2009	面积/km²	40.50	87 240.13	224 559.06	2 289.69	522.81
	比例/%	0.01	27.73	71.36	0.73	0.17
2010	面积/km²	96.69	84 391.56	229 172.44	723.63	310.00
	比例/%	0.03	26.82	72.82	0.23	0.10

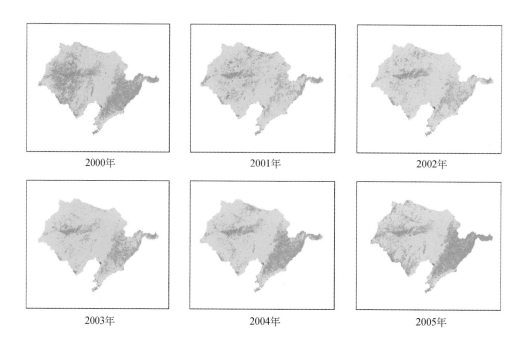

2000年　　　　　　2001年　　　　　　2002年

2003年　　　　　　2004年　　　　　　2005年

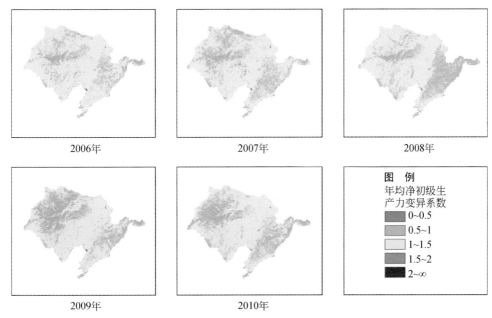

图 3-6 辽河流域生态系统净初级生产力年变异系数空间分布

净初级生产力年均变异系数计算结果显示，十年间流域整体净初级生产力的变异程度呈现波动中稍有下降的趋势，显示出流域生态系统在空间分布和季相差异的变动有所减小，见表 3-11。

表 3-11　辽河流域生态系统净初级生产力年均变异系数

年份	2000	2001	2002	2003	2004	2005	2006	2007	2008	2009	2010
年均变异系数	1.0912	1.2203	1.1988	1.1952	1.1675	1.1092	1.1891	1.1601	1.1355	1.1245	1.0994

3.2.4　地表蒸散量

将年均地表蒸散量指数分为小、较小、中、大、较大 5 个等级，对应地表蒸散量指数取值范围分别为：0～200，200～400，400～600，600～800，800～∞，单位为 mm。统计得到 2000～2010 年辽河流域年均地表蒸散量指数各等级的面积及比例，并将各等级时空分布成图。

从不同地表蒸散量的面积构成来看，不同年均地表蒸散量指数区间对应的生态系统面积由大到小依次为（400～600）>（200～400）>（600～800）>（0～200）>（800～∞），流域内约 50% 的面积处于 400～600mm 年均地表蒸散量指数等级。从空间分布来看，辽河流域地表蒸散量空间差异性较大，东南部地区较高，辽河上游流域较低。

从 2000～2010 年变化来看，辽河域的地表蒸散量总体呈减少趋势。600～800mm 等级的生态系统面积呈明显的减少趋势，800～∞ mm 等级面积呈缓慢减少趋势，0～600mm 等级面积呈明显的增加趋势，见表 3-12 和图 3-7。

表 3-12 辽河流域生态系统年地表蒸散量各等级面积及比例

年份	统计参数	小	较小	中	较大	大
2000	面积/km²	1 004.13	6 831.63	7 561.38	4 190.63	92.13
	比例/%	5.10	34.71	38.42	21.29	0.47
2001	面积/km²	589.19	6 156.69	11 826.63	1 071.13	36.25
	比例/%	2.99	31.28	60.10	5.44	0.18
2002	面积/km²	1 200.38	5 890.25	10 705.38	1 837.75	46.13
	比例/%	6.10	29.93	54.40	9.34	0.23
2003	面积/km²	931.63	6 820.13	10 522.75	1 372.44	32.94
	比例/%	4.73	34.66	53.47	6.97	0.17
2004	面积/km²	1039.13	7 391.50	10 461.94	747.75	39.56
	比例/%	5.28	37.56	53.16	3.80	0.20
2005	面积/km²	1 253.63	8 468.06	9 480.38	448.63	29.19
	比例/%	6.37	43.03	48.17	2.28	0.15
2006	面积/km²	794.81	6 792.94	11 598.88	461.88	31.38
	比例/%	4.04	34.51	58.94	2.35	0.16
2007	面积/km²	2 095.50	6 746.75	10 460.38	341.38	35.88
	比例/%	10.65	34.29	53.15	1.73	0.18
2008	面积/km²	634.19	7 787.94	10 763.38	460.69	33.69
	比例/%	3.22	39.58	54.69	2.34	0.17
2009	面积/km²	2 574.00	7 422.94	8 824.50	814.94	43.50
	比例/%	13.08	37.72	44.84	4.14	0.22
2010	面积/km²	1 165.56	6 615.94	11 142.56	732.25	23.56
	比例/%	5.92	33.62	56.62	3.72	0.12

2000年

2001年

2002年

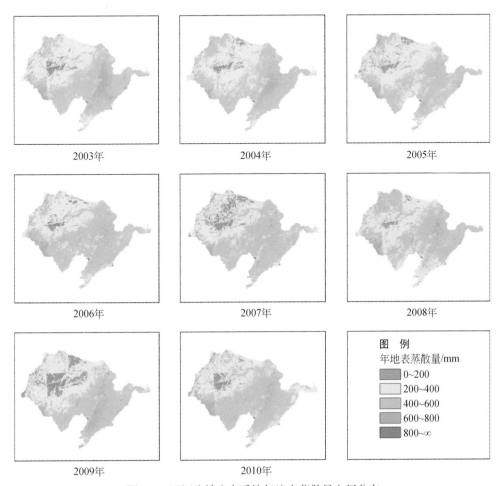

图 3-7 辽河流域生态系统年地表蒸散量空间分布

变异系数取值范围为 0 ~ ∞，变异系数越大，说明地表蒸散量的变动越大。基于地表蒸散量年变异系数的计算成果，将地表蒸散量年变异系数分为小、较小、中、较大、大 5 级，取值分别为：0 ~ 0.2，0.2 ~ 0.4，0.4 ~ 0.8，0.8 ~ 1，1 ~ ∞。统计得到 2000 ~ 2010 年辽河流域地表蒸散量年变异系数各等级的面积及比例，并将各等级时空分布成图。

2000 ~ 2010 年，不同年变异系数等级对应的生态系统面积由大到小依次均为（1 ~ ∞）>（0.8 ~ 1）>（0.4 ~ 0.8）>（0.2 ~ 0.4）>（0 ~ 0.2），超过 98% 的流域面积的地表蒸散量年变异系数较大，位于 0.8 ~ ∞ 等级。从空间分布来看，辽河流域的大部分区域的地表蒸散量处于高变异程度，东南部区域地表蒸散量的变异系数在 0.8 ~ 1 等级和 1 ~ ∞ 等级之间波动，见表 3-13 和图 3-8。

表 3-13 辽河流域生态系统年地表蒸散量变异系数各等级面积及比例

年份	统计参数	小	较小	中	较大	大
2000	面积/km²	0.00	18.00	83.19	4 851.69	14 692.19
	比例/%	0.00	0.09	0.42	24.70	74.79
2001	面积/km²	0.00	7.38	58.69	1 073.63	18 505.38
	比例/%	0.00	0.04	0.30	5.46	94.20
2002	面积/km²	0.69	22.94	62.13	4 165.19	15 394.13
	比例/%	0.00	0.12	0.32	21.20	78.36
2003	面积/km²	0.00	22.31	68.69	4 712.31	14 841.75
	比例/%	0.00	0.11	0.35	23.99	75.55
2004	面积/km²	0.38	20.25	62.69	4 091.00	15 470.75
	比例/%	0.00	0.10	0.33	20.82	78.75
2005	面积/km²	0.13	20.56	49.81	2 541.38	17 033.19
	比例/%	0.00	0.10	0.25	12.94	86.71
2006	面积/km²	0.00	22.38	51.81	2 683.25	16 887.63
	比例/%	0.00	0.11	0.26	13.67	85.96
2007	面积/km²	0.19	12.44	60.56	3 360.94	16 210.94
	比例/%	0.00	0.06	0.31	17.11	82.52
2008	面积/km²	0.00	30.94	92.19	3 047.38	16 474.56
	比例/%	0.00	0.16	0.47	15.51	83.86
2009	面积/km²	0.13	16.75	124.13	5 199.13	14 304.94
	比例/%	0.00	0.09	0.63	26.47	72.81
2010	面积/km²	0.00	18.63	48.13	2 551.56	17 026.75
	比例/%	0.00	0.09	0.24	12.99	86.68

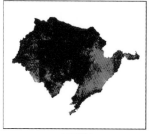
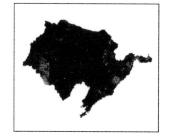

| 2000年 | 2001年 | 2002年 |

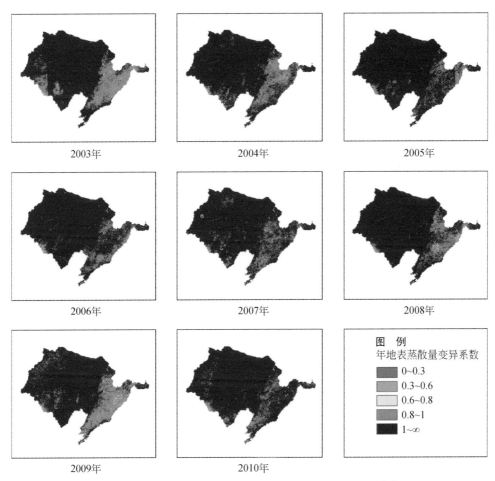

2003年 2004年 2005年

2006年 2007年 2008年

图 例
年地表蒸散量变异系数
0~0.3
0.3~0.6
0.6~0.8
0.8~1
1~∞

2009年 2010年

图 3-8　辽河流域生态系统年地表蒸散量变异系数空间分布

地表蒸散量年均变异系数计算结果显示，流域整体地表蒸散量的变异程度的年际差异呈现了一定程度的波动，没有明显趋势，见表 3-14。

表 3-14　辽河流域生态系统地表蒸散量年均变异系数

年份	2000	2001	2002	2003	2004	2005	2006	2007	2008	2009	2010
年均变异系数	1.1150	1.2330	1.1346	1.1336	1.1375	1.1881	1.1575	1.1411	1.1883	1.1101	1.1522

3.3　不同生态系统类型的生态系统质量及变化

3.3.1　森林生态系统

森林生态系统质量评估选用年均叶面积指数指标，将年均叶面积指数分为小、较小、中、大、较大 5 个等级，对应叶面积指数取值范围分别为：0 ~ 0.5，0.5 ~ 1，1 ~ 2，2 ~ 5，5 ~ ∞。统计得到 2000 ~ 2010 年辽河流域年均叶面积指数各等级对应的林地生态系统面积及比例，并将各等级时空分布成图。

从面积构成来看，2010 年林地生态系统不同年均叶面积指数等级对应的面积由大到小依次为（0 ~ 0.5）>（0.5 ~ 1）>（1 ~ 2）>（2 ~ 5）>（5 ~ ∞）。叶面积指数 0.5 以下的林地面积占 32% 左右，0.5 ~ 1 等级约占 24%，1 ~ 5 等级约占 44%。从空间分布来看，辽河流域东南部地区的林地生态系统叶面积指数明显高于其他区域的林地，见表 3-15 和图 3-9。

表 3-15　林地生态系统质量年均叶面积指数各等级面积与比例

年份	统计参数	小	较小	中	较大	大
2000	面积/km²	35 832.63	18 562.75	17 138.75	25 397.31	1.31
	比例/%	36.97	19.15	17.68	26.20	0.00
2005	面积/km²	28 127.38	27 383.06	28 593.50	12 824.19	0.25
	比例/%	29.02	28.25	29.50	13.23	0.00
2010	面积/km²	30 768.88	23 412.31	22 325.88	20 401.25	32.69
	比例/%	31.74	24.15	23.03	21.05	0.03

(a)2000年　　　　　　　　(b)2005年　　　　　　　　(c)2010年

图　例
林地，叶面积指数

0~0.5　0.6~1　1~2　2~5　5~∞

图 3-9　林地生态系统年均叶面积指数空间分布

从 2000 ~ 2010 年变化来看，叶面积指数在 0.5 ~ 2 等级的林地生态系统面积有所增加，0 ~ 0.5 等级和 2 ~ 5 等级的林地生态系统面积有所减小，显示出一定的集中趋势。从空间分布来看，流域东部林地的叶面积指数减小，西南和西北的林地叶面积指数增加，显示辽河流域东（南）部虽然是整个区域内林分质量较高的区域，但其林分质量呈现下降趋势，而西南和西北部林分质量则呈现上升趋势，如图 3-10 所示。

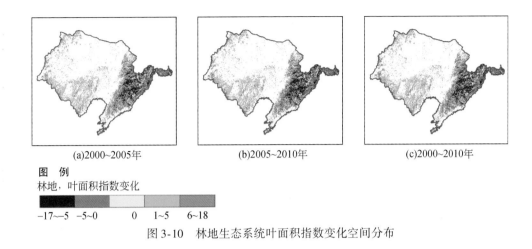

(a)2000~2005年　　　　　　(b)2005~2010年　　　　　　(c)2000~2010年

图　例

林地，叶面积指数变化

−17~−5　−5~0　　0　　1~5　　6~18

图 3-10　林地生态系统叶面积指数变化空间分布

3.3.2　草地生态系统

草地生态系统质量评估选用年均植被覆盖度指标，将年均叶面积指数分为小、较小、中、大、较大 5 个等级，对应叶面积指数取值范围分别为：0 ~ 20%，20% ~ 40%，40% ~ 60%，60% ~ 80%，80% ~ 100%。统计得到 2000 ~ 2010 年辽河流域草地生态系统年均叶面积指数各等级的面积及比例，并将各等级时空分布成图。

从面积构成来看，辽河流域草地生态系统不同年均植被覆盖度等级的面积相对大小特征明显，表现为（20% ~ 40%）>（0 ~ 20%）>（40% ~ 60%）>（60% ~ 80%）>（80% ~ 100%）。约 95% 以上的草地生态系统植被覆盖度低于 40%，主要分布在辽河上游区域，见表 3-16 和图 3-11。

表 3-16　草地生态系统年均植被覆盖度各等级面积及比例

年份	统计参数	小	较小	中	较大	大
2000	面积/km²	17 622.13	40 099.38	2 292.38	66.06	0
	比例/%	29.33	66.74	3.82	0.11	0
2005	面积/km²	15 189.63	43 660.25	1 453.25	6.19	0
	比例/%	25.19	72.39	2.41	0.01	0
2010	面积/km²	22 255.69	37 359.56	1 076.94	7.31	0
	比例/%	36.67	61.55	1.77	0.01	0

从 2000 ~ 2010 年变化来看，辽河流域大部分草地生态系统的植被覆盖度持续降低，主要发生在辽河上游植被覆盖度较好的草地；同时，核心草原边缘有植被覆盖度较低新增草地出现，且面积增幅明显。这一方面显示出草地退化的趋势，另一方面显示出生态恢复措施的效果，如图 3-12 所示。

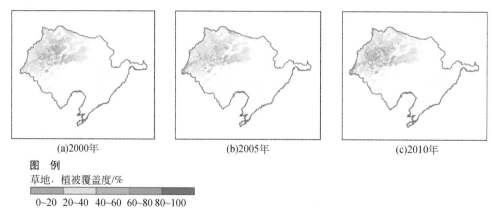

图 例
草地，植被覆盖度/%

0~20 20~40 40~60 60~80 80~100

图 3-11　草地生态系统年均植被覆盖度空间分布

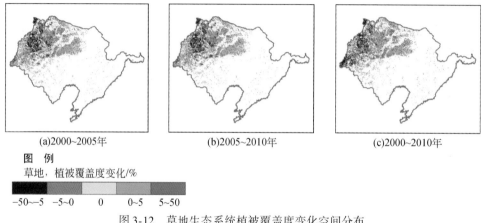

图 例
草地，植被覆盖度变化/%

−50~−5 −5~0 0 0~5 5~50

图 3-12　草地生态系统植被覆盖度变化空间分布

3.3.3　湿地生态系统

　　湿地生态系统质量评估选用年均净初级生产力指标，将年均净初级生产力分为小、较小、中、大、较大 5 个等级，对应年均净初级生产力取值范围分别为：0 ~ 6，6 ~ 12，12 ~ 18，18 ~ 24，24 ~ ∞，单位为 Mg C/（hm² · a）。统计得到 2000 ~ 2010 年辽河流域湿地生态系统年均净初级生产力指数各等级的面积及比例，并将各等级时空分布及其变化成图。

　　从面积构成来看，2010 年辽河流域湿地生态系统不同年均净初级生产力等级对应的面积由大到小依次为（12 ~ 18）>（6 ~ 12）>（0 ~ 6）>（18 ~ 24）>（24 ~ ∞）。湿地年均净初级生产力超过 18 Mg C/（hm² · a）的生态系统面积不到湿地总面积的 15%。

　　从 2000 ~ 2010 年变化来看，辽河流域湿地生态系统的年均净初级生产力主要呈现减少趋势。除了 12 ~ 18 净初级生产力等级的湿地面积略有增加外，其他区间的湿地面积都呈现减少趋势，见表 3-17、图 3-13 和图 3-14。

表 3-17　湿地生态系统年均净初级生产力各等级面积及比例

年份	统计参数	小	较小	中	较大	大
2000	面积/km²	1 962.06	1 763.88	1 704.00	980.50	16.94
	比例/%	30.53	27.44	26.51	15.26	0.26
2005	面积/km²	1 540.00	1 650.06	2 197.31	868.19	23.50
	比例/%	24.53	26.28	34.99	13.83	0.37
2010	面积/km²	1 462.31	1 739.13	2 318.06	591.94	3.38
	比例/%	23.91	28.44	37.91	9.68	0.06

(a)2000年　　　　　　　　　(b)2005年　　　　　　　　　(c)2010年

图　例

湿地，年均净初级生产力/[Mg C/(hm²·a)]

0~6　6~12　12~18　18~24　24~∞

图 3-13　湿地生态系统年均净初级生产力空间分布

(a)2000~2005年　　　　　　(b)2005~2010年　　　　　　(c)2000~2010年

图　例

湿地，年均净初级生产力变化/[Mg C/(hm²·a)]

<-5　-5~0　0　0~5　>5

图 3-14　湿地生态系统净初级生产力变化空间分布

3.3.4　耕地生态系统

耕地生态系统质量评估选用年均净初级生产力指标，将年均净初级生产力分为小、较小、中、大、较大 5 个等级，对应年均净初级生产力取值范围分别为：0 ~ 6，6 ~ 12，12 ~ 18，18 ~ 24，24 ~ ∞，单位为 Mg C/（hm² · a）。统计得到 2000 ~ 2010 年辽河流域耕地生态系统年均净初级生产力指数各等级的面积及比例，并将各等级时空分布及其变化成图。

从面积构成来看，2010 年辽河流域耕地生态系统不同年均净初级生产力等级对应的面积由大到小依次为（12 ~ 18）>（6 ~ 12）>（18 ~ 24）>（0 ~ 6）>（24 ~ ∞）。超过 45% 的耕地面积的年均净初级生产力位于 12 ~ 18 等级，主要沿着辽河水系走向分布；约 25.63% 耕地的年均净初级生产力位于 6 ~ 12 等级，见表 3-18 和图 3-15。

表 3-18　耕地生态系统年均净初级生产力各等级面积及比例

年份	统计参数	小	较小	中	较大	大
2000	面积/km²	12 299.94	49 189.63	59 743.75	8 646.50	202.00
	比例/%	9.46	37.81	45.92	6.65	0.16
2005	面积/km²	1 011.19	34 236.94	84 173.25	9 573.00	241.81
	比例/%	0.78	26.49	65.13	7.41	0.19
2010	面积/km²	4 521.75	33 345.63	85 380.75	6 806.19	28.25
	比例/%	3.48	25.63	65.64	5.23	0.02

(a)2000年　　　　　　　　　(b)2005年　　　　　　　　　(c)2010年

图　例
耕地，年均净初级生产力/[Mg C/(hm²·a)]

0~6　　6~12　　12~18　　18~24　　24~∞

图 3-15　耕地生态系统年均净初级生产力空间分布

从 2000 ~ 2010 年变化来看，辽河流域耕地生态系统的年均净初级生产力总体呈现减少趋势。其中，12 ~ 18 年均净初级生产力等级的耕地面积有所增加。在 2000 ~ 2005 年时段，辽河流域西部的耕地年均净初级生产力指数呈增加趋势，辽河下游地区耕地年均净初级生产力指数呈减少趋势；而 2005 ~ 2010 年则相反，流域西部区域耕地年均净初级生产力大范围降低，而辽河下游地区却出现增加，如图 3-16 所示。

(a)2000~2005年   (b)2005~2010年   (c)2000~2010年

图 例

耕地, 年均净初级生产力变化/[Mg C/(hm²·a)]

<-5   -5~0   0   0~5   >5

图 3-16　耕地生态系统净初级生产力变化空间分布

第4章 辽河流域生态系统服务及其变化

生态系统服务评估旨在揭示生态系统提供服务能力的高低程度。本章评估了2000~2010年辽河流域生态系统服务能力及其变化，主要评估内容包括产品供给能力、固碳能力、水源涵养能力及土壤保持能力。

2010年，辽河流域单位面积生态系统产品供给能力平均为3.68×10^6 kcal/hm²；生态系统固碳总量为4.3817 Pg，单位面积生态系统平均固碳能力为140.33 Mg/hm²；生态系统产水能力总量达773.07亿m³，单位面积产水能力均值为247.59mm；生态系统土壤保持能力总量为69.34亿t，单位面积生态系统平均土壤保持能力为222.08 t/hm²。

辽河流域生态系统服务的总体空间格局表现为，产品供给服务平原地区高于山区，主要沿着辽河干流水系分布，与耕地的分布特征一致；固碳、土壤保持等生态系统调节服务均呈现东部最高、西部次之，中部低的格局，主要与森林和草原生态系统类型分布相关；水源涵养服务则呈现由东南向西北逐渐较低的格局，浑江流域最高，辽河上游流域最低，格局受降水和生态系统类型共同控制。辽河上游流域单位面积生态系统产水能力虽然最低，但对流域总产水量的贡献却最大，占流域产水总量的20.3%。

2000~2010年辽河流域生态系统服务变化主要表现为：①产品供给服务增加，整体增加了115%。各子流域都有一定的增加，增幅最显著的区域是绕阳河-大凌河流域、辽河上游流域和辽河下游流域，分别增加了164%、154%和137%。②固碳服务略有降低，减少了0.04%。除了浑江流域和绕阳河-大凌河流域呈现波动变化外，其他子流域的固碳量能力均呈现一定程度的下降。降幅相对较大的区域是浑河-太子河流域和沿海诸河流域，分别下降了0.11%和0.06%。③水源涵养服务有小幅度增加，流域生态系统产水量增加了3.47亿m³，单位面积产水能力增加了1.11mm，但增幅较小，仅为0.45%。其中，流域中部的浑河-太子河流域、绕阳河-大凌河流域、辽河下游流域增长相对较多，而流域西部的辽河上游流域增幅较小，流域产水能力的区域差异有加剧趋势。④土壤保持服务略有增加，流域整体增加了0.09%，但空间差异显著。绕阳河-大凌河流域土壤保持服务提升较为明显，辽河上游流域和浑江流域略有减少。

4.1 生态系统服务评价方法与模型

4.1.1 产品供给能力评价模型与参数

生态系统产品供给能力主要评估了生态系统的食品供给能力。计算方法为

$$E_s = \sum_{i=1}^{n} E_i = \sum_{i=1}^{n} (10\ 000 \times M_i \times \text{EP}_i \times A_i) \tag{4-1}$$

式中，E_s 为区县食物总供给热量（kcal）；E_i 为第 i 种食物所提供的热量（kcal）；M_i 为第 i 种食物的产量（t）；EP_i 为第 i 种食物可食用部分的比例（%）；A_i 为第 i 种食物每 100g 可食用部分中所含热量（kcal）；$i=1, 2, \cdots, n$ 为区县的食物种类。

基于流域内 155 个区县的粮食作物、油料作物、水果、蔬菜和肉类产量统计数据，将其转换为统一的热量单位来进行评价。不同产品的热量与可食用比例见表 4-1。

表 4-1　辽河流域生态系统食品供给评价参数

产品类型	100g 可食用部分所含热量/kcal	可食用比例/%	具体类型
粮食作物	255	0.80	水稻、小麦、玉米、高粱、谷子、薯类、大豆、其他杂粮
油料作物	554	0.80	花生、芝麻、向日葵
水果	50	0.75	
蔬菜	40	0.80	
肉类	300	0.95	猪肉、牛肉、羊肉

4.1.2　固碳能力评价模型与参数

生态系统固碳能力是植被生物量碳库和土壤有机碳碳库的总和。其中，植被生物量碳库包括地上、地下、凋落物层的碳贮量。生态系统碳储量通过植被碳贮量、单位面积植被生物量碳密度（单位面积生物量）、土壤有机碳库和土壤有机碳密度等参数来进行评价（周玉荣等，2000；田杰等，2012；方精云等，2010）。计算方法如下：

$$\begin{cases} \text{CS}_{ij\_\text{ecosystem}} = \text{CD}_{ij\_\text{ecosystem}} \times S_{ij} \\ \text{CD}_{ij\_\text{ecosystem}} = \text{CD}_{ij\_\text{biomass}} + \text{CD}_{ij\_\text{soil}} \\ \text{CD}_{ij\_\text{biomass}} = \text{CD}_{ij\_\text{above}} + \text{CD}_{ij\_\text{below}} + \text{CD}_{ij\_\text{dead}} \end{cases} \tag{4-2}$$

式中，$\text{CS}_{\_\text{ecosystem}}$ 为生态系统碳储量（Mg）；$\text{CD}_{\_\text{ecosystem}}$ 为生态系统碳密度（Mg/hm^2）；$\text{CD}_{\_\text{biomass}}$ 为单位面积植被生物量碳密度（Mg/hm^2）；$\text{CD}_{\_\text{soil}}$ 为单位面积土壤有机碳密度（Mg/hm^2）；$\text{CD}_{\_\text{above}}$ 为单位面积地上生物碳密度（Mg/hm^2）；$\text{CD}_{\_\text{below}}$ 为单位面积地下生物碳密度（Mg/hm^2）；$\text{CD}_{\_\text{dead}}$ 为单位面积凋落物层碳密度（Mg/hm^2）；下标 i 表示栅格，j 表示生态系统类型，ij 表示生态系统类型 j 所在栅格单元 i；S_{ij} 为生态系统类型 j 所在栅格单元 i 的面积（hm^2）。

4.1.2.1　植被生物量碳密度（CD$_{\_\text{biomass}}$）

碳密度指标排除了生态系统面积的影响，可以更好地反映生态系统碳储存能力（吕超群和孙书存，2004；朱苑维等，2013）。耕地、草地、林地等生态系统类型的地下部分碳密度和死亡生物量碳密度是根据国内外文献中，对不同植被覆盖的实测地上部分生物量（碳）密度与地下部分生物量（碳）密度、死亡生物量（碳）密度的比值及生物量—碳转换率等研究结果换算得出。人工表面类型中，根据居住地植被覆盖的一般情况，将居住地的地上部分和地下部分生物量碳密度分别设定为 2.0 Mg/hm^2 和 1.0 Mg/hm^2，其他类型人工表面的植被固碳量忽略不计。各生态系统类型生物量对应的碳密度见表4-2。

表4-2 辽河流域生物量对应的碳密度 （单位：Mg/hm^2）

代码	II级分类	CD_above	CD_below	CD_dead	代码	II级分类	CD_above	CD_below	CD_dead
101	常绿阔叶林				34	湖泊	0.00	0.00	0.00
102	落叶阔叶林	75.18	10.62	5.85	35	水库/坑塘	0.00	0.00	0.00
103	常绿针叶林	49.51	11.01	4.40	36	河流	0.00	0.00	0.00
104	落叶针叶林	30.53	10.53	4.19	37	运河/水渠	0.00	0.00	0.00
105	针阔混交林	64.36	11.20	6.50	41	水田	4.00	1.00	0.00
106	常绿阔叶灌木林				42	旱地	6.00	3.00	0.00
107	落叶阔叶灌木林	30.43	4.86	1.93	51	居住地	2.00	1.00	0.00
108	常绿针叶灌木林	30.43	4.86	1.93	52	工业用地	0.00	0.00	0.00
109	乔木园地	36.28	7.76	2.37	53	交通用地	0.00	0.00	0.00
110	灌木园地	15.11	4.31	4.58	54	采矿场	0.00	0.00	0.00
111	乔木绿地	21.80	5.29	3.50	61	稀疏林	30.43	4.86	1.93
112	灌木绿地				62	稀疏灌木林	15.11	4.31	4.58
21	草甸	0.80	4.04	2.00	63	稀疏草地	0.39	2.45	2.00
22	草原	0.39	2.45	2.00	64	苔藓/地衣	0.10	0.50	0.50
23	草丛	0.39	2.45	2.00	65	裸岩	0.00	0.00	0.00
24	草本绿地	0.23	1.11	0.00	66	裸土	0.00	0.00	0.00
31	森林湿地				67	沙漠/沙地	6.00	3.00	2.00
32	灌丛湿地	15.11	4.31	4.58	68	盐碱地	6.00	3.00	2.00
33	草本湿地	1.05	6.90	2.00	69	冰川/永久积雪			

4.1.2.2 土壤有机碳密度（CD_soil）

土壤有机碳库的动态变化是当前全球变化领域中的热点和难点问题，其空间变异主要与气候、土壤质地等因素密切相关。不同植被的土壤有机碳库的动态变化存在较大的争议，以草地生态系统为例，谢祖彬等依据草地退化导致的青藏高原高寒草地土壤有机碳损失速率，估算近20来中国草地土壤有机碳库的变化，认为近20年中国草地土壤丢失了大量的有机碳；朴世龙等基于土壤有机碳密度与温度、降水、植被指数等因素建立的统计模型的估算表明中国草地土壤是一个碳汇；而基于观测数据和卫星遥感信息的方法研究显示，我国北方草地和青藏高寒草地土壤有机碳库在过去20年间未发生显著变化（王淑平等，2002；陈庆美等，2003；Wu et al.，2003；Yang et al.，2010；Xie et al.，2007；Piao et al.，2009；Yang et al.，2009）。

评估中土壤有机碳密度（CD_{soil}）参考于东升等基于 1∶100 万土壤数据库获得的中国土壤各土类的有机碳密度进行取值，其中城区、湖泊/水库、江/河、江河内沙洲/岛屿、珊瑚礁/海岛屿五类土壤土类的土壤碳密度值取研究区土类有机碳密度平均值 158.7 Mg/hm²（解宪丽等，2004；奚小环等，2010；于东升等，2005；Yang et al.，2008a），见表4-3。

表 4-3　辽河流域土壤有机碳密度　　　　　（单位：Mg/hm²）

序号	土壤类型	CD_{soil}	序号	土壤类型	CD_{soil}	序号	土壤类型	CD_{soil}
1	砖红壤	92.30	21	棕钙土	42.50	41	沼泽土	494.90
2	赤红壤	91.50	22	灰钙土	52.80	42	泥炭土	1467.60
3	红壤	95.80	23	灰漠土	36.00	43	盐土	63.60
4	黄壤	105.10	24	灰棕漠土	15.30	44	漠境盐土	54.90
5	棕色针叶林土	247.40	25	棕漠土	11.50	45	滨海盐土	109.20
6	漂灰土	942.90	26	黄绵土	39.80	46	酸性硫酸盐土	272.90
7	黄棕壤	131.20	27	红黏土	53.00	47	寒原盐土	41.50
8	黄褐土	67.00	28	新积土	46.70	48	碱土	53.30
9	棕壤	128.10	29	龟裂土	32.10	49	水稻土	111.40
10	暗棕壤	187.60	30	风沙土	19.10	50	灌淤土	72.10
11	白浆土	140.00	31	石灰（岩）土	130.50	51	灌漠土	95.20
12	燥红土	92.00	32	火山灰土	137.60	52	草毡土	147.90
13	褐土	82.50	33	紫色土	55.40	53	黑毡土	180.50
14	灰褐土	133.80	34	石质土	16.20	54	寒钙土	60.80
15	黑土	154.20	35	粗骨土	51.50	55	冷钙土	62.00
16	灰色森林土	293.80	36	草甸土	144.30	56	棕冷钙土	64.20
17	黑钙土	161.20	37	砂姜黑土	70.70	57	寒漠土	35.60
18	栗钙土	110.60	38	山地草甸土	269.10	58	冷漠土	12.10
19	栗褐土	56.10	39	林灌草甸土	66.30	59	寒冻土	26.40
20	黑垆土	86.10	40	潮土	65.40			

涉及的土壤特性参数，包括土壤深度、土壤有机碳密度、土壤粒径、土壤有机质含量等，在参与不同时段或情景模拟估算分析研究区服务能力变化时，都假设土壤特性保持稳定不变，采用统一参数值，以便更好地反映生态系统变化引起的生态系统服务能力的变化。

4.1.3　水源涵养能力模型与参数

水源涵养和水资源供给是生态系统提供的重要服务类型。研究中生态系统水资源供给服务是采用 InVEST3.0.0 的产水模块计算得到的地表产水量来进行评价，地表产水量越大，则水资源供给服务能力越好。

从物质量评估的角度来看，生态系统水资源供给服务的评估方法主要有水量平衡法、土壤蓄水法、降水储存量法和地下径流增长法等，其中最常用的方法是水量平衡法和降水储存法（肖寒等，2000；马雪华，1993；张三焕和田允哲，2001；侯元兆和王琦，1995；张彪等，2009；周彬，2011；Donohue et al.，2007）。

InVEST 3.0.0 中产水模块是基于水量平衡原理，对流域内不同生态系统类型（栅格单元）的产水量进行计算，汇总得到流域及各子流域的产水量。

模型将地表径流和地下水补给均看作生态系统产水量，因此不考虑地表水和地下水之间的时空转换，由此得到的产水量，即降水量减去实际蒸散发量。模型参数包括年均降水量、年均参考蒸散发量、植被有效含水量、根限制层深度（用土壤深度代替）、根系深度、植被蒸散发系数、DEM，以及土地利用类型分布等。其中，降水量、蒸散发量采用多年均时段的参数值，植被有效含水量和根限制层深度与当地土壤性质相关，对于同一研究区而言，这些参数在不同时间维度上都是不变的。因此，在利用该模型分析研究区不同时段的水资源供给能力时，只需要考虑生态系统类型变化，以及与生态系统类型变化相关的植被根系深度、植被蒸散系数的变化对水资源供给能力的影响（Sweeney et al.，2004；Strange et al.，1999；Villamagna et al.，2013；Droogers and Allen，2002；傅斌等，2013）。

产水量模型是基于 Budyko 曲线和年均降水量来实现。模型运行基于栅格数据，只考虑单个栅格的产水量，不考虑栅格之间的计算。

研究各参数的分辨率重采样为 30m×30m。

栅格单元 x 的年产水量 Y_x（单位：mm）可由式（4-3）计算得到：

$$Y_x = \left(1 - \frac{AET_x}{P_x}\right) \times P_x \tag{4-3}$$

式中，P_x 为栅格单元 x 的年均降水量（mm）；AET_x 为栅格单元 x 的年均实际蒸散发量（mm）。

土地利用类型是否有植被覆盖对应的实际蒸散发量计算公式不同。

若土地利用类型为植被覆盖型，水量平衡的蒸散比例（$AET_{xj}/P_x \frac{AET_x}{P_x}$）基于 Budyko 曲线计算得到：

$$\begin{cases} \dfrac{AET_{xj}}{P_x} = 1 + \dfrac{PET_x}{P_x} - \left[1 + \left(\dfrac{PET_x}{P_x}\right)^w\right]^{1/w} \\ PET_x = K_{c \cdot xj} \times ETo_x \\ w_x = Z \times \dfrac{AWC_x}{P_x} + 1.25 \\ AWC_x = Min(Root\ rest\ layer\ depth_x,\ Root\ depth_x) \times PAWC_x \end{cases} \tag{4-4}$$

式中，PET_x 为潜在蒸散发量（mm）；w_x 为描述自然气候与土壤性质的经验参数，即修正植被年需水量与降水量的比值 ［（$AET \times N$）/P］（无量纲），其中 N 为年均降雨事件数。In-VEST3.0.0 中对 w_x 参数模型进行较大修正，以更适应全球范围的应用。模型中设定 w_x 最小值为常数 1.25，对应裸土（根系深度为 0）的 w_x 值，w_x 最大值为 5；ETo_x 为栅格单元 x 的参考蒸散发量（mm），是指假设平坦地面被特定矮秆绿色植物全部遮蔽，同时土壤保持充分湿润情况下的蒸散量，由当地气候条件决定，InVEST 模型选择当地草本植物苜蓿（alfalfa）作为参考植物；$K_{c\cdot xj}$（ETK_{xj}）为土地利用类型 j 在栅格单元 x 的作物系数，InVEST 模型手册中称为植被蒸散系数，是指不同发育期中作物蒸散量 ET 与参考蒸散量 ETo 的比值，由土地利用类型所对应的植被类型决定，在 InVEST 模型中用于将参考蒸散量校正为不同栅格单元的植被类型对应的潜在蒸散发量；Z 为 Zhang 系数（seasonality factor），是表征当地多年平均降水特征的经验常数，是模型的关键参数，与年均降雨事件数 N 值密切相关，对于降水总量相等的区域，降水次数越多，则 Zhang 系数越大，适应于降水具有明显季节变化且降水次数较多（一个季节大约 100 次降水）的区域；AWC_x 为植物有效含水量（mm），一般认为，是指土壤在一定深度内能够贮藏的并能被植物利用那部分水的数量，基于土壤纹理和有效根系深度得到，有效根深度是指根限制层深度（root-restricting layer depth）和有效根层深度（rooting depth）的最小值；Root rest layer depth 为最大土壤深度；Root depth 为根系深度；PAWC 是植被可利用水量，即田间持水量（FC）与永久萎蔫系数（PwP）这两个土壤水分常数的差值。

没有植被覆盖的其他土地利用类型，如人工表面、水体等，年均实际蒸散发量 AET_{xj} 可直接通过参考蒸散发量 ETo_x 计算得到，以降水量作为上限限制。

$$AET_x = Min(K_{c\cdot xj} \times ETo_x, P_x) \tag{4-5}$$

式中，$K_{c\cdot xj}$ 为作物系数；ETo_x 为栅格单元 x 的参考蒸散发量（mm）；P_x 为降水量（mm）。

4.1.3.1 根限制层深度

根限制层深度参数用土壤深度替代（mm）。土壤深度数据来自面向陆面模拟的中国土壤数据集的 Soil profile depth PDEP.nc 数据文件，栅格格式，空间分辨率为 30 弧秒（约 947m），为便于使用 CLM 模型，土壤数据分为 8 层，最到深度为 2.3m（即 0 ~ 0.045m、0.045 ~ 0.091m、0.091 ~ 0.166m、0.166 ~ 0.289m、0.289 ~ 0.493m、0.493 ~ 0.829m、0.829 ~ 1.383m、1.383 ~ 2.296 m）。该数据集的源数据源于全国第二次土壤普查的 1:100 万中国土壤图和 8595 个土壤剖面。

考虑到数据集中水体为 nodata，结合不同年份的土地利用类型，将水体（水库和河流）和人工硬表面（居住地、工业用地和交通用地）的土壤深度设定为 0mm，最终得到不同年份的土壤深度图，如图 4-1 所示。

4.1.3.2 年均降水量

采用的气象数据主要是降水量，利用来自于中国地面气候资料数据集中 47 个气象站点 1951 ~ 2012 年的连续数据序列（中国气象科学数据共享服务网），得到各站点的年均降水量（mm），最终通过 Kriging 空间插值得到研究区年均降水量分布特征。各站点的降水量实测值与内插值比较如图 4-2 和图 4-3 所示。

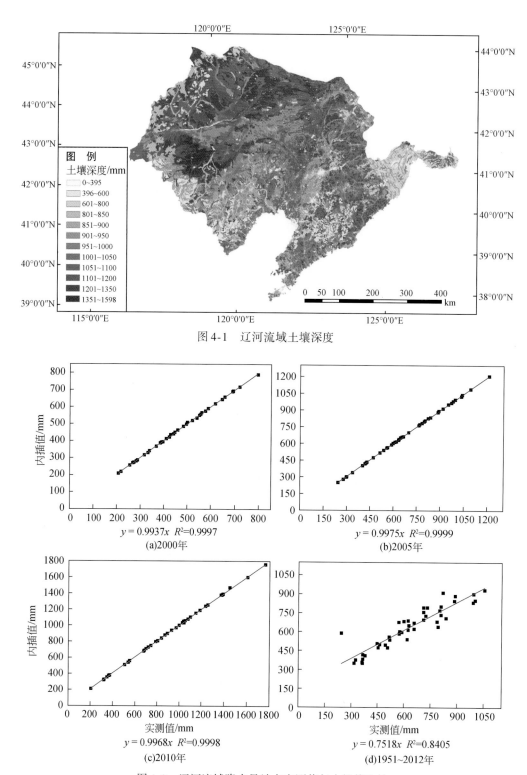

图 4-1　辽河流域土壤深度

$y = 0.9937x$　$R^2=0.9997$
(a)2000年

$y = 0.9975x$　$R^2=0.9999$
(b)2005年

$y = 0.9968x$　$R^2=0.9998$
(c)2010年

$y = 0.7518x$　$R^2=0.8405$
(d)1951~2012年

图 4-2　辽河流域降水量站点实测值与内插值比较

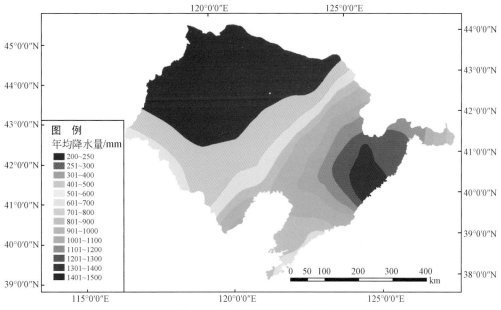

图 4-3 辽河流域年均降水量

4.1.3.3 年均参考蒸散发量

参考蒸散量指高度一致（8～15cm）、生长旺盛、水分充足、完全覆盖地面的绿色草丛植被（禾草或苜蓿）的蒸散量，由于对地表植物做了严格定义，因此参考蒸散量的变化只与气象因素有关（mm）。作物蓄水量是水循环的重要成分，一般可通过参考蒸散量乘以作物系数得到，因此，参考蒸散量是影响作物蓄水量估算的关键因素。目前估算参考蒸散量的方法主要有 Penman-Monteith（PM）、Hargreaves（HG）、Thornthwaite 法，Modified-Hargreaves 法，Hamon 法等（Zhang Let al., 2004；傅抱璞，1981；Donohue et al., 2012；Yang et al., 2008；刘钰，1997；Shangguan et al., 2013；高歌等，2006）。其中 Penman-Monteith 公式是由 FAO 推荐，并受到普遍认可的潜在蒸散计算方法，但由于其要求参数较多，受到数据限制，因此在数据较难获取的地区，InVEST 模型推荐使用 Modified-Hargreaves 法基于月数据计算参考蒸散量：

$$\text{ETo} = 0.0013 \times 0.408 \times \text{RA} \times (T_{avg} + 17) \times (\text{TD} - 0.0123 \times P)^{0.76} \qquad (4\text{-}6)$$

式中，ETo 为参考蒸散量（mm/月）；RA 为太阳大气顶层辐射 [MJ/（m²·月）]，T_{avg} 为日最高温均值和日最低温均值的平均值（℃）；TD 为日最高温均值和日最低温均值的差值（℃）；P 为月降水量（mm/月）。

太阳大气顶层辐射用气象站太阳总辐射月总量除以 50% 计算得到（假设大气层顶的太阳辐射是 100%，那么，太阳辐射通过大气后发生散射、吸收和反射，向上散射占 4%，大气吸收占 21%，云量吸收占 3%，云量反射占 23%，共损失约 51%）。

基于辐射数据的可获得性，选用 1995～2013 年研究区附近的 28 个站点的太阳总辐射月总量、日最高温均值、日最低温均值和月降水量数据，计算得到各站点的月参考蒸散发量，然后通过加和得到各年参考蒸散发量，将 19 年数据取平均，得到各站点的年均参考蒸散发量，最终通过 Kriging 空间插值得到研究区年均参考蒸散发量分布特征。

其中太阳总辐射月总量来自中国辐射月值数据集，日最高温均值、日最低温均值和月降水量来自中国地面气候资料月值数据集。得到辽河流域年均参考蒸散发量，如图 4-4 所示。

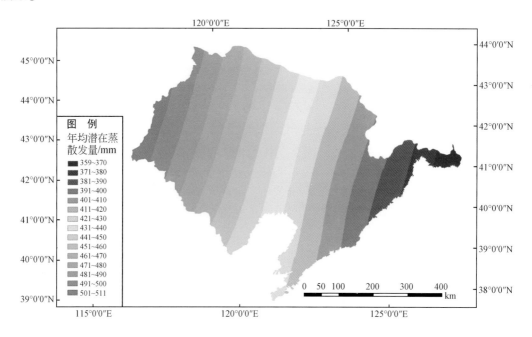

图 4-4 辽河流域年均参考蒸散发量

4.1.3.4 植被有效含水量

植被有效含水量可用田间持水量和永久萎蔫点之间的插值来估算（周文佐，2006；Allen et al.，1998；Canadell et al.，1996），InVEST3.0.0 中植被有效含水量的取值范围为 0~1，采用周文佐建立的基于土壤质地和土壤有机质的非线性拟合土壤 PAWC 估算模型（模型决定系数，$R^2 = 0.925$，$n = 220$）：

$$PAWCv\% = 54.509 - 0.132 \times SAN - 0.003 \times (SAN)2 - 0.055 \times SIL - 0.006 \times (SIL)^2$$
$$- 0.738 \times CLA + 0.007 \times CLA^2 - 2.688 \times OM + 0.501 \times (OM)^2 \qquad (4-7)$$

式中，CLA 为土壤黏粒含量（%）；SIL 为土壤粉粒含量（%）；SAN 为土壤砂粒含量（%）；OM 为土壤有机质含量（%）；其中涉及的土壤粒径为国际制标准（CLA：0.002mm，SIL：0.002~0.020mm，SAN：0.020~2.000mm）。

得到辽河流域土壤深度，如图 4-5 所示。

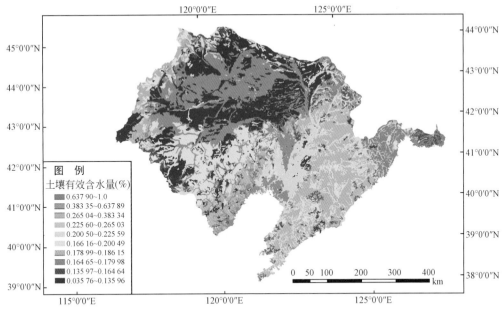

图 4-5　辽河流域土壤有效含水量图

4.1.3.5　Zhang 系数

Zhang 系数取值采用 InVEST 模型默认值为 5，无量纲。

4.1.3.6　生物物理因子表

LULC_ veg 用于判别土地利用类型是否被植被覆盖，用于实际蒸散量的计算。

植被蒸散系数 $K_{c \cdot xj}$（ETK_{xj}）根据联合国粮食及农业组织（FAO，1998）蒸散系数（作物系数）参考值按土地利用类型整理，取值范围为 0~1.5。

根系深度 root_ depth 参考 InVEST 模型的参数数据库确定，见表 4-4。

表 4-4　InVEST 水源涵养模型相关参数

生态系统类型	Kc	root_ depth	LULC_ veg	生态系统类型	Kc	root_ depth	LULC_ veg
草甸	0.65	2000	1	稀疏灌木林	0.8	2000	1
草原	0.65	2000	1	稀疏草地	0.6	3000	1
草丛	0.65	2000	1	苔原	0.6	500	1
草本绿地	0.65	1000	1	裸岩	0.1	10	0
灌丛湿地	1	2500	1	裸土	0.2	10	0
草本湿地	1	2000	1	沙漠	0.1	9000	0
湖泊	1	1000	0	盐碱地	0.2	10	0
水库	0.7	1000	0	落叶阔叶林	1	7000	1

生态系统类型	Kc	root_ depth	LULC_ veg	生态系统类型	Kc	root_ depth	LULC_ veg
河流	1	500	0	常绿针叶林	1	7000	1
运河	1	500	0	落叶针叶林	1	7000	1
水田	0.75	500	1	针阔混交林	1	7000	1
旱地	0.75	2100	1	落叶阔叶灌木林	1	7000	1
居住地	0.3	500	0	常绿针叶灌木林	1	7000	1
工业用地	0.3	500	0	乔木园地	0.85	5000	1
交通用地	0.1	50	0	灌木园地	0.85	3000	1
采矿场	0.1	500	0	乔木绿地	0.85	3000	1
稀疏林	0.8	4750	1				

4.1.4 土壤保持能力模型与参数

土壤保持服务指森林、草地等生态系统对土壤起到的覆盖保护及对养分、水分调节过程，以防止地球表面的土壤被侵蚀、或因过度使用而发生盐碱化等化学变化，以及其他土壤化学污染的作用。从物质量角度评估土壤保持能力的方法主要有实测法和经验模型法，实测法主要包括侵蚀针法、径流小区法、定量遥感法和原子示踪法，而常用的经验模型是通用水土流失方程（USLE）（Wischmeier and Smith，1978a，1978b；Renard et al.，1997；汪邦稳等，2007）。USLE 方程是 1965 年 Wischmeier 和 Smith 等基于对美国东部地区 30 个州 10 000多个径流小区近 30 年的观测资料进行系统分析后提出的。国内外学者在应用 USLE 模型的过程中，结合具体研究区域，用多种方法对模型中的因子进行了定量估算，为推广应用及完善USLE 模型进行了有益的探索（Cohen et al.，2009；de Asis and Omasak，2007）。

生态系统土壤保持服务用潜在土壤流失量（RKLS）减去实际土壤流失量（USLE）的方法评估，计算方法如下：

$$\begin{cases} sedret_x = RKLS_x - USLE_x \\ RKLS_x = R_x \times K_x \times LS_x \\ USLE_x = R_x \times K_x \times LS_x \times C_x \end{cases} \quad (4\text{-}8)$$

式中，$sedret_x$ 为栅格单元 x 的土壤保持量；$RKLS_x$ 为栅格单元 x 的潜在土壤流失量；$USLE_x$ 为栅格单元 x 的实际土壤侵蚀量，$USLE_x$ 在 $RKLS_x$ 基础上考虑了 C_x（植被覆盖和经营管理因子）的水土流失量；R_x 为降雨侵蚀力因子；K_x 为土壤可蚀性因子；LS_x 为坡长坡度因子（slope length-gradient factor，LS）。

4.1.4.1 坡长坡度因子

坡长坡度因子（LS）是 USLE 的一个重要地形因子，在坡面尺度上，可通过实测坡度和坡长计算得到（Desmet and Govers，1996；McCool et al.，1989），但是在小流域和区域尺度上只能通过 DEM 提取。LS 因子采用 Desmet 和 Govers 基于二维景观构建的 LS 因子算法：

$$LS_x = L_x \times S_x \tag{4-9}$$

式中，S_x 为栅格单元 x 的坡度因子；S_x 可通过基于坡度的函数计算得到：

$$S_x = \begin{cases} 10.8 \times \sin(\theta) + 0.03, & \text{prct\_ slope} < 9\% \\ 16.8 \times \sin(\theta) - 0.05, & \text{prct\_ slope} \geqslant 9\% \end{cases} \tag{4-10}$$

式中，θ 为坡度（弧度），prct_ slope 为坡度百分比（%）。

L_x 为栅格单元 x 的坡长因子，计算公式为

$$L_x = \frac{(A_x + D^2) - A_x^{m+1}}{D^{m+2} \times a_x^m \times 22.13^m} \tag{4-11}$$

式中，A_x 为基于 D-infinity 汇流累积量算法得到栅格单元 x 的贡献面积（m^2），（上坡来水流入该像元的总像元数）；D 为栅格单元的边长（m）；a_x 因子用于校正栅格单元对应的水流程度，等于 $[|sin(\alpha_x)| + |cos(\alpha_x)|]$，$\alpha_x$ 为栅格单元 x 的坡向；m 为坡长指数公式如下，其中 β 为中间变量。

$$m = \begin{cases} \dfrac{\beta}{1+\beta}, & \text{prct\_ slope} > 9\% \\ 0.5, & 5\% < \text{prct\_ slope} \leqslant 9\% \\ 0.4, & 3.5\% < \text{prct\_ slope} \leqslant 5\% \\ 0.3, & 1\% < \text{prct\_ slope} \leqslant 3.5\% \\ 0.2, & \text{prct\_ slope} \leqslant 1\% \end{cases} \tag{4-12}$$

$$\beta = \frac{\sin(\theta)/0.896}{3 \times [\sin(\theta)]^{0.8} + 0.56} \tag{4-13}$$

辽河流域的坡长坡度因子分布情况如图 4-6 所示。

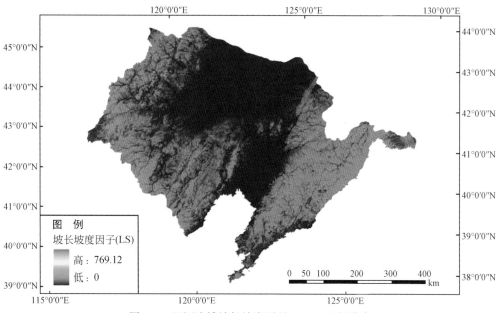

图 4-6　辽河流域坡长坡度因子（LS）空间分布

4.1.4.2　降雨侵蚀力因子

降雨侵蚀力（R）指降雨导致土壤侵蚀发生的潜在能力［MJ·mm/（hm² · h·a）］，是 USLE 模型中的重要因子，与降雨量、降雨历时、降雨强度和降雨动能等有关，反映了降雨特性对土壤侵蚀的影响，其物理意义为降雨强度越大、持续时间越长，就越容易发生侵蚀。Wishmeier 根据美国 8000 多个小区降雨侵蚀实测资料，提出以降雨总动能 E 与最大 30 分钟雨强 I_{30} 的乘积作为降雨侵蚀力指标，并应用于通用土壤流失方程 USLE，以定量表征次降雨可能引起土壤侵蚀的能力，反映雨滴溅蚀以及地表径流对土壤侵蚀的综合效应（Wishmeier and Smith，1978a，1978b），其公式为 $R = \sum E \times I_{30}$，是降雨侵蚀力计算的基本公式。

随着 USLE 在世界各国的推广，降雨侵蚀力的研究受到越来越多人的重视。然而，在实际应用中，动能 E 的计算相当复杂，需要长时间具体的降雨过程数据，同时 Wishmeier 等认为计算多年平均降雨侵蚀力一般要求至少 20 年以上的降雨过程资料（Wishmeier and Smith，1978b），但在许多国家和地区一般很难得到大范围、长时间序列的次降雨过程资料，极大地限制了降雨侵蚀力指标的推广使用。因此，目前一般基于气象站常规降雨统计资料的可获得性来确定降雨侵蚀力计算模型，根据收集到的雨量资料详细程度可分为逐年日雨量、逐年月雨量、逐年年雨量、月平均雨量、年平均雨量 5 种。

逐年日雨量数据是我国分辨率最高的雨量数据，能提供最多的信息。收集了辽河流域内 37 个气象站点 1957～2012 年的逐日降水量资料［数据来自中国地面气候资料日值数据集，依据章文波等提出的基于日降水量的降雨侵蚀力估算模型（模型决定系数为 0.951）估算得到各站点的多年平均降雨侵蚀力，并通过 Kriging 空间插值得到研究区多年平均年降雨侵蚀力分布特征］。

基于日降水量的降雨侵蚀力估算模型具体实现为

$$\begin{cases} M_i = \alpha \times \sum_{j=1}^{k} D_j{}^{\beta} \\ \alpha = 21.586 \times \beta^{-7.1891} \\ \beta = 0.8363 + 18.144 \times P_{d12}{}^{-1} + 24.455 \times P_{y12}{}^{-1} \end{cases} \tag{4-14}$$

式中，M_i 为第 i 个半月时段的降雨侵蚀力值［MJ·mm/（hm² · h·a）］；D_j 为半月时段内第 j 天的侵蚀性日雨量，要求日雨量≥12mm，否则以 0 计算，阈值 12mm 与侵蚀性降雨标准对应；k 为该半月时段内的天数（d），半月时段的划分与通用土壤流失方程 USLE 中降雨侵蚀力季节变化分析采用的时段步长一致，将全年划分为 24 个半月时段；α 和 β 为模型待定参数；P_{d12} 为日雨量≥12mm 的日平均雨量（mm）；P_{y12} 为日雨量≥12mm 的年平均雨量（mm）。

辽河流域各站点降雨侵蚀特征见表4-5、图4-7 和图4-8。

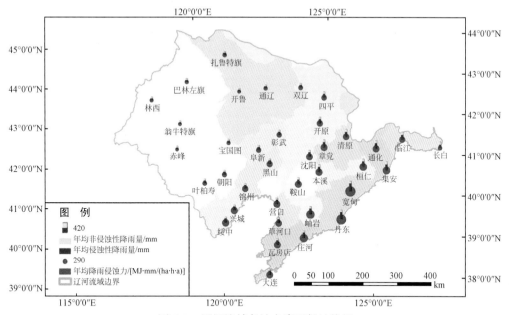

图4-7　辽河流域各站点降雨侵蚀特征

表4-5　辽河流域气象站点的多年均降雨侵蚀性 *R* 值特征

站点	站名	日均侵蚀性降雨量/（mm/d）	年均侵蚀性降雨天数/d	年均侵蚀性降雨量/mm	侵蚀性降雨量百分比/%	年均降雨侵蚀力值/[MJ·mm/(hm²·h·a)]
54026	扎鲁特旗	27.53	8.79	241.89	64.18	1552.56
54027	巴林左旗	26.23	8.75	229.55	61.17	1374.16
54115	林西	24.70	8.63	213.04	57.42	1221.65
54134	开鲁	24.77	8.18	202.55	60.99	1073.46
54135	通辽	25.18	9.18	231.08	61.61	1326.54
54142	双辽	25.88	11.30	292.57	64.05	1779.37
54157	四平	26.01	15.38	399.90	64.32	2435.12
54213	翁牛特旗	24.59	8.18	201.15	56.84	1078.36
54218	赤峰	23.52	8.77	206.25	56.36	1024.06
54226	宝国图	25.07	9.88	247.54	60.97	1390.57
54236	彰武	26.92	12.70	341.80	67.34	2167.40
54237	阜新	26.87	12.61	338.73	68.02	2144.59
54254	开原	27.66	16.39	453.46	67.58	3078.41
54259	清原	25.54	20.21	516.34	65.33	3108.94
54324	朝阳	26.69	11.95	318.91	67.44	2042.88
54326	叶柏寿	25.22	11.89	299.97	64.69	1713.82
54335	黑山	29.13	13.64	397.40	70.65	2854.00
54337	锦州	30.08	13.77	414.12	72.34	3076.47

续表

站点	站名	日均侵蚀性降雨量/(mm/d)	年均侵蚀性降雨天数/d	年均侵蚀性降雨量/mm	侵蚀性降雨量百分比/%	年均降雨侵蚀力值/[MJ·mm/(hm²·h·a)]
54339	鞍山	28.99	17.52	507.81	71.22	3688.30
54342	沈阳	28.07	17.50	491.28	70.28	3379.64
54346	本溪	28.14	19.63	552.28	69.35	3874.67
54351	章党	27.33	20.57	562.25	70.09	3734.35
54363	通化	26.41	22.25	587.66	66.63	3763.43
54365	桓仁	28.66	20.73	594.26	70.51	4265.47
54374	临江	25.26	19.63	495.81	60.27	2911.96
54377	集安	28.30	22.46	635.71	68.10	4493.33
54386	长白	22.08	16.00	353.31	52.95	1629.48
54454	绥中	33.30	14.16	471.56	75.34	4067.80
54455	兴城	32.83	13.39	439.72	74.76	3737.98
54471	营口	31.22	15.36	479.48	73.25	3815.92
54476	草河口	29.83	14.95	445.81	71.14	3345.11
54486	岫岩	32.54	19.30	628.10	75.64	5370.03
54493	宽甸	33.20	25.45	844.78	76.68	7622.52
54497	丹东	34.95	22.30	779.44	78.88	7267.57
54563	瓦房店	30.56	15.16	463.31	72.94	3607.86
54584	庄河	33.54	17.46	585.72	76.18	5087.76
54662	大连	30.92	14.68	453.88	73.44	3612.08

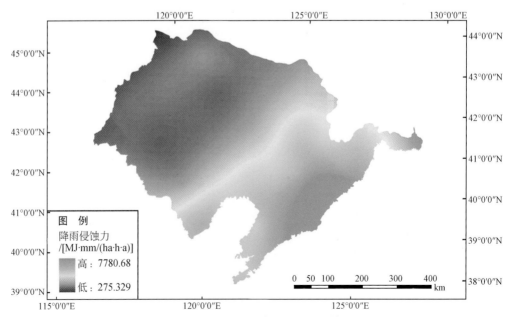

图 4-8　辽河流域降雨侵蚀力 R 值

4.1.4.3　土壤可蚀性因子

土壤可蚀性因子（K）衡量了土壤颗粒被水力分离和搬运的难易程度，是反映土壤对侵蚀敏感程度的指标 $[\text{t} \cdot \text{hm}^2 \cdot \text{h} / (\text{MJ} \cdot \text{mm} \cdot \text{hm}^2)]$。土壤性质中的土壤质地、有机质含量、土体结构、渗透性等决定了土壤可蚀性的大小。作为通用流失方程（USLE）定义的评价土壤对侵蚀影响作用的重要因子，土壤可蚀性因子是指在标准小区上，单位降雨侵蚀力所产生的侵蚀量。美国 USLE 中定义的标准小区为坡长 22.13m，坡度为 9%，坡宽度不小于 1.8m，连续保持清耕休闲状态的小区。定量估算土壤可蚀性因子值对于土壤侵蚀预报，水土保持工作有重要意义。我国土壤可蚀性 K 值变化于 0.001 ~ 0.04，且相对集中于 0.007 ~ 0.02。而美国 USLE 中公布的主要土壤类型的可蚀性值变化于 0.004 ~ 0.091，且比较集中于 0.03 ~ 0.05。与美国相比，我国土壤可蚀性 K 值实测值普遍偏小，因此要基于我国实测资料对土壤可蚀性 K 值估算模型进行校正，否则预测结果会有很大误差（王万忠和焦菊英，1996；Wischmeier，1959；Lal，1994；章文波和付金生，2003；谢云和刘宝元，2000；张科利等，2007；Sharpley and Williams，1990；Williams et al.，1983；杨萍等，2007；史东梅等，2012；蔡永明等，2003）。

Williams 等在 1990 年建立了土壤侵蚀与植物生产力模拟模型（erosion – productivity impact calculator，EPIC 模型），该模型的土壤侵蚀预测模型中采用了基于土壤粒径组成与土壤有机碳含量的土壤可蚀性因子估算方法，该方法大大推广了 EPIC 模型以及 K 值因子的应用（Williams et al.，1983）。K 值估算方法中涉及的实测数据标准为美国制（美国制土壤砂粒和粉粒的粒径划分界线为 0.05mm，我国土壤数据库中采用的是国际制，砂粒和粉粒的粒径划分界线为 0.02mm），得到的 K 值单位亦为美国制 $\{K_{\text{EPIC}}$，$[\text{t} \cdot \text{acre} \cdot \text{h} / (100 \cdot \text{acre} \cdot \text{ft} \cdot \text{tonf} \cdot \text{in})]\}$，需要经过粒径转换和单位换算后得到 InVEST 模型所需的国际制 K 值因子 $[K$，$\text{t} \cdot \text{hm}^2 \cdot \text{h} / (\text{MJ} \cdot \text{mm} \cdot \text{hm}^2)]$（蔡永明等，2003），具体实现为

$$
\begin{cases}
K = (-0.01383 + 0.51575 \times K_{\text{EPIC}}) \times 0.1317 \\
K_{\text{EPIC}} = \left[0.2 + 0.3 \times \text{e}^{-0.0256 \times SAN \times \left(1 - \frac{SIL}{100}\right)} \right] \times \left(\frac{\text{SIL}}{\text{CLA} + \text{SIL}} \right)^{0.3} \\
\qquad\quad \times \left(1.0 - \frac{0.25 \times C}{C + \text{e}^{3.72 - 2.95 \times C}} \right) \times \left(1.0 - \frac{0.7 \times \text{SN}}{\text{SN} + \text{e}^{-5.51 + 22.9 \times \text{SN}}} \right) \\
\text{SN} = 1 - \frac{\text{SAN}}{100}
\end{cases}
\tag{4-15}
$$

式中，SAN 为砂粒（0.050 ~ 2.000mm）含量（%）；SIL 为粉粒（0.002 ~ 0.050mm）含量（%）；CLA 为黏粒（<0.002mm）含量（%），粒径组成为美国制；C 为土壤有机碳含量（%），通过土壤有机质含量乘以 0.58 得到；0.1317 为美国制单位转为国际制单位的转换系数；（-0.01383+0.51575×K_{EPIC}）部分是模型校正部分。原始土壤参数来自中国 1：100 万土壤数据库，粒径组成包括粗砂粒径为 0.2 ~ 2 mm，细砂粒径为 0.02 ~ 0.2 mm，粉粒粒径为 0.002 ~ 0.02 mm，黏粒粒径为<0.002 mm，基于 Matlab R2012a 软件的三次样条插值函数实现土壤粒径转换得到美国制粒径组成（齐贞等，2012），具体实现为

$x = [0.02, 0.2, 2]$;

$y = [57.12, 96.75, 100]$;

$xx = [0.05]$;

$yy = \text{spline}(x, y, xx)$

结果显示，辽河流域土壤可蚀性因子 K 值在 $0.0014 \sim 0.0227$ t · hm^2 · h/ （MJ · mm · hm^2），如图 4-9 所示。

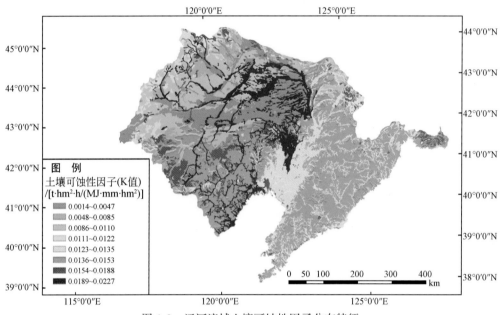

图 4-9　辽河流域土壤可蚀性因子分布特征

4.1.4.4　植被覆盖和经营管理因子

植被覆盖和经营管理因子（C）是指在一定地表覆盖和管理措施下的土壤流失量与同等条件下适时翻耕、连续休闲对照地上的土壤流失量的比值，反映了植被或作物管理措施对土壤流失量的影响，值介于 $0 \sim 1$，C 值越小，植被水土保持能力越强，水土流失量越小（吴昌广等，2012；Dissmeyer and Foster，1981；Daughtry and Hunt，2008；刘秉正和刘世海，1999）。基于已有的 C 值与植被覆盖度（VF 值）的相关性研究结果，构建不同生态系统类型的 C 值估算方法，由于 InVEST 模型中没有考虑同一生态系统类型 C 值取值的内部差异，所以在明确 C 值与具体生态系统类型对应时需要作一定处理。林地、灌木和草地生态系统类型的 C 值基于美国通用土壤流失方程的作物和管理因子值取值方法；旱地的 C 值与 VF 值相关性采用刘秉正等的研究结果；湖泊、水库/坑塘、河流、运河/水渠、水田的 C 值取值为 0，人工表面（居住地、工业用地、交通用地、采矿场）取值为 0.01，苔藓/地衣、裸岩、裸土、沙漠/沙地、盐碱地取值为 0.7（陈龙等，2012；王效科等，2001；Ma Q et al.，2012；江忠善和王志强，1996；Gabriels et al.，2003），见表 4-6。

表4-6　C 值与 VF 值相关性

生态系统类型	VF 值范围						C 取值
	<10	10~30	30~50	50~70	70~90	>90	
乔木：落叶阔叶林、常绿针叶林、落叶针叶林、针阔混交林、乔木园地	0.10	0.08	0.06	0.02	0.004	0.001	VF 最大值对应的 C 值
灌木：落叶阔叶灌木林、常绿针叶灌木林、灌木园地、灌丛湿地、稀疏灌木林	0.40	0.22	0.14	0.085	0.040	0.011	
草地：乔木绿地、草甸、草原、草丛、草本绿地、草本湿地、稀疏草地	0.45	0.24	0.15	0.09	0.043	0.011	
旱地	$C = 0.221 - 0.595 \times \lg(\text{VF})$						VF 平均值对应的 C 值
湖泊、水库/坑塘、河流、运河/水渠、水田	0						
人工表面（居住地、工业用地、交通用地、采矿场）	0.01						
苔藓/地衣、裸岩、裸土、沙漠/沙地、盐碱地	0.7						

植被覆盖度 VF 值数据由环境保护部卫星环境应用中心提供，其实现原理是，基于 2000~2010 年 EOS/Terra 卫星的 MODIS 植被产品 NDVI（归一化差值植被指数）数据（250m×250m 分辨率），NDVI 数据基于像元二分模型可表示为有植被覆盖部分和无植被覆盖部分（李苗苗等，2004；苗正红等，2010；Carlson and Ripley，1997），因此植被覆盖度 VF 值的计算公式可表示为

$$\text{VF} = \frac{\text{NDVI} - \text{NDVI}_{\text{soil}}}{\text{NDVI}_{\text{veg}} - \text{NDVI}_{\text{soil}}} \tag{4-16}$$

式中，$\text{NDVI}_{\text{soil}}$ 为完全是裸土或无植被覆盖区域的 NDVI 值（NDVI_{min}）；NDVI_{veg} 为完全由植被覆盖的 NDVI 值（NDVI_{max}），即纯植被像元的 NDVI 值。理论上 NDVI_{min} 应接近 0，但因为噪声以及其他因素的影响，NDVI_{min} 在 -0.1~0.02 范围内变化，而 NDVI_{max} 也会随植被类型和植被时空分布而变化，因此 NDVI_{max} 与 NDVI_{min} 在定置信度区间内取最大值与最小值，NDVI_{max} 取 NDVI 概率分布的 95% 下侧分位数所对应的 NDVI 值；NDVI_{min} 取 NDVI 概率分布的 5% 下侧分位数所对应的 NDVI 值。

模型中 C 值取值见表4-7。

表4-7　土壤保持模型相关参数

lucode	LULC_ desc	usle_ c	lucode	LULC_ desc	usle_ c
101	常绿阔叶林	—	104	落叶针叶林	0.004
102	落叶阔叶林	0.004	105	针阔混交林	0.004
103	常绿针叶林	0.004	106	常绿阔叶灌木林	

续表

lucode	LULC_ desc	usle_ c	lucode	LULC_ desc	usle_ c
107	落叶阔叶灌木林	0.04	37	运河/水渠	0
108	常绿针叶灌木林	0.085	41	水田	0
109	乔木园地	0.02	42	旱地	0.53
110	灌木园地	0.085	51	居住地	0.01
111	乔木绿地	0.09	52	工业用地	0.01
112	灌木绿地		53	交通用地	0.01
21	草甸	0.09	54	采矿场	0.01
22	草原	0.043	61	稀疏林	0.02
23	草丛	0.043	62	稀疏灌木林	0.14
24	草本绿地	0.09	63	稀疏草地	0.15
31	森林湿地		64	苔藓/地衣	0.7
32	灌丛湿地	0.085	65	裸岩	0.7
33	草本湿地	0.09	66	裸土	0.7
34	湖泊	0	67	沙漠/沙地	0.7
35	水库/坑塘	0	68	盐碱地	0.7
36	河流	0	69	冰川/永久积雪	

4.2 产品供给能力及其变化

2000 年，辽河流域单位面积生态系统产品供给能力平均为 1.71×10^6 kcal/hm²。浑河-太子河流域的单位面积生态系统产品供给能力最高，约为 3.4×10^6 kcal/hm²，是整个流域平均产品供给能力的 1.7 倍；浑江流域单位面积生态系统产品供给能力最小，只有 0.67×10^6 kcal/hm²，不到流域平均产品供给能力的一半。

2005 年，辽河流域单位面积生态系统产品供给能力平均约为 3.07×10^6 kcal/hm²，比 2000 年增加了约 1.36×10^6 kcal/hm²，增加了约 80%。所有子流域单位面积生态系统产品供给能力均呈现显著增加的趋势，绕阳河-大凌河流域和辽河上游流域增加较多，均增长 1 倍以上；浑河-太子河流域增幅最小，只增长了 36.1%。

2010 年，辽河流域单位面积生态系统产品供给能力平均约为 3.68×10^6 kcal/hm²，比 2005 年增加了约 0.61×10^6 kcal/hm²，增加了约 20%。辽河下游流域、辽河上游流域、绕阳河-大凌河流域增幅相对较大，分别为 33.5%、24.7% 和 21.2%。其他流域增幅较小，不到 5%。浑江流域出现大幅度下降，减少了 41.1%，略高于 2000 年的水平。辽河下游流域、绕阳河-大凌河流域和浑河-太子河流域为单位面积生态系统产品供给能力较强区域，依次是全流域平均水平的 2.1 倍、1.4 倍和 1.3 倍，其余子流域均不到平均值。浑江流域最低，只是流域平均水平的 19%，见表 4-8 和表 4-9。

表 4-8 辽河流域生态系统产品供给能力及变化

年份	2000 年 /($\times 10^3$ kcal/hm^2)	2005 年 /($\times 10^3$ kcal/hm^2)	2010 年 /($\times 10^3$ kcal/hm^2)	2000~2010 年 变化量 /($\times 10^3$ kcal/hm^2)	2000~2010 年 变化率/%
流域平均水平	1708.96	3070.01	3679.79	1970.84	115.32
辽河上游流域	760.96	1550.41	1932.75	1171.79	153.99
辽河下游流域	3345.44	5924.17	7910.50	4565.07	136.46
浑河-太子河流域	3397.49	4623.65	4746.56	1349.07	39.70
绕阳河-大凌河流域	1973.64	4295.20	5204.92	3231.28	163.72
浑江流域	668.74	1189.48	700.46	31.72	4.74
沿海诸河流域	1820.43	2956.23	3127.64	1307.21	71.8

表 4-9 辽河流域二级子流域产品供给能力及变化

一级子流域	二级子流域	2000 年 /($\times 10^3$ kcal/hm^2)	2005 年 /($\times 10^3$ kcal/hm^2)	2010 年 /($\times 10^3$ kcal/hm^2)	变化量 (2000~2010 年) /($\times 10^3$ kcal/hm^2)	变化率 (2000~2010 年) /%
辽河上游流域	老哈河	839.2	2 018.6	2 322.6	1 483.4	176.8
	新开河	609.2	1 315.5	1 792.8	1 183.6	194.3
	西拉木伦河	220.5	529.3	559.8	339.3	153.9
	西辽河	1 660.2	2 595.5	3 343.7	1 683.5	101.4
辽河下游流域	东辽河	3 885.9	6 718.5	8 901.2	5 015.3	129.1
	柳河	2 076.3	4 102.0	5 673.3	3 597.0	173.2
	双台子河	6 813.6	9 491.4	11 107.3	4 293.7	63.0
浑河-太子河流域	浑苏子河	826.8	898.8	1 161.8	335.0	40.5
	浑河	4 853.8	6 364.7	6 548.1	1 694.3	34.9
	大辽河	4 766.2	7 262.7	8 403.5	3 637.3	76.3
	大清河	3 126.3	4 435.4	4 949.3	1 823.0	58.3
	太子河	3 153.4	4 348.5	4 160.3	1 006.9	31.9
绕阳河-大凌河流域	大凌河北支	1 481.1	4 016.8	5 148.4	3 667.3	247.6
	大凌河南支	844.6	2 866.7	3 627.3	2 782.7	329.5
	绕阳河	4 114.3	6 842.1	8 218.4	4 104.1	99.8
	小凌河	1 918.6	4 074.1	4 597.3	2 678.7	1 39.6

续表

一级子流域	二级子流域	2000 年 /(×10³kcal/hm²)	2005 年 /(×10³kcal/hm²)	2010 年 /(×10³kcal/hm²)	变化量 (2000~2010 年) /(×10³kcal/hm²)	变化率 (2000~2010 年) /%
浑江流域	浑江下游	638.1	1 619.6	728.1	90.0	14.1
	浑江上游	705.6	672.8	667.2	−38.4	−5.4
沿海诸河流域	南部沿海诸河	2 165.2	3 344.1	3 870.1	1 704.9	78.7
	北部沿海诸河	1 073.2	2 115.7	1 518.6	445.4	41.5

从辽河流域生态系统产品供给能力的空间格局来看，辽河流域中部一带产品供给能力最高，主要是辽河下游流域；流域东部的浑江流域和流域西北部上游流域产品供给能力较低。这与辽河干流水系走向和耕地分布特征一致。辽河流域耕地主要沿辽河干流、浑河等水系在平原分布，东部以森林生态系统为主、西北部是干旱半干旱草原区，食品供给能力相对较低。

从 2000~2010 年的变化来看，除了浑江流域，整个辽河流域生态系统产品供给能力显著提升，从 1.71×10⁶ kcal/hm² 增加到 3.68×10⁶ kcal/hm²，增加了 115.32%。前五年增长迅速，后五年增速有所放缓。从增长的空间差异来看，增幅最大的依次是绕阳河–大凌河流域、辽河上游流域、辽河下游流域，增幅分别达 163.72%、153.99% 和 136.46%。增幅最小的是浑江流域，只增加了 4.74%。这使得辽河流域生态系统产品供给能力的空间格局整体呈现出由流域中部向西北方向扩散的态势。从二级子流域来看，产品供给能力增幅最大的在大凌河流域南支和北支，增长了两倍以上；辽河上游流域的新开河、老哈河流域也增长了近两倍，见表 4-9 和图 4-10、图 4-11。

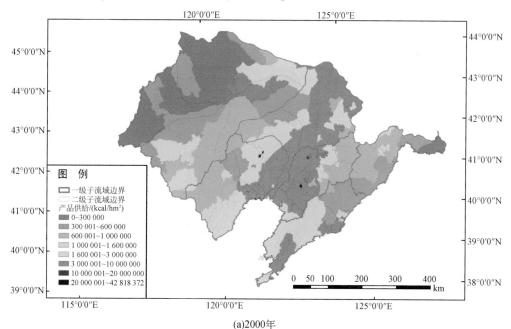

(a)2000年

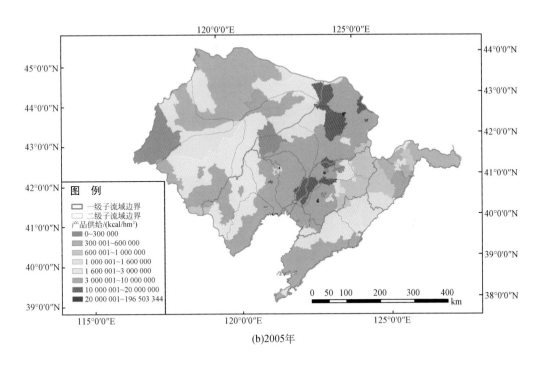

(b)2005年

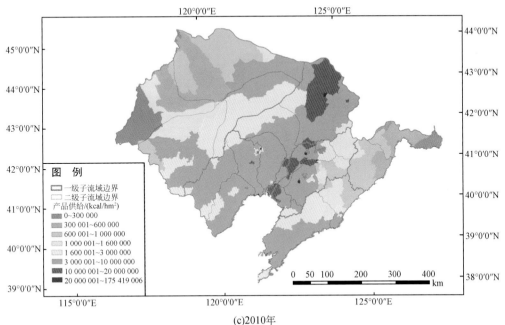

(c)2010年

图 4-10　辽河流域生态系统产品供给能力

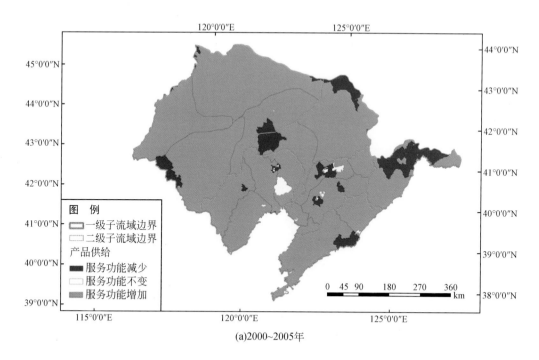

(a)2000~2005年

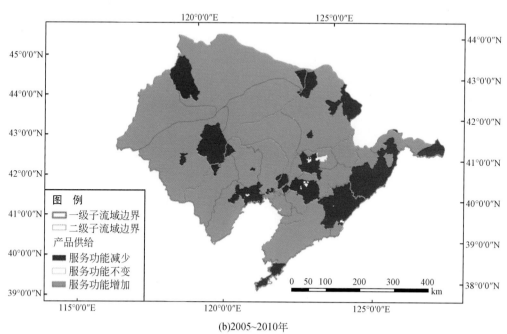

(b)2005~2010年

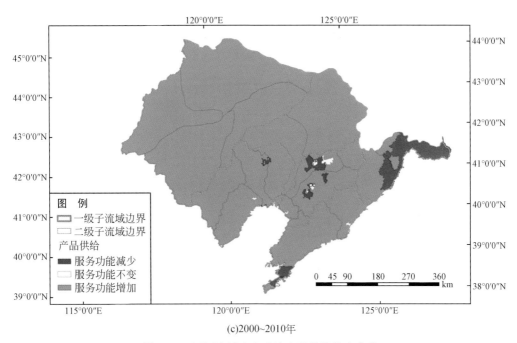

(c)2000~2010年

图 4-11 辽河流域生态系统产品供给能力变化

4.3 固碳能力及其变化

2000 年辽河流域生态系统固碳总量达 4.3835 Pg,单位面积生态系统固碳能力为 140.39 Mg/hm²。从单位面积生态系统固碳能力来看,浑江流域最高,为 234.55 Mg/hm², 是整个流域平均固碳能力的 1.67 倍;浑河–太子河流域、沿海诸河流域也高于流域平均水 平。辽河上游流域固碳能力相对较低,为 116 Mg/hm²,仅为流域平均值的 82.6%,但其 固碳总量大,约 1.54 Pg,占流域总固碳量的 35.1%。

2005 年,辽河流域生态系统固碳能力总体略有下降,固碳总量为 4.3828 Pg,单位面 积生态系统固碳能力为 140.36 Mg/hm²,下降不到 0.02%。其中,只有绕阳河–大凌河流 域和浑江流域略有上升,其他子流域均略有下降。

2010 年,辽河流域生态系统固碳能力总体仍呈略微下降的趋势,固碳总量为 4.3817 Pg,单位面积生态系统固碳能力为 140.33 Mg/hm²,比 2005 年又下降了 0.02%。这期间, 所有子流域都出现略微下降的趋势。从二级子流域来看,只有大辽河、西辽河、大凌河北 支和浑江上游呈略微上升趋势,见表 4-10。

表 4-10 辽河流域生态系统固碳能力及变化

区域	单位面积生态系统固碳能力					固碳总量				
	2000 年 /(Mg/ hm²)	2005 年 /(Mg /hm²)	2010 年 /(Mg /hm²)	变化量 2000~ 2010 年 /(Mg /hm²)	变化率 2000~ 2010 年 /%	2000 年 /Pg	2005 年 /Pg	2010 年 /Pg	变化量 2000~ 2010 年 /Pg	变化率 2000~ 2010 年 /%
流域平均水平	140.39	140.36	140.33	-0.06	-0.04	4.3835	4.3828	4.3817	-0.0018	-0.04
辽河上游流域	116.00	115.98	115.96	-0.04	-0.03	1.5385	1.5381	1.5379	-0.0006	-0.04
辽河下游流域	127.67	127.64	127.62	-0.05	-0.04	0.6405	0.6404	0.6403	-0.0002	-0.03
浑河-太子河流域	175.09	175.03	174.9	-0.19	-0.11	0.5344	0.5342	0.5338	-0.0006	-0.11
绕阳河-大凌河流域	131.22	131.24	131.2	-0.02	-0.02	0.609	0.6091	0.6089	0	-0.02
浑江流域	234.55	234.6	234.54	-0.01	0.00	0.5306	0.5307	0.5306	0	0.00
沿海诸河流域	177.44	177.37	177.33	-0.11	-0.06	0.5304	0.5302	0.5301	-0.0003	-0.06

从空间格局特征来看，辽河流域生态系统固碳能力中部低、东部和西部边缘高，从地形来看就是山区高、平原区低。这种空间格局与流域生态系统类型分布特征相吻合，东部山区主要森林生态系统，西部为典型草原，植被覆盖情况好，固碳能力强；而流域中部平原区主要生态系统类型为耕地，固碳能力弱。

从 2000~2010 年的变化来看，辽河流域生态系统单位面积固碳能力总体略有降低，从 140.39 Mg/hm²降低到 140.33 Mg/hm²，固碳总量从 4.3835 Pg 降低到 4.3817 Pg，降低了 0.04%。除了浑江流域基本持平外，其他子流域均下降，浑河-太子河流域降低幅度最大，达 0.11%。前五年还有绕阳河-大凌河流域和浑江流域两个子流域略有上升，而后五年，所有子流域均为下降趋势。从空间格局变化来看，由于下降或上升的幅度均很小，不同子流域之间差异很小，流域生态系统固碳能力的整体空间格局没有明显变化，见表4-11、图 4-12 和图 4-13。

表 4-11 辽河流域二级子流域生态系统固碳能力及变化

一级子流域	二级子流域	2000 年 /(Mg/hm²)	2005 年 /(Mg/hm²)	2010 年 /(Mg/hm²)	变化量 2000~2010 年 /(Mg/hm²)	变化率 2000~2010 年 /%
辽河上游流域	老哈河	108.4300	108.3945	108.3479	-0.0821	-0.08
	新开河	124.0998	124.0844	124.0656	-0.0342	-0.03
	西拉木伦河	147.6687	147.6338	147.6055	-0.0632	-0.04
	西辽河	70.0976	70.0882	70.1406	0.0430	0.06

一级子流域	二级子流域	2000 年/（Mg/hm²）	2005 年/（Mg/hm²）	2010 年/（Mg/hm²）	变化量 2000～2010 年/（Mg/hm²）	变化率 2000～2010 年/%
辽河下游流域	东辽河	146.1580	146.1268	146.0972	-0.0608	-0.04
	柳河	88.1414	88.1082	88.1082	-0.0332	-0.04
	双台子河	108.2073	108.1730	108.1384	-0.0689	-0.06
浑河-太子河流域	浑苏子河	198.7511	198.7452	198.7267	-0.0244	-0.01
	浑河	163.2163	163.1517	162.8725	-0.3438	-0.21
	大辽河	142.5555	142.4706	142.5021	-0.0534	-0.04
	大清河	185.4509	185.2453	185.1660	-0.2849	-0.15
	太子河	179.0124	178.9658	178.8674	-0.1450	-0.08
绕阳河-大凌河流域	大凌河北支	126.9384	126.8862	126.8931	-0.0453	-0.04
	大凌河南支	124.9051	125.0491	125.0448	0.1397	0.11
	绕阳河	135.1107	135.0725	135.0504	-0.0603	-0.04
	小凌河	138.5917	138.5573	138.4501	-0.1416	-0.10
浑江流域	浑江下游	221.1824	221.1800	221.0656	-0.1168	-0.05
	浑江上游	250.5670	250.6739	250.6856	0.1186	0.05
沿海诸河流域	南部沿海诸河	171.5416	171.4600	171.4165	-0.1251	-0.07
	北部沿海诸河	190.2294	190.1891	190.1605	-0.0689	-0.04

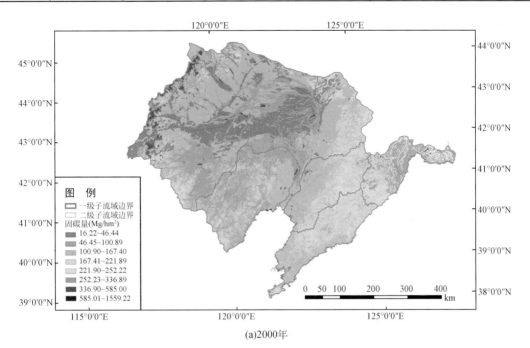

(a)2000年

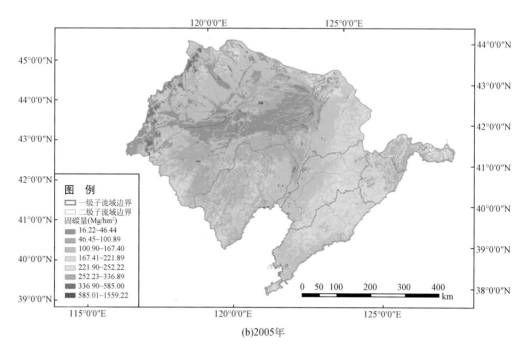

(b)2005年

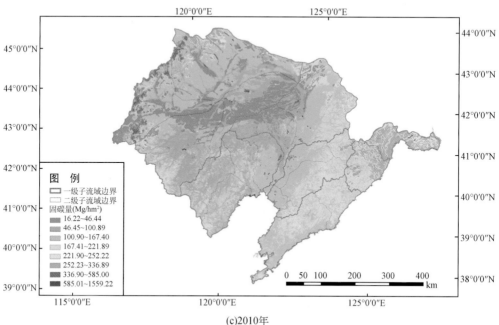

(c)2010年

图 4-12 辽河流域生态系统固碳能力

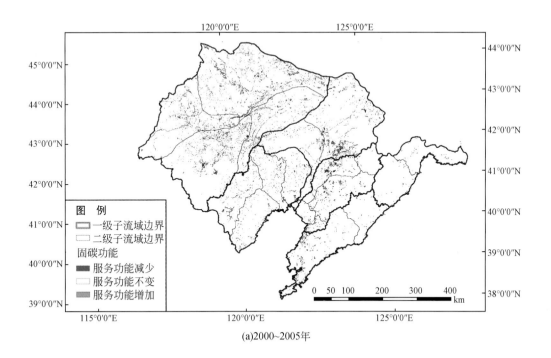

(a)2000~2005年

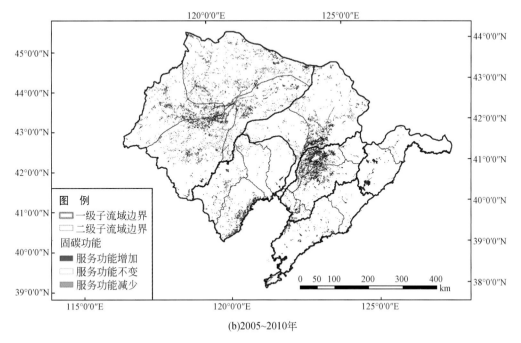

(b)2005~2010年

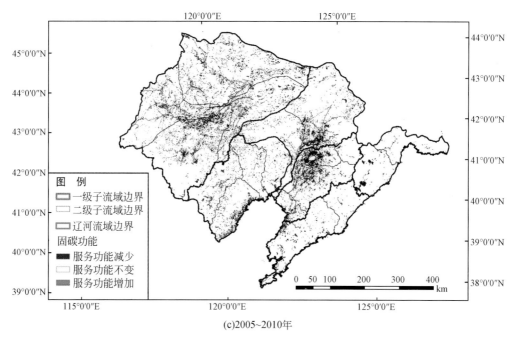

(c)2005~2010年

图 4-13 辽河流域生态系统固碳能力变化

4.4 水源涵养能力及其变化

2000 年，辽河流域生态系统产水总量达 769.60 亿 m³，单位面积生态系统产水能力均值为 246.48mm。从单位面积产水能力来看，流域东部的沿海诸河流域、浑江流域和浑河–太子河流域产水能力高，分别为 461.29mm，452.02mm 和 434.79mm；其他三个子流域的产水能力较低，均不到 300mm，辽河上游流域产水能力最低，仅 118.35mm，只有流域均值的 1/2 左右。但从产水总量来看，辽河上游流域产水总量最大，为 156.97m³，占到了流域总产水量的 20.4%，其次是辽河下游流域、沿海诸河流域和浑河–太子河流域产水总量，分别占总产水量的 18.3%、17.9% 和 17.2%。

2005 年，辽河流域生态系统产水总量达 770.95 亿 m³，单位面积生态系统产水能力均值为 246.91mm，相较 2000 年，增加了 0.17%。除浑江流域略有降低外，其他子流域的产水能力都有一定的增加，但幅度不大。

2010 年，辽河流域生态系统产水总量达 773.07 亿 m³，单位面积生态系统产水能力均值为 247.59mm，比 2005 年增加了 0.28%。所有子流域产水能力均有所增加，浑河–太子河流域和绕阳河–大凌河流域增幅较大，分别增加了 0.80% 和 0.43%。增幅最小的还是浑江流域，只增加了 0.01%。十年间，子流域生态系统产水能力差异并不大，生态系统产水能力空间分布总体格局没有显著变化，见表 4-12。

表 4-12 辽河流域生态系统产水能力及其变化

区域	产水能力				产水总量				
	2000 年 /mm	2005 年 /mm	2010 年 /mm	变化量 2000～2010 年 /mm	2000 年 /亿 m³	2005 年 /亿 m³	2010 年 /亿 m³	变化量 2000～2010 年 /亿 m³	变化率 2000～2010 年 /%
流域总体	246.48	246.91	247.59	1.11	769.60	770.95	773.07	3.47	0.45
辽河上游流域	118.35	118.51	118.60	0.25	156.97	157.18	157.30	0.33	0.21
辽河下游流域	280.65	281.34	282.12	1.47	140.80	141.14	141.54	0.74	0.52
浑河－太子河流域	434.79	435.80	439.30	4.51	132.70	133.01	134.08	1.38	1.04
绕阳河－大凌河流域	213.27	213.85	214.78	1.51	98.98	99.25	99.68	0.70	0.71
浑江流域	452.02	451.92	451.98	-0.04	102.26	102.23	102.25	-0.01	-0.01
沿海诸河流域	461.29	462.06	462.43	1.14	137.89	138.12	138.23	0.34	0.25

从空间格局来看，生态系统产水能力分布格局主要是受降雨量和生态系统类型共同影响。辽河流域单位面积生态系统产水能力明显表现为从东南向西北递减，东南林区产水能力最高，其次是中部耕地分布区，上游典型草原和半干旱草原分布区的产水能力最低。但从产水量来看，虽然上游流域单位面积产水能力最低，对流域总产水量的贡献却最大，2010 年产水量为 157.30 亿 m³，占流域产水总量的 20.3%。

2000～2010 年，辽河流域整体生态系统产水能力有小幅度增加，辽河流域生态系统产水总量增加了 3.47 亿 m³，单位面积产水能力增加了 1.11mm，增幅较小，仅为 0.45%。从各子流域差异来看，除了浑江流域产水能力略微降低，其他子流域产水能力均有所增加。其中，位于流域中部的浑河-太子河流域、绕阳河-大凌河流域、辽河下游流域增长相对较多，而流域西部的辽河上游流域增幅较小，因此，流域产水能力的区域差异有加剧趋势。从变化速度来看，后五年的增加大于前五年，主要是受降雨量变化的影响。

从二级子流域来看，2005～2010 年各子流域的变化与 2000～2005 年基本保持一致，除了浑江流域的两个子流域呈波动变化，新开河子流域产水能力有所降低外，其他二级子流域产水能力均有所提升，其中以浑河、大辽河和小凌河三个二级子流域的产水能力提升幅度较大，分别提升了 2.59%、1.20% 和 1.01%，浑河子流域也是产水能力提升最大的子流域，十年间提升了 10.18mm。但总体来看，提升幅度均不大，见表 4-13 和图 4-14、图 4-15。

表4-13 辽河流域二级子流域生态系统产水能力及其变化

一级子流域	二级子流域	2000年/mm	2005年/mm	2010年/mm	变化量 (2000~2010年)/mm	变化率 (2000~2010年)/%
辽河上游流域	老哈河	115.86	116.28	116.51	0.65	0.561
	新开河	97.16	97.06	96.96	-0.20	-0.206
	西拉木伦河	154.45	154.62	154.83	0.38	0.246
	西辽河	116.15	116.24	116.29	0.14	0.121
辽河下游流域	东辽河	315.14	316.02	317.00	1.86	0.590
	柳河	203.41	203.66	203.98	0.57	0.280
	双台子河	383.83	386.28	387.38	3.55	0.925
浑河–太子河流域	浑苏子河	454.73	454.81	455.21	0.48	0.106
	浑河	393.11	395.30	403.29	10.18	2.590
	大辽河	423.87	424.47	428.97	5.10	1.203
	大清河	397.73	399.34	400.66	2.93	0.737
	太子河	456.02	456.76	459.11	3.09	0.678
绕阳河–大凌河流域	大凌河北支	184.86	185.6	185.90	1.04	0.563
	大凌河南支	175.21	175.59	176.25	1.04	0.594
	绕阳河	242.38	243.16	243.65	1.27	0.524
	小凌河	255.32	255.82	257.89	2.57	1.007
浑江流域	浑江下游	516.94	516.88	516.94	0	0.000
	浑江上游	373.65	373.51	373.55	-0.10	-0.027
沿海诸河流域	南部沿海诸河	421.60	422.60	423.08	1.48	0.351
	北部沿海诸河	546.97	547.26	547.39	0.42	0.077

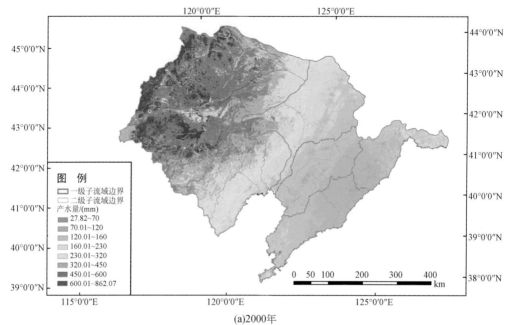

(a)2000年

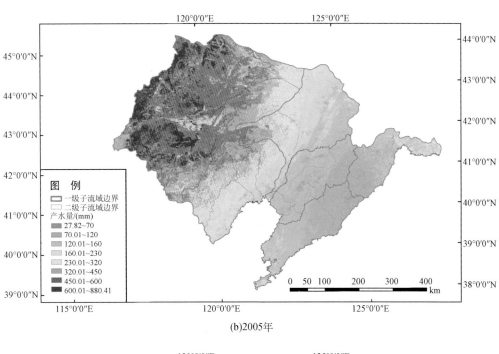

(b)2005年

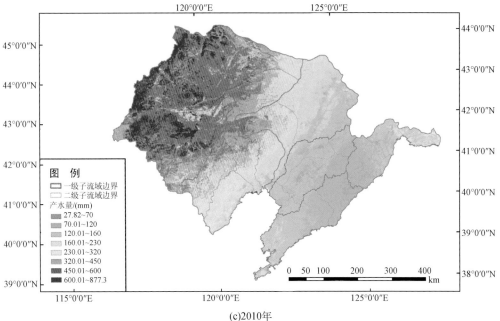

(c)2010年

图 4-14　辽河流域生态系统产水能力

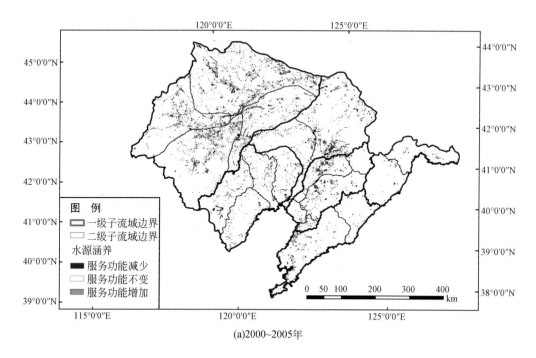

(a)2000~2005年

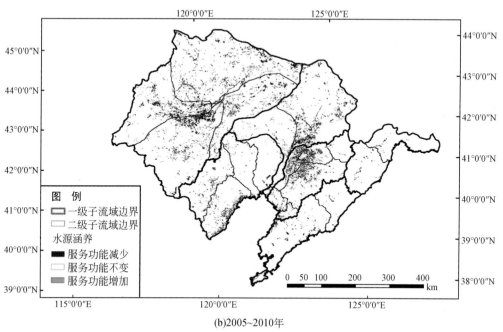

(b)2005~2010年

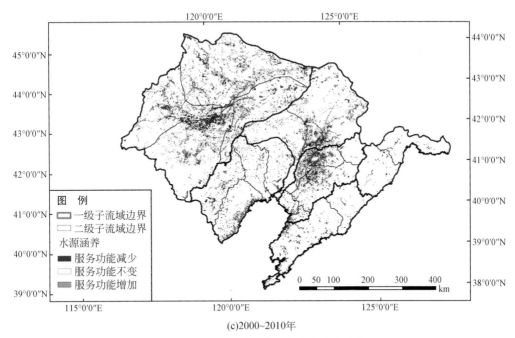

(c)2000~2010年

图 4-15 辽河流域生态系统产水能力变化

4.5 土壤保持能力及其变化

2000 年辽河流域生态系统土壤保持总量为 69.28 亿 t，单位面积生态系统土壤保持能力为 221.88 t/hm²。浑江流域单位面积生态系统土壤保持能力最高，平均为 860.48 t/hm²，约为整个流域平均土壤保持能力的 3.9 倍，其次是沿海诸河流域和浑河-太子河流域，均在流域平均水平的 2 倍左右。辽河上游流域单位面积生态系统土壤保持能力最低，为 54.44 t/hm²，仅为流域平均值的 25%。从土壤保持总量来看，也是浑江流域、沿海诸河流域和浑河-太子河流域较高，其土壤保持总量分别占流域总量的 28.1%、27.3% 和 18.9%。

2005 年辽河流域生态系统土壤保持总量为 69.469 亿 t，单位面积生态系统土壤保持能力为 222.48 t/hm²。生态系统土壤保持总量比 2000 年增加了 0.189 亿 t，单位面积生态系统土壤保持能力提高了 0.6 t/hm²，提升了 0.27%。其中，辽河上游流域和绕阳河-大凌河流域提升较大，提升了 2.08% 和 1.25%。浑江流域、沿海诸河流域和浑河-太子河流域出现下降，降幅均在 0.2% 以下。

2010 年辽河流域生态系统土壤保持总量为 69.344 亿 t，单位面积生态系统土壤保持能力为 222.08 t/hm²。比 2005 年，生态系统土壤保持总量减少了 0.125 亿 t，单位面积生态系统土壤保持能力降低了 0.4 t/hm²，降幅为 0.18%。造成流域整体下降的原因主要是辽河上游流域有较为显著的下降，降低了 1.96%，辽河下游流域也有略微下降。除此之外，其他子流域还呈现略微提高的趋势，见表4-14。

表 4-14　辽河流域土壤保持能力及其变化

区域	土壤保持能力					土壤保持总量				
	2000 年 /(t/hm²)	2005 年 /(t/hm²)	2010 年 /(t/hm²)	变化量 (2000~ 2010 年) /(t/hm²)	变化率 (2000~ 2010 年) /%	2000 年 /亿 t	2005 年 /亿 t	2010 年 /亿 t	变化量 (2000~ 2010 年) /亿 t	变化率 (2000~ 2010 年) /%
流域总体	221.88	222.48	222.08	0.2	0.09	69.280	69.469	69.344	0.064	0.09
辽河上游流域	54.44	55.57	54.48	0.04	0.07	7.220	7.370	7.226	0.006	0.07
辽河下游流域	63.67	63.99	63.94	0.27	0.42	3.195	3.211	3.208	0.013	0.42
浑河-太子河流域	428.6	428.13	428.46	-0.14	-0.03	13.082	13.067	13.077	-0.005	-0.04
绕阳河-大凌河流域	159.09	161.08	161.15	2.06	1.29	7.384	7.476	7.479	0.095	1.29
浑江流域	860.48	859.15	859.37	-1.11	-0.13	19.467	19.437	19.442	-0.025	-0.13
沿海诸河流域	633.37	632.54	632.66	-0.71	-0.11	18.934	18.909	18.912	-0.022	-0.12

从空间格局来看，辽河流域单位面积生态系统土壤保持能力流域东部最高，其次是西南部和西部，中部和北部最低。这和流域生态系统类型分布格局一致，流域东部主要为森林生态系统，土壤保持能力最好；西南部和西部主要为半干旱山区林地和草地，土壤保持能力次之；流域中部农田生态系统比重大，土壤保持能力最差。

从2000~2010年变化来看，辽河流域生态系统土壤保持能力总量整体增加了$6.4×10^6$t，单位面积生态系统土壤保持能力增加了0.2 t/hm²。从空间格局变化来看，生态系统土壤保持能力的空间变化差异比较显著，主要表现为绕阳河-大凌河流域土壤保持能力呈现比较明显的提升，而流域东南部浑江流域出现下降，上升和下降的区域相对都比较集中。从变化趋势来看，前五年为提升趋势，而后五年为下降趋势。

从二级子流域的空间变化来看，2000~2010年，辽河流域二级子流域的土壤保持服务能力变化表现为辽河流域东南和辽河上游地区降低的特征，老哈河和大凌河南支的土壤保持能力明显增加；2000~2005年辽河流域东南地区土壤保持服务能力降低，其他二级子流域为增加趋势；2005~2010年土壤保持服务能力出现大范围的降低，以辽河上游地区下降最为显著，见表4-15、图4-16和图4-17。

表 4-15　辽河流域二级子流域土壤保持能力及其变化

一级子流域	二级子流域	2000 年 /(t/hm²)	2005 年 /(t/hm²)	2010 年 /(t/hm²)	2000～2010 年 变化量/(t/hm²)	2000～2010 年 变化率/%
浑河-太子河流域	浑苏子河	567.99	566.775	566.972	-1.018	-0.179
	浑河	137.339	137.045	137.322	-0.017	-0.012
	大辽河	20.003	20.142	20.097	0.094	0.470
	大清河	556.026	556.113	556.785	0.759	0.137
	太子河	613.961	613.453	613.952	-0.009	-0.001
浑江流域	浑江下游	1078.03	1076.21	1076.37	-1.660	-0.154
	浑江上游	598.766	598.024	598.305	-0.461	-0.077
辽河上游流域	老哈河	96.112	98.732	97.919	1.807	1.880
	新开河	32.873	33.551	32.314	-0.559	-1.700
	西拉木伦河	74.831	75.441	73.383	-1.448	-1.935
	西辽河	7.195	7.517	7.538	0.343	4.767
辽河下游流域	东辽河	88.447	88.643	88.619	0.172	0.194
	柳河	11.498	12.088	11.979	0.481	4.183
	双台子河	2.703	2.702	2.703	0.000	0.000
绕阳河-大凌河流域	大凌河北支	87.386	89.327	89.389	2.003	2.292
	大凌河南支	199.223	202.932	203.012	3.789	1.902
	绕阳河	43.778	44.544	44.392	0.614	1.403
	小凌河	264.626	265.712	265.928	1.302	0.492
沿海诸河流域	南部沿海诸河	436.193	435.846	436.133	-0.060	-0.014
	北部沿海诸河	1059.350	1057.470	1057.280	-2.070	-0.195

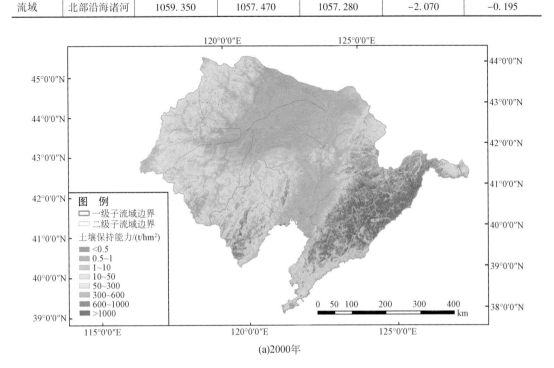

(a)2000年

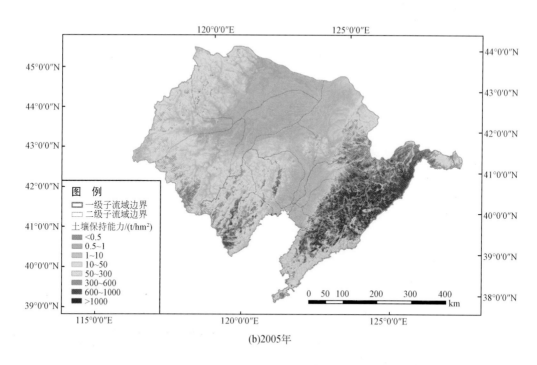

(b)2005年

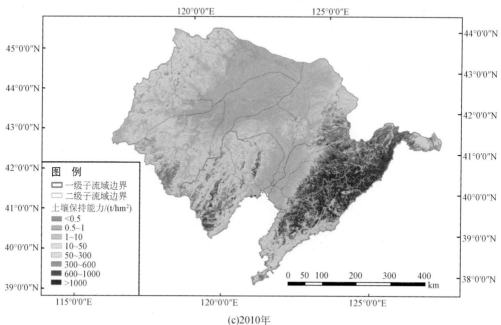

(c)2010年

图4-16 辽河流域生态系统土壤保持能力

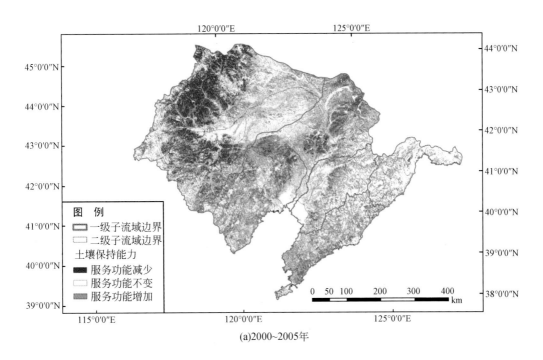

(a)2000~2005年

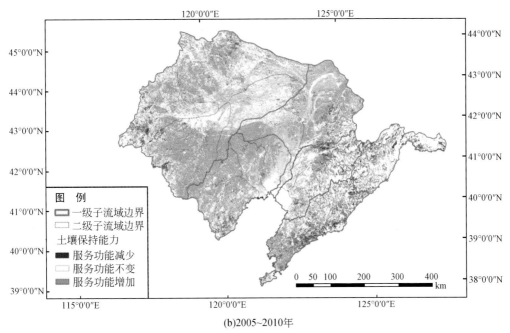

(b)2005~2010年

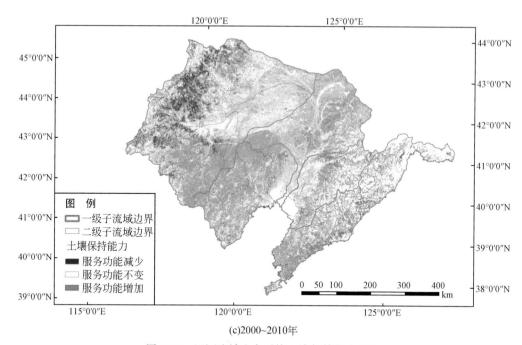

(c)2000~2010年

图 4-17　辽河流域生态系统土壤保持能力变化

第5章 | 辽河流域水资源与水环境

本章总结了辽河流域水资源与水环境现状、特征及变化趋势，梳理了辽河流域主要污染物排放情况及污染治理现状。从气候与径流变化关系，污染物排放与水的关系，社会经济发展与污染负荷的关系，流域陆地生态系统和气候变化与流域水资源和水土流失四个方面分析了陆地生态系统变化与水的关系。

5.1 河流径流量及变化

在流域范围内选取了91个水文站点。按子流域划分，辽河上游流域26个站点，辽河下游流域27个站点，浑河-太子河流域16个站点，绕阳河-大凌河流域15个站点，沿海诸河流域7个站点（中华人民共和国水利部水文局，1~4册），站点分布及名录如图5-1和表5-1所示。

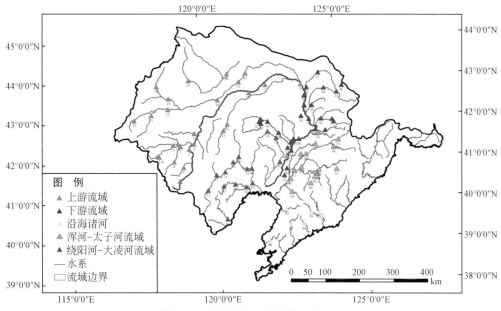

图 5-1 辽河流域水文监测站点分布

表 5-1　辽河流域水文监测站点名录

序号	站点	序号	站点	序号	站点	序号	站点	序号	站点
1	甸子	20	总办窝堡	39	王宝庆	58	占贝	77	阎家窑
2	太平庄	21	下洼	40	宝力镇	59	本溪	78	凉水河子
3	兴隆坡	22	道力歹	41	八棵树	60	辽阳	79	九连洞
4	通辽	23	大兴业	42	开源	61	小林子	80	复兴堡
5	郑家屯	24	三合堂	43	耿王庄	62	唐马寨	81	缸窑口
6	小城子	25	福山地	44	松树	63	南甸	82	锦州
7	赤峰	26	梅林庙	45	柴河	64	桥头	83	团山子
8	锦山	27	德福店	46	公主屯	65	梨庇峪	84	绥中
9	新店	28	通江口	47	小荒地	66	二道河子	85	望宝山
10	杨树湾子	29	铁岭	48	石门子	67	郝家店	86	关家屯
11	兴巨德	30	马虎山	49	闹得海	68	前烟台	87	茧场
12	新井	31	平安堡	50	彰武	69	海城	88	冰峪沟
13	哈拉道口	32	辽中	51	新民	70	韩家杖子	89	岫岩
14	河南营子	33	六间房	52	白庙子	71	东白城子	90	沙里寨
15	巴林桥	34	二龙山水库	53	三家子	72	新兴	91	文家街
16	台河口	35	王奔	54	北口前	73	大城子		
17	万合永	36	周户屯	55	抚顺	74	朝阳		
18	龙头山	37	十屋	56	沈阳	75	义县		
19	大板	38	梨树	57	邢家窝棚	76	凌海		

　　从径流量方面看，各子流域差异明显，其径流量从大到小排序依次是：辽河下游流域>浑河–太子河流域>沿海诸河流域>绕阳河–大凌河流域>辽河上游流域。以各子流域最下游控制站点的多年径流量均值为例，辽河上游流域的郑家屯，多年径流均值仅为 0.81 m³/s，远低于其他子流域；辽河下游流域的六间房，多年径流均值为 92.25 m³/s；浑河–太子河流域的唐马寨为 82.04 m³/s；绕阳河–大凌河流域的凌海为 12.75 m³/s；沿海诸河中选取沙里寨站点，其多年径流均值为 59.09 m³/s。流域内年均径流分布如图 5-2 和图 5-3 所示。

　　从 2000～2010 年的变化来看，流域西部（辽河上游流域与大凌河流域）的径流量呈减少趋势；流域中部地区（绕阳河流域）径流量较为平稳，变化不大；流域中东部（辽河下游流域、浑河–太子河流域）及南部沿海地区，径流量呈较显著的增加趋势，这主要与东部降雨量显著增加相关，尤其是 2010 年，降雨量剧增，辽河下游流域、浑河–太子河流域径流量大幅增长。

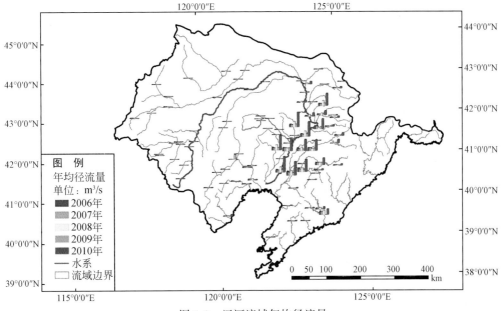

图 5-2　辽河流域年均径流量

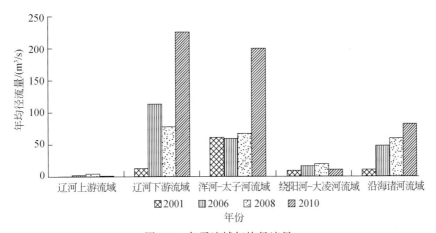

图 5-3　各子流域年均径流量

　　注：各子流域选取站点为：辽河上游流域（郑家屯站）、辽河下游流域（六间房站）、浑河-太子河
流域（唐马寨）、绕阳河-大凌河流域（凌海站）及沿海诸河流域（沙里寨站）；辽河上游流域缺 2001 年数据。

5.1.1　流域径流量及变化

5.1.1.1　辽河上游流域

辽河上游流域的主要河流是老哈河和西拉木伦河。共选取 7 个关键水文站点，其中包括老哈河 4 个站点，依次为小城子、赤峰、兴隆坡、通辽；西拉木伦河 2 个站点，依次为河南营子、巴林桥；辽河上下游流域分界的郑家屯站点。

西拉木伦河两站点的多年平均径流量分别为 4.65 m³/s 和 6.7 m³/s。老哈河的径流量相对较小，小城子、赤峰、兴隆坡三个站点的多年平均径流量分别为 0.26m³/s、0.56 m³/s 和 2.89m³/s，下游更是处于经常断流状态，通辽站点连续 5 年平均径流量为 0。郑家屯站点多年平均径流量仅为 0.81 m³/s。

年际变化上，2006~2010 年诸站点的年均径流量均呈减少趋势，西拉木伦河的巴林桥从 2006 年的 8.48 m³/s 减少到 2010 年的 3.63 m³/s。老哈河断流长度和现象更为严重，小城子、赤峰站点 2008 年、2009 年基本为断流状态，如图 5-4 所示。

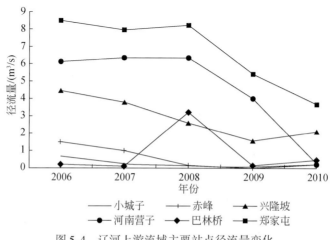

图 5-4　辽河上游流域主要站点径流量变化

5.1.1.2　辽河下游流域

辽河下游流域内的主要河流是东辽河与辽河干流下游。选取 5 个水文站点进行分析，其中包括东辽河流域站点——二龙山水库；辽河干流 4 个站点，依次为王宝庆、福德店及靠近入海口的平安堡和六间房。

东辽河及辽河干流上段的径流量较小，入海口附近河段径流量大。二龙山水库、王宝庆和福德店近十年的径流量均值分别为 7.80 m³/s、2.90 m³/s 和 8.67 m³/s。辽河干流入海口附近的径流量为整个流域内最大，平安堡和六间房的多年平均径流量分别达到了 56.90 m³/s 和 56.38 m³/s。

年际变化上，径流较小的东辽河及上游区域，近十年来呈现缓慢平稳增长的趋势。径流量较大的下游河口地区，近十年径流量增幅明显。尤其是 2010 年，由于降水量剧增，径流量也出现巨幅增加。以六间房为例，从 2000 年的径流量为 18.5 m³/s，2010 年为 225 m³/s，如图 5-5 所示。

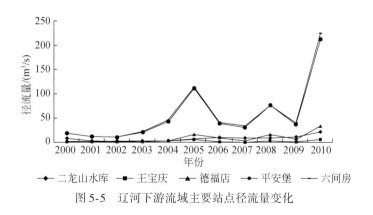

图 5-5　辽河下游流域主要站点径流量变化

5.1.1.3　浑河–太子河流域

浑河–太子河流域的主要河流是浑河与太子河，两者在唐马寨汇合，选取 4 个水文站点分析，其中包括浑河 2 个站点，北口前和沈阳；太子河 2 个站点，本溪和唐马寨。

该区域径流量较高，仅次于辽河下游流域。沈阳和唐马寨站点近十年的径流均值分别达到 28.99 m³/s 和 67.36 m³/s。

年际变化上，流域内径流量变化平稳，2005 年与 2010 年径流量突增主要受降雨量变化的影响。上游站点径流量较小且波动幅度小；靠近下游的站点径流量高且波动幅度较大，如图 5-6 所示。

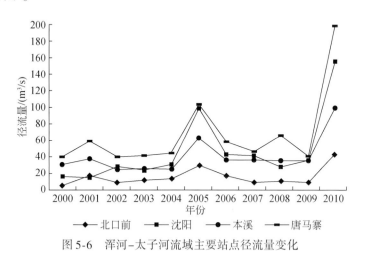

图 5-6　浑河–太子河流域主要站点径流量变化

5.1.1.4　绕阳河–大凌河流域

绕阳河–大凌河流域内的主要河流有大凌河、绕阳河及部分沿海小河。选取 5 个站点分析，其中绕阳河 2 个站点，韩家杖子和东白城子；大凌河 3 个站点，大城子、义县和凌海。

绕阳河–大凌河流域的径流量较低，在辽河流域范围内仅高于辽河上游流域。绕阳河两站点的多年平均径流量分别为 0.16 m³/s 和 0.42 m³/s，大凌河径流量稍高于绕阳河，三个站点的多年平均径流量分别为 2.95 m³/s、7.69 m³/s 和 12.74 m³/s。

年际变化上，绕阳河径流量变化不大；大凌河流域径流量呈减少趋势，凌海站点径流量由 2006 年的 14.4 m³/s 减少至 2010 年的 10.7 m³/s。如图 5-7 所示。

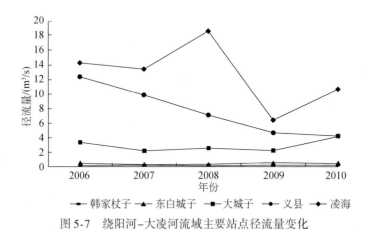

图 5-7　绕阳河–大凌河流域主要站点径流量变化

5.1.1.5　沿海诸河流域

沿海诸河流域内有较多入海小河，如大清河、复州河和碧流河等。这里选取 3 个站点，望宝山、关家屯和茧场，其分别为大清河、复州河与碧流河的入海控制站点。

望宝山、关家屯和茧场站点的多年径流量平均值依次为 2.10m³/s、3.45m³/s 和 5.90m³/s。

沿海诸河近年来的径流量呈现较一致的变化，主要受降雨变化的影响，如图 5-8 所示。

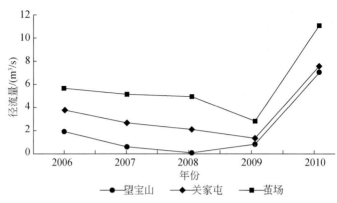

图 5-8　沿海诸河流域主要站点径流量变化

5.1.2 径流量季节变化

选取辽河流域内4个站点三年的逐月径流量数据，分析其径流的季节变化特征。站点分别为兴隆坡（辽河上游流域）、六间房（辽河下游流域）、唐马寨（浑河-太子河流域）和凌海（绕阳河-大凌河流域）。

辽河流域径流量变化的季节特征非常明显，6～9月是丰水期，径流量占全年总径流量的一半以上；11月至次年2月是枯水期，径流量显著变小，如图5-9～图5-12所示。

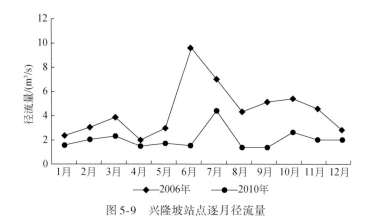

图 5-9　兴隆坡站点逐月径流量

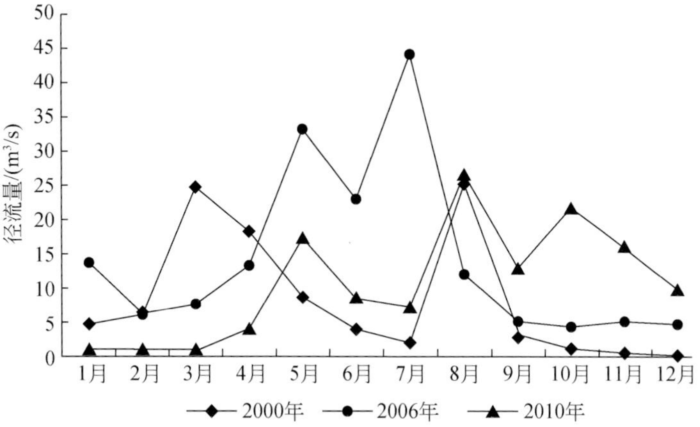

图 5-10　凌海站点逐月径流量

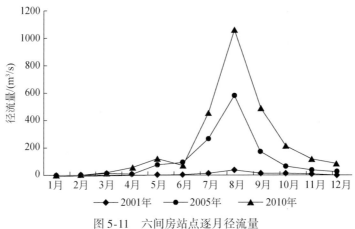

图 5-11　六间房站点逐月径流量

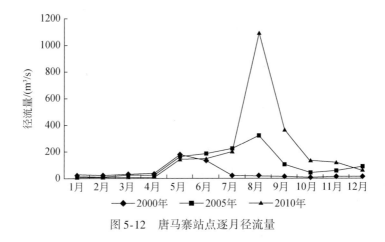

图 5-12　唐马寨站点逐月径流量

5.2　径流含沙量、输沙量及变化

5.2.1　含沙量

径流含沙量是指地表径流中所含的沙的浓度，单位为 kg/m^3。

分析辽河流域 91 个水文站点的观测数据，各子流域径流含沙量差异明显，由大到小依次为：辽河上游流域>绕阳河–大凌河流域>辽河下游流域>浑河–太子河流域>沿海诸河流域（许炯心，2006；中华人民共和国水利部水文局，1~4 册；水利部松辽水利委员会水文局，松辽流域河流泥沙公报），如图 5-13 所示。

从空间和河流特征看，径流量较小的西部地区（辽河上游流域、绕阳河–大凌河流域）含沙量较大；径流量较高的中东部地区（辽河下游流域、浑河–太子河流域）与南部

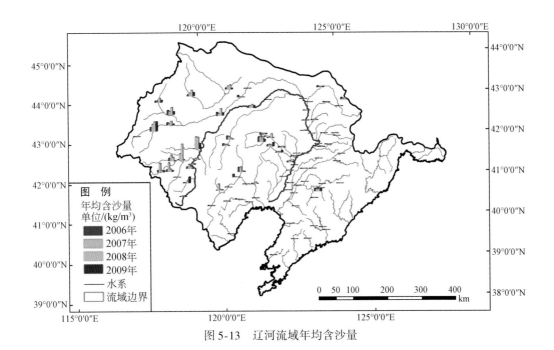

图 5-13 辽河流域年均含沙量

地区（沿海诸河流域）的含沙量较低。同时，支流站点的含沙量高于干流站点的含沙量。

5.2.1.1 辽河上游流域

流域内主要河流是辽河干流的老哈河及支流西拉木伦河。辽河上游的河道淤积较为严重，其径流含沙量值为全流域内最高。含沙量最高值出现在一些支流上，西拉木伦河大部分河段的含沙量高于老哈河，巴林桥站点多年平均含沙量为 11.27 kg/m³，老哈河支流坤头河（小城子）多年含沙量均值为 7.82 kg/m³。干流的含沙量相对较小，老哈河干流兴隆坡多年含沙量均值为 5.42 kg/m³。辽河上游流域出口郑家屯含沙量较低，多年均值仅为 0.38 kg/m³，如图 5-14 所示。

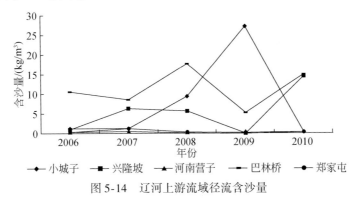

图 5-14 辽河上游流域径流含沙量

注：老哈河站点包括小城子、兴隆坡；西拉木伦河站点包括河南营子、巴林桥；辽河上下游流域分界点为郑家屯站点。

5.2.1.2 辽河下游流域

流域内的主要河流是东辽河与辽河干流下游。东辽河流域的含沙量较小，二龙山水库近十年的含沙量均值仅为 0.07 kg/m³。辽河干流的含沙量高于东辽河，近年来有降低趋势。沿河向下游方向，含沙量逐渐减小且年际波动也更平缓，最下游控制站点六间房多年含沙量均值仅为 0.49kg/m³，远低于流域上游各断面，如图 5-15 所示。

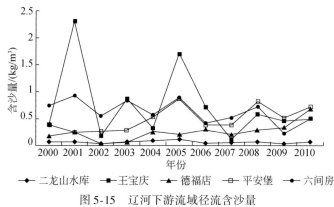

图 5-15　辽河下游流域径流含沙量
注：东辽河站点为二龙山水库；辽河干流站点包括王宝庆、福德店、平安堡、六间房。

5.2.1.3 浑河–太子河流域

流域内的主要河流是浑河与太子河，含沙量较低，主要受区域内径流影响较大。

除 2005 年含沙量较高外，浑河–太子河流域内主要站点多年来的含沙量呈平稳的变化，增降幅度不明显，浑河（沈阳站点）多年平均含沙量为 0.11 kg/m³，太子河（唐马寨站点）多年平均含沙量为 0.16 kg/m³，如图 5-16 所示。

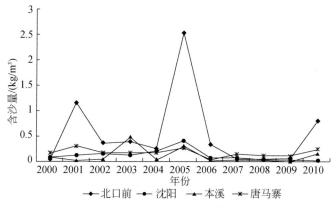

图 5-16　浑河–太子河流域径流含沙量
注：浑河站点包括北口前、沈阳；太子河站点包括本溪、唐马寨。

5.2.1.4 绕阳河-大凌河流域

流域内的主要河流是大凌河、绕阳河及部分沿海小河。绕阳河含沙量高于大凌河，且近年来有增加趋势，东白城子多年平均含沙量为 4.45kg/m³；大凌河流域的含沙量有减少趋势，大城子站多年平均含沙量为 0.33kg/m³，如图 5-17 所示。

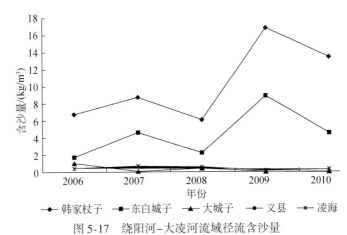

图 5-17　绕阳河-大凌河流域径流含沙量

注：绕阳河站点包括韩家杖子、东白城子；大凌河站点包括大城子、义县、凌海。

5.2.1.5 沿海诸河流域

流域内有较多入海小河，如大清河、复州河、碧流河等。该区内的径流含沙量为辽河流域内最小，望宝山多年含沙量均值为 0.13 kg/m³；关家屯为 0.12 kg/m³；茧场为 0.11 kg/m³，如图 5-18 所示。

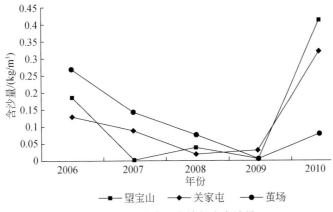

图 5-18　沿海诸河流域径流含沙量

注：大清河站点为望宝山；复州河站点为关家屯；碧流河站点为茧场。

5.2.2 输沙量

输沙量是指在一个河段或河道中在一定时间内输出的泥沙总量。

从子流域的角度来看，辽河上游流域部分河段的径流含沙量和输沙量较大，但由于出口河段径流量很小，甚至经常断流，因此大部分泥沙沉积在上游河段，河道淤积严重，但向下游子流域的输沙量不大。

辽河下游流域、浑河-太子河流域的含沙量较小，但径流总量大，年输沙量很大，其多年平均入海输沙量总量分别达733.5万t、298.9万t。

大凌河流域，沿海诸河流域含沙量、径流量均较小，因此年输沙量也小，其多年平均入海输沙量分别为128.4万t、103.4万t，如图5-19所示。

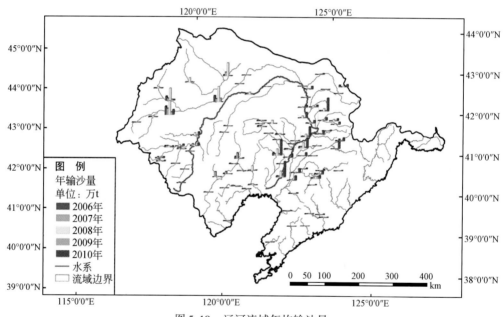

图5-19 辽河流域年均输沙量

选取11个站点分析了流域入海输沙量。辽河下游流域选取六间房为控制站点；浑河-太子河流域选取唐马寨和海城为控制站点；绕阳河-大凌河流域选取凌海、锦州和绥中为控制站点；沿河诸河流域选取望宝山、关家屯、茧场、冰峪沟和沙里寨为控制站点，计算了各子流域年入海输沙量。

2000~2010年，流域总输沙量呈增加趋势，2001年为602.6万t，到2010年已达到2432.2万t。流域总的入海输沙量的增加主要是由于辽河下游流域与浑河-太子河流域的输沙量显著增加，增加量分别为1594.05万t、290.86万t。辽河下游流域与浑河-太子河流域的输沙量已占到流域输沙总量的66.61%、23.54%，其他流域的输沙量变化不大，如图5-20和图5-21、表5-2所示。

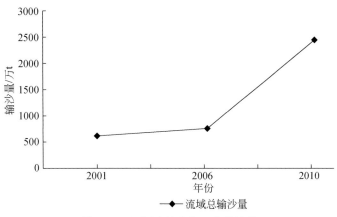

图 5-20 辽河流域入海口总输沙量

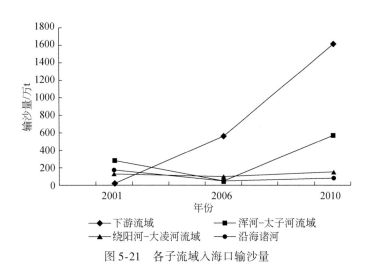

图 5-21 各子流域入海口输沙量

表 5-2 辽河流域子流域入海输沙量变化及比例

年份	辽河下游		浑河-太子河		绕阳河-大凌河		沿海诸河	
	输沙量/万 t	比例/%	输沙量/万 t	比例/%	输沙量/万 t	比例/%	输沙量/万 t	比例/%
2001	26.02	4.32	281.76	46.76	128.02	21.25	166.75	27.67
2006	555.51	73.90	43.29	5.76	98.05	13.04	54.87	7.30
2010	1620.07	66.61	572.62	23.54	151.02	6.21	88.49	3.64

5.3 地下水及变化

利用辽河流域内的 36 个地下水监测站点数据（水利部松辽水利委员会水文局，松辽流域地下水通报；松辽流域水资源公报），对流域内地下水空间分布及其动态变化进行分析。地下水监测站点分布和列表如图 5-22 和表 5-3 所示。

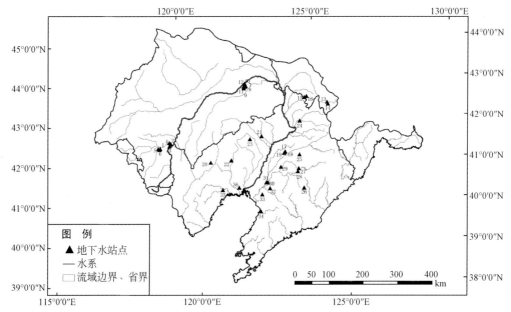

图 5-22　辽河流域地下水监测站点分布

表 5-3　辽河流域地下水监测站点名录

序号	站点	水文地址单	地下水类型
1	红山区站前街	山前冲洪积平原	潜水
2	宝山区风水沟镇	山前冲洪积平原	潜水
3	宝山区建昌营镇	山前冲洪积平原	潜水
4	松山区安庆沟乡	山前冲洪积平原	潜水
5	松山区穆家营子镇	山前冲洪积平原	潜水
6	红山区城郊乡	山前冲洪积平原	潜水
7	科区明仁	冲积湖积平原	潜水
8	科区辽河乡韩	冲积湖积平原	潜水
9	科区河西镇	冲积湖积平原	潜水
10	科区建国镇	冲积湖积平原	潜水
11	科区河西镇	冲积湖积平原	潜水
12	科区红星镇	冲积湖积平原	潜水
13	西安区灯塔乡	丘陵山区	潜水
14	龙山区工农乡	丘陵山区	潜水
15	铁西区三道材子	山前冲洪积平原	潜水
16	铁东区河夹信子	山前冲洪积平原	潜水
17	皇姑区新乐宿舍	平原区	潜水

续表

序号	站点	水文地址单	地下水类型
18	沈阳龙泉汽水厂	平原区	潜水
19	沈阳重型机械厂	平原区	潜水
20	电厂水源五号井	盆地区	潜水
21	阜新县大五家子乡	山间河谷盆地	潜水
22	阜新县伊马图镇	山间河谷盆地	潜水
23	阜新县大固本乡	山前冲洪积平原	潜水
24	城郊乡八里桥	平原区	潜水
25	抚顺县石文	变质岩丘陵山区	潜水
26	本溪县草河口	山前冲洪积平原	潜水
27	高台子赫地沟	覆盖型岩溶区	岩溶水
28	姚家湾	山前冲洪积平原	潜水
29	柳条寨镇柳条寨村	平原区	承压水
30	海城高坨镇三道村	平原区	潜水
31	海城兴海办郭家村	平原区	承压水
32	耿庄镇山水村	平原区	承压水
33	旗口镇旗口中学	山前冲洪积平原	潜水
34	盖州西海	山前冲洪积平原	潜水
35	杨兴屯	平原区	潜水
36	凌海新立屯	平原区	潜水

（1）空间分布

36 个站点的地下水动态监测数据显示，从流域上游到下游，地下水位标高呈逐渐降低趋势，辽河上游流域的地下水水位标高最高，辽河下游流域及绕阳河–大凌河流域、浑河–太子河流域及沿海诸河流域则较低，这主要是受地形控制，如图 5-23 所示。

地下水呈现自西北部、东北部地区向中部倾斜降低的空间分布特征。赤峰近十年的平均地下水标高约为 560 m，通辽近十年的平均地下水标高约为 170 m，中部沈阳地区的地下水位在 30～40 m，中南部沿海地区的地下水平均标高则小于 10 m。

（2）变化趋势

2000～2010 年，流域内地下水水位变动趋势的空间差异明显，上游区域的内蒙古赤峰、通辽等地区总体呈下降态势，下降幅度大于 0.5m；下游流域、浑河–太子河流域、饶阳河–大凌河流域及沿海诸河流域的地下水水位基本保持稳定，升降幅度在 0.5m 以内。根据地下水位的变化的空间特征，可将其分为下降区、平稳区，如图 5-24 所示。

下降区：辽河上游流域，主要是在内蒙的赤峰与通辽等地区。十年间，该区域的地下水位下降明显。赤峰近十年的平均地下水标高约为 560m，6 个监测站点的地下水位标高均呈下降趋势，下降幅度约为 15m，相当于每年下降 1.5m。通辽近十年的平均地下水标高

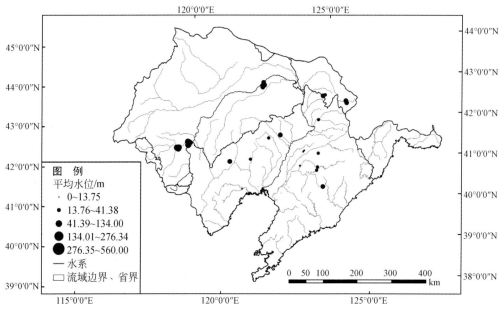

图 5-23　辽河流域地下水位示意

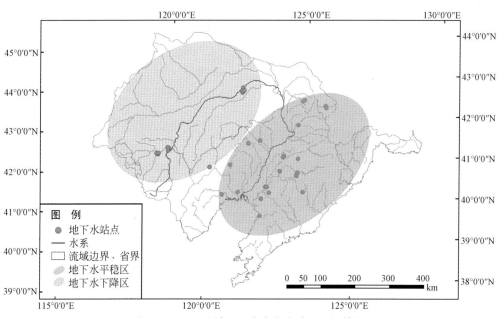

图 5-24　辽河流域地下水水位变动的空间特征

约为170m，6个站点的地下水位标高均呈下降趋势，下降幅度约为8～10m，相当于每年下降近1m。

平稳区：辽河流域下游区地下水呈平稳波动。区内辽宁省辖区多年来地下水基本保持稳定或是波动，但整体平稳，没有明显的地下水位下降趋势。

5.4 污水与污染物排放及变化

本节根据收集到的污水与污染物排放负荷的数据，重点分析辽河流域 2002～2010 年的污水与污染物排放特征与变化。

5.4.1 人口与社会经济发展

5.4.1.1 人口特征

近年来，流域内人口呈增加趋势。2000 年，流域内总人口为 5447.64 万人，2010 年为 6171.39 万人，增加了 723.75 万人。其中，2000～2005 年流域内总人口增长较迅速，五年间共增加了 11.2%；2005～2010 年人口增长放缓，仅增加了 1.9%，如图 5-25 所示。

从人口密度来看，流域内人口密度增加明显。2000 年流域内人口密度为 112 人/km²，2010 年增加至 127 人/km²，增加了 13.4%。流域内人口密度最高的是沈阳市沈河区，2000 年、2005 年、2010 年人口密度分别为 33 317 人/km²、34 056 人/km²、40 850 人/km²；人口密度最低的是内蒙古自治区锡林郭勒盟东乌珠穆沁旗，2000 年、2005 年、2010 年人口密度分别为 1.38 人/km²、1.52 人/km²、1.62 人/km²。

在空间上，人口分布不均匀。下游和环渤海地区人口密度高，上游地区和沿海诸河区域人口密度低。2000～2010 年，下游地区以及沿海地区人口密度增加明显，上游地区人口密度略有增加，如图 5-25 所示。

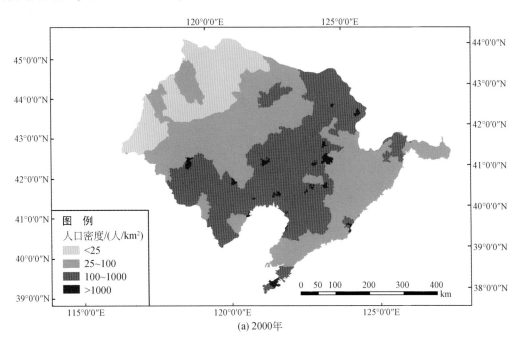

(a) 2000年

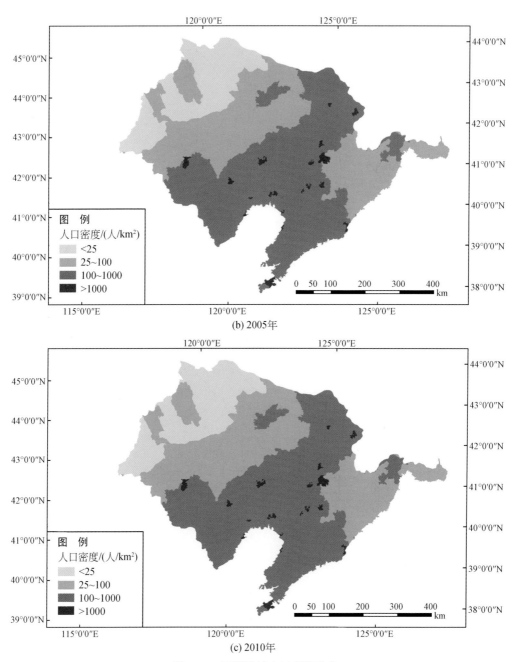

(b) 2005年

(c) 2010年

图 5-25　辽河流域人口密度分布

　　辽河流域内各省辖区人口特征差异明显，辽宁省辖区范围人口密度最高，内蒙古自治区人口密度最低。内蒙古自治区辖区内总人口占流域内总人口的 13.5%。2000 年总人口为 796.7 万人，人口密度 31.98 人/km²；2010 年总人口增加至 833.2 万人，增加了 5%，人口密度为 33.45 人/km²。吉林省辖区各县区的总人口约占流域内总人口的 13.3%。2000

年吉林省辖区内总人口约为806.2万人，人口密度约为128.43人/km²；2010年总人口增加至822.5万，人口密度约为131.03人/km²。十年间，辽河流域吉林省辖区各县区总人口约增加了2.02%。辽宁省大部分地区都在辽河流域境内，而流域内约68.2%的人口都来自于辽宁省。2000年辽宁省的总人口约为3543.4万人，人口密度约241.23人/km²；2010年总人口增加至4211.1万人，人口密度约286.68人/km²。2000～2010年，辽宁省总人口增加了约19%。河北省辖区人口在流域中所占比例最小，约占流域总人口的5%。2000年河北省辖区内总人口约为301.4万人，人口密度约111.76人/km²；2010年为304.6万人，人口密度约112.95人/km²。2000～2010年，辽河流域内河北省辖区总人口增加了约1.06%，如图5-26所示。

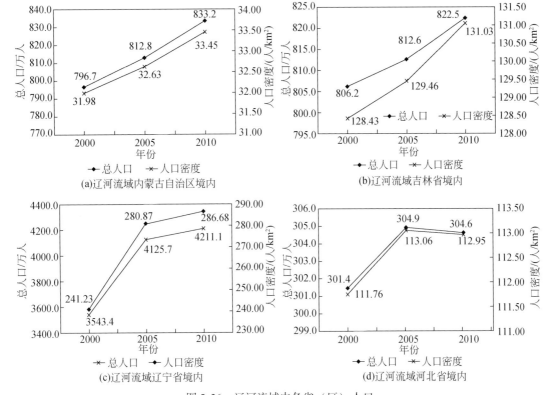

图5-26　辽河流域内各省（区）人口

5.4.1.2 经济发展

近年来，辽河流域内经济呈现加速增长的趋势。2000年，流域内GDP为3736.52亿元，2010年达到24 942亿元，增加了近6倍。2000～2005年，流域GDP增长了3953亿元，增加1.06倍，2005～2010年，增长了17 252亿元，增加2.43倍，如图1-15所示。

流域人均GDP十年间增长明显。2000年人均GDP为6858.96元/人，2010年增加至40 415.51元/人，增长了近5倍。特别是自2005年之后，人均GDP增速加快，年平均增幅达到 37.39 %。

流域人均 GDP 空间差异明显，以辽河下游及浑太河流域人均 GDP 较高，上游地区较低。十年间，辽河上游地区人均 GDP 增速相对较快，流域内人均 GDP 差异有所减小，如图 5-27 所示。

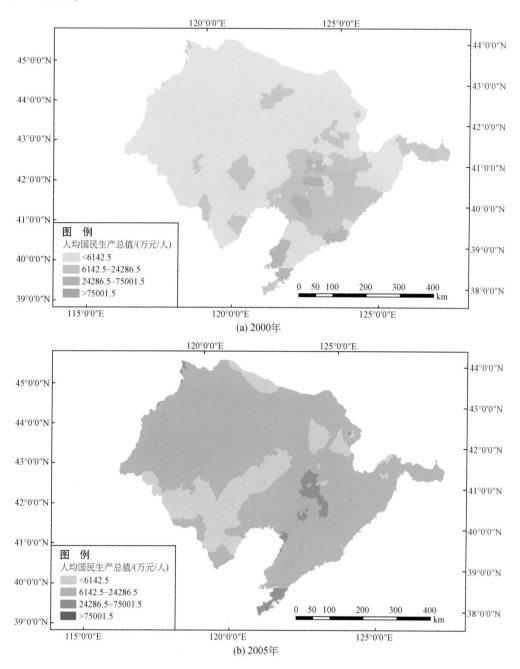

(a) 2000年

(b) 2005年

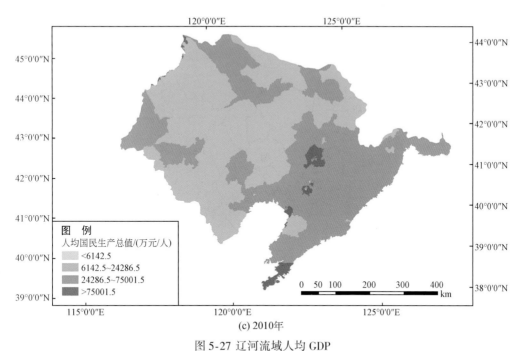

(c) 2010年

图 5-27 辽河流域人均 GDP

注：人均 GDP 的等级划分采用世界银行对经济发展水平的评价标准。

2000～2010 年流域 GDP 强度增加显著，从 76.93 万元/km^2 增加至 513.50 万元/km^2，增加了 5.7 倍。GDP 强度的空间分布差异明显，十年间，辽河流域下游地区的强度与增速均明显高于其他区域，如图 5-28 所示。

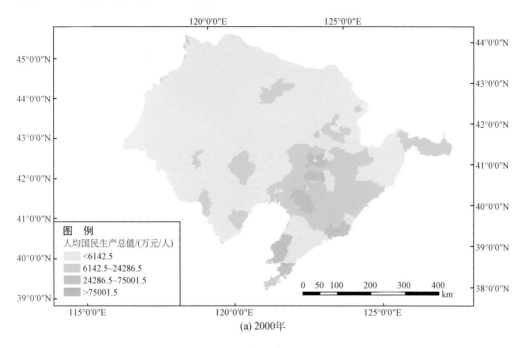

(a) 2000年

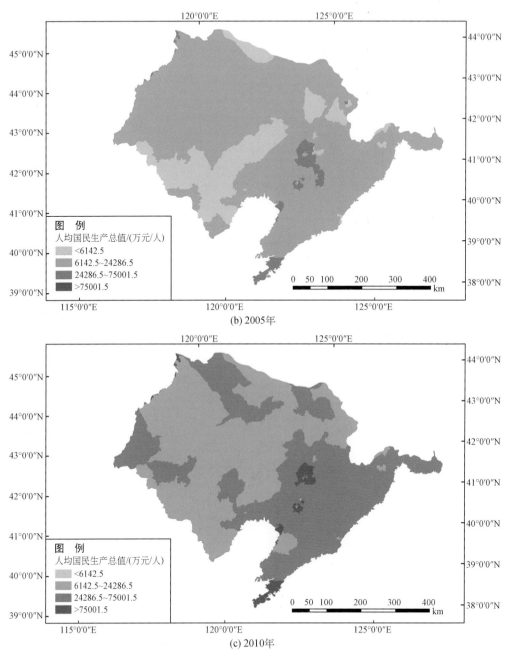

图 5-28　辽河流域 GDP 强度

流域内各省经济差异明显。内蒙古自治区 GDP 增长最快，辽宁省 GDP 总量所占比例最高，河北省相对较慢，GDP 总量所占比例最小。内蒙古自治区辖区内 GDP 占流域总量的 9.6%。2000~2010 年，GDP 增加较快，从 313.77 亿元增长至 2392.5 亿元，增加了 2078.73 亿元，增长 6.6 倍。2000 年人均 GDP 为 3938.5 元，2010 年增加到 28 713.7 元。

从 GDP 的强度来看,十年间从 12.60 万元/km² 增加至 96.05 万元/km²。流域吉林省辖区内 GDP 占流域总量的 8.7%。2000 年 GDP 为 359.46 亿元,2010 年为 2172.14 亿元,十年间增加了 1812.7 亿元,增长了 5 倍。2000~2010 年,人均 GDP 从 4458.8 元增加到了 26 410.3 元。从 GDP 强度来看,十年间从 57.27 万元/km² 增加到 346 万元/km²。流域 GDP 的 79.6% 来自于辽宁省辖区,2000~2010 年,GDP 从 2960.3 亿元增加至 19 846.2 亿元,人均 GDP 从 8795.8 元增加到 47 128.5 元,增加了 4.36 倍。从 GDP 强度来看,十年间从 201.53 万元/km² 增加到 1351 万元/km²。流域河北省辖区内 GDP 仅占流域总量的 2.1%。2000 年 GDP 为 103.03 亿元,2010 年为 531.17 亿元,十年间增加了 428.14 亿元,增长了 4 倍。2000~2010 年,人均 GDP 从 3418.2 元增加到 17 436.5 元。从 GDP 强度来看,十年间从 38.2 万元/km² 增加到 197 万元/km²。如图 5-29 所示。

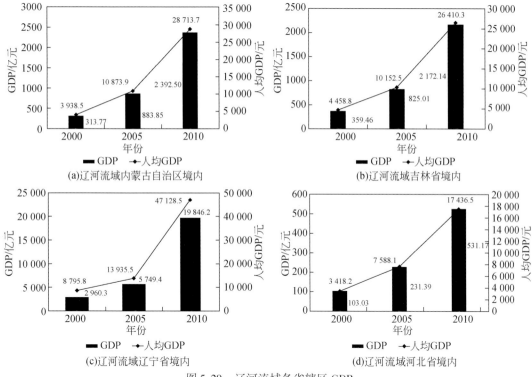

图 5-29　辽河流域各省辖区 GDP

5.4.1.3　产业结构

(1) 第一产业

2000~2010 年,流域内第一产业总值不断增加,比重下降。2000 年辽河流域第一产业总值为 721.06 亿元,2005 年为 1330.70 亿元,2010 年为 2519.07 亿元,十年间产业总值增加了 1798 亿元,增长了近 2.5 倍。但产业比重则从 20.20% 下降至 10.13%,下降明显,如图 5-30 所示。

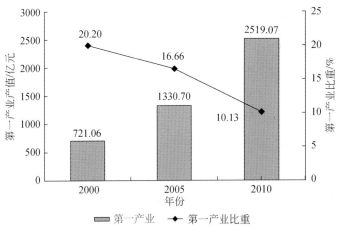

图 5-30　辽河流域第一产业规模与比重

从空间分布来看，流域内人均第一产业产值空间差异明显，以辽河中下游流域人均第一产值较高，上游和浑太河流域较低。十年间，流域内人均第一产业产值增加较快，空间差异有所扩大。

（2）第二产业

2000～2010 年，第二产业产值和比重增加显著。2000 年产值为 1452 亿元，2005 年为 3484 亿元，2010 年为 13 188 亿元，十年间增长了 8 倍，比重从 40.67% 增加至 53.01%。在空间分布上，产业总值下游地区和浑太河区域高，上游偏低，如图 5-31 所示。

流域内人均第二产业产值空间差异明显，以辽河中下游流域人均第二产业产值较高，上游地区和浑江流域较低。十年间，辽河上游地区人均第二产业产值增加幅度较大，增速相对较快，流域内人均第二产业产值空间差异有所减小。

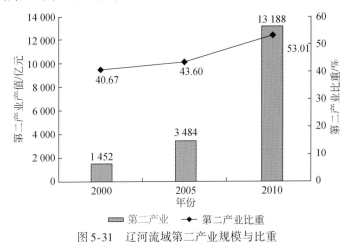

图 5-31　辽河流域第二产业规模与比重

（3）第三产业

流域内第三产业总值增长明显，产值比重却略有下降。2000 年产值为 1397.23 亿元，

2005 年为 3173.75 亿元，2010 年为 9171.39 亿元，十年间增长了近 5.6 倍。从比重来看，2000 年为 39.13%，2010 年减少至 36.86%。在空间分布上，下游产值高且增加快，上游地区相对较低，如图 5-32 所示。

从空间分布来看，流域内人均第三产业产值空间差异明显，以辽河下游流域人均第三产业产值较高，上游地区和浑江流域较低。十年间，辽河流域上游地区和浑江流域人均第三产业产值增加幅度较大，流域内人均第三产业产值空间差异有所缩小。

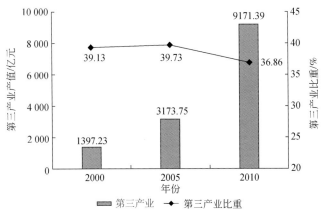

图 5-32　辽河流域第三产业规模与比重

5.4.2　污水废水排放

5.4.2.1　流域污水废水排放

从流域内污水废水排放总量来看，2002 年为 19.77 亿 t，2010 年增加至 26.07 亿 t，增加 6.3 亿 t，增长了 31.9%。从排放强度来看，2002 年为 4071.04 t/km²，2010 年增加至 5367.31 t/km²，增加了 1296.27 t/km²，如图 5-33 所示。

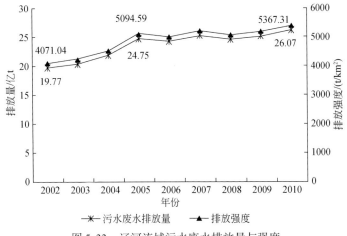

图 5-33　辽河流域污水废水排放量与强度

从空间分布来看，辽河下游流域及沿海诸河流域污水废水排放强度高，辽河上游流域相对较低。十年间污水废水排放强度整体呈增加趋势，其中 2002～2005 年增加明显，2005～2010 年增加缓慢，辽河上游流域及浑河-太子河流域增加幅度大于辽河下游流域。如图 5-34 所示。

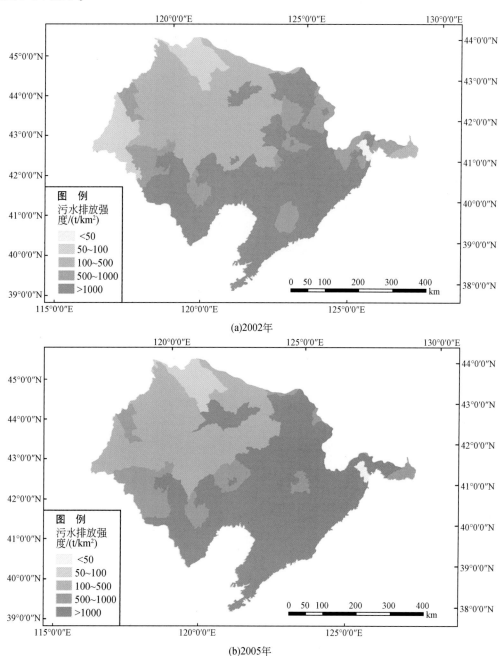

(a)2002年

(b)2005年

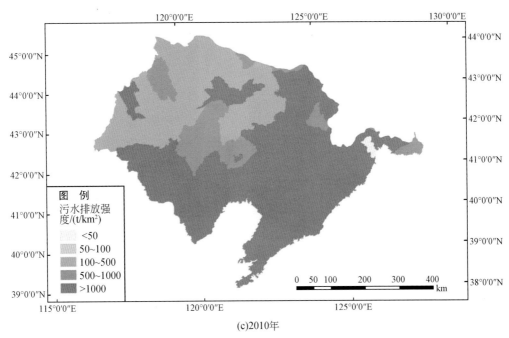

(c)2010年

图 5-34　辽河流域污水废水排放强度空间分布

（1）工业废水

2002 年工业废水排放量为 10.19 亿 t，2010 年为 9.12 亿 t，减少了 1.07 亿 t，约 10.5%，排放强度由 2097.58t/km² 下降至 1877.99t/km²，如图 5-35 所示。

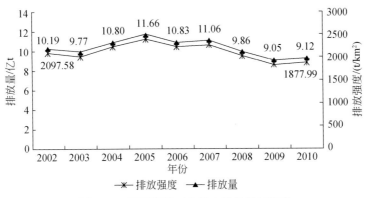

图 5-35　辽河流域工业废水排放量与强度

从空间特征来看，辽河下游流域及沿海诸河流域排放强度高，辽河上游流域相对较低。十年间辽河上游流域排放强度增加明显，其余区域变化不大，如图 5-36 所示。

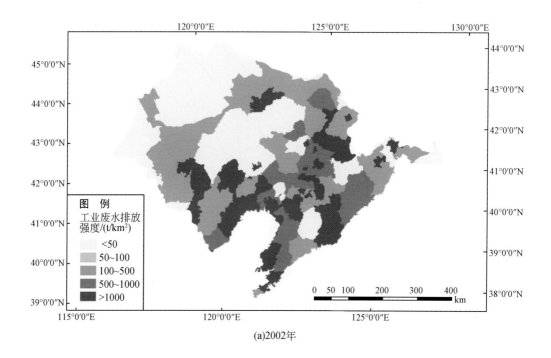

(a)2002年

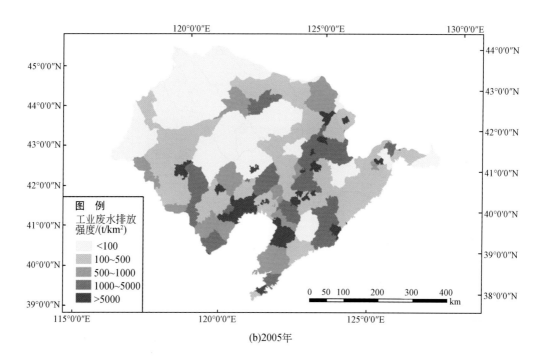

(b)2005年

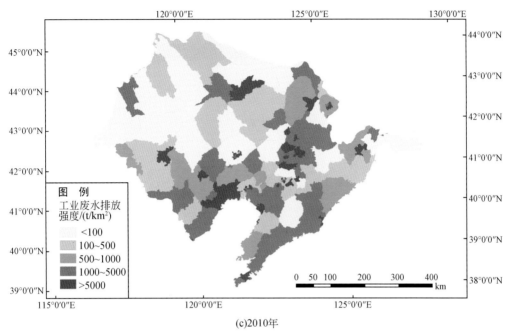

(c)2010年

图 5-36 辽河流域工业废水排放强度空间分布

(2) 生活污水

生活污水排放增加明显，2002 年为 9.59 亿 t，2010 年增加至 16.95 亿 t，增加了 7.36 亿 t，增长了 76.7%。排放强度由 1973.46t/km² 增加到 3489.33t/km²，如图 5-37 所示。

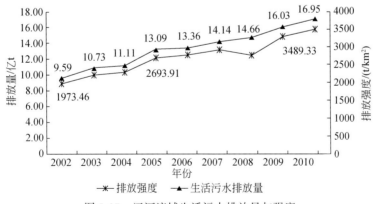

图 5-37 辽河流域生活污水排放量与强度

从空间特征来看，辽河下游流域及沿海诸河流域排放强度高，辽河上游流域排放强度低。2002～2010 年各区域均明显增加，辽河上游流域增幅大，辽河下游流域及沿海诸河流域增幅小，如图 5-38 所示。

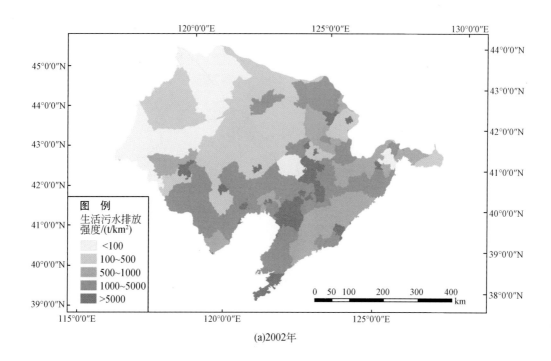

(a)2002年

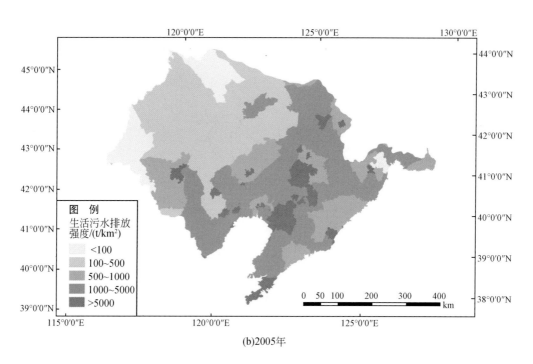

(b)2005年

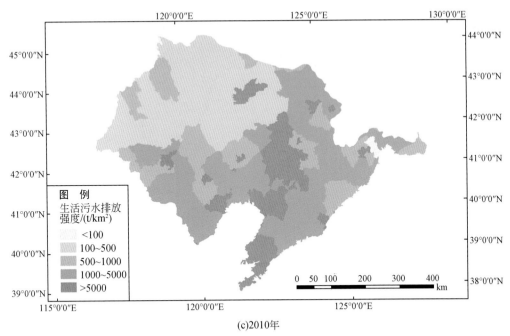

(c)2010年

图 5-38　辽河流域生活污水排放强度空间分布

5.4.2.2　子流域污水废水排放

从子流域角度来看，污水废水排放量最大的是浑河–太子河流域，且增加显著，2002年、2005 年和 2010 年分别为 7.02 亿 t、9.58 亿 t 和 9.14 亿 t。最低为浑江流域，三个年份分别为 1.13 亿 t、1.32 亿 t 和 1.26 亿 t，如图 5-39 所示。

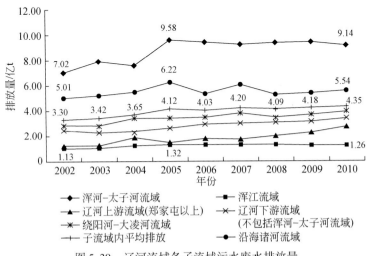

图 5-39　辽河流域各子流域污水废水排放量

从排放强度来看，浑河–太子河流域最高，辽河上游最低但增加最快。2002～2010年，浑河–太子河水系从2002年的20 523t/km²增加至2010年的26 749.7t/km²，增长30%。上游地区从2002年的462.8t/km²增加到2010年的1019.9t/km²，增长1.2倍。其他子流域变化不明显，如图5-40所示。

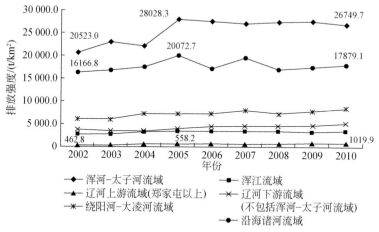

图5-40　辽河流域各子流域污水废水排放强度

（1）工业废水

从子流域工业废水排放总量来看，较高的是沿海诸河流域和浑河–太子河流域，最低的是浑江流域。从变化趋势来看，流域内各子流域工业废水排放总量均缓慢下降。沿海诸河流域排放先增后减，2002年、2005年和2010年分别为3.24亿t、4.29亿t和2.72亿t；浑河–太子河流域下降明显，2002年、2005年和2010年分别为3.46亿t、3.58亿t和2.29亿t，2002～2010年减少了1.17亿t，下降近34%。其余子流域变化不大，如图5-41所示。

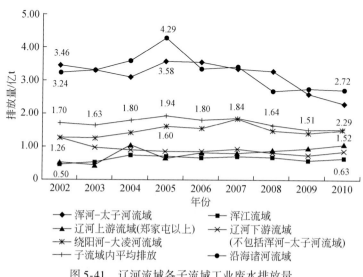

图5-41　辽河流域各子流域工业废水排放量

从排放强度来看，沿海诸河流域最高，2002 年为 10 455t/km²，2005 年增加至 13 840t/km²，2010 年下降到 8787t/km²。辽河上游排放强度最低，增加明显。2002 年为 185t/km²，2010 年增加至 403t/km²，增长近 1.2 倍。浑河–太子河水系和沿海诸河工业废水排放强度下降明显，其他子流域变化不显著，如图 5-42 所示。

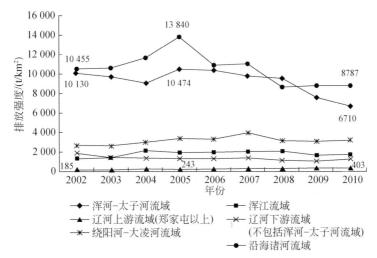

图 5-42　辽河流域各子流域工业废水排放强度

（2）生活污水

从子流域生活污水排放总量来看，较高的是沿海诸小河流域和浑河–太子河流域，最低的是浑江流域。从变化趋势来看，除浑江流域外，流域内各子流域生活污水排放总量均明显增加。沿海诸河流域 2002 年、2005 年和 2010 年平均排放量分别为 1.6 亿 t、2.18 亿 t 和 2.82 亿 t。浑河–太子河子流域增加显著，2002 年、2005 年和 2010 年的排放量分别为 3.55 亿 t、6 亿 t 和 6.85 亿 t，2002～2010 年增加近 1 倍。流域内仅浑江子流域变化相对不明显，2002 年、2005 年和 2010 年的排放量分别为 0.64 亿 t、0.63 亿 t 和 0.63 亿 t。如图 5-43 所示。

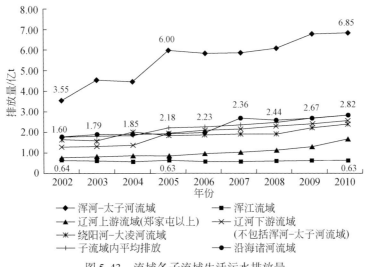

图 5-43　流域各子流域生活污水排放量

从排放强度来看，浑河–太子河流域最高，2002 年为 10 393t/km²，2010 年增加至 20 039t/km²，增加了 9646t/km²，增长近 93%。辽河流域上游排放强度最低，但增加明显，2002 年为 278t/km²，2010 年增加至 617t/km²，增加了 1.2 倍。其他子流域变化不显著，如图 5-44 所示。

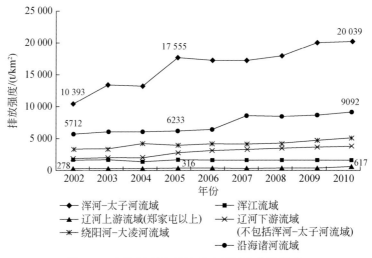

图 5-44　辽河流域各子流域生活污水排放强度

5.4.3　化学需氧量（COD）排放

5.4.3.1　流域 COD 排放

从流域内污水废水中 COD 排放总量来看，2002 年为 55.81 万 t，2010 年减少至 49.9 万 t，减少 5.91 万 t，减少了 10%。从排放强度来看，2002 年为 1149.06 kg/km²，2010 年降低至 1027.34 kg/km²，如图 5-45 所示。

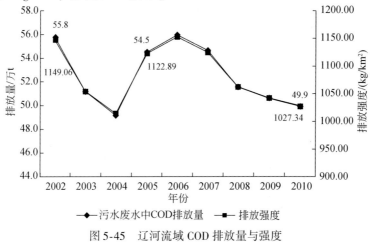

图 5-45　辽河流域 COD 排放量与强度

从空间分布来看，辽河下游流域和沿海诸河流域排放强度高，辽河上游流域相对较低。2002～2010年，辽河下游流域部分排放强度大的区县略有降低，辽河上游流域和沿海诸河流域则明显增加，流域内整体趋于均匀，如图5-46所示。

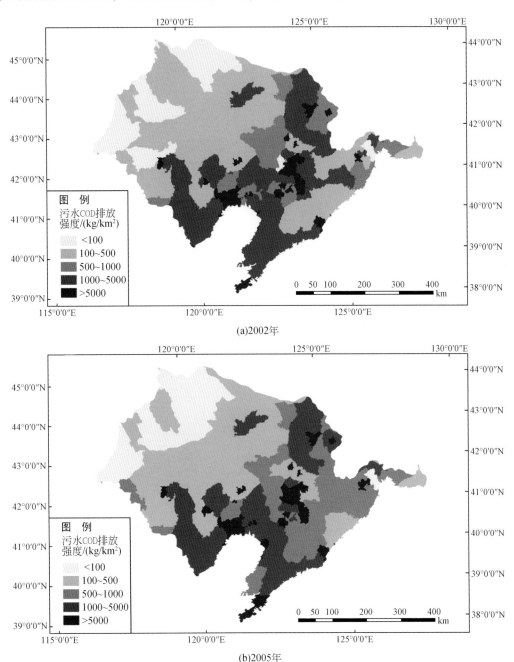

(a)2002年

(b)2005年

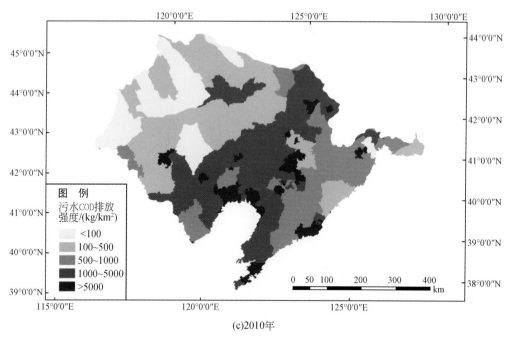

(c)2010年

图 5-46　辽河流域 COD 排放强度空间分布

（1）工业废水

2002 年流域工业废水中 COD 排放量为 4.76 万 t，2010 年为 4.93 万 t，增加了 0.17 万 t。排放强度由 490.61kg/km² 增加至 507.58kg/km²，如图 5-47 所示。

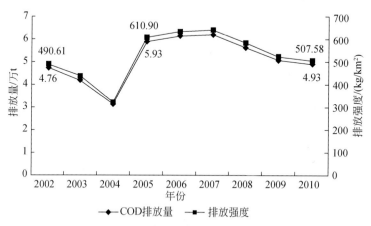

图 5-47　辽河流域工业废水 COD 排放量与强度

从空间分布来看，辽河下游流域和沿海诸河流域排放强度高，辽河上游流域和浑河-太子河流域内低，平均低于 500 kg/km²。2002 ~ 2010 年流域排放强度整体下降，但辽河上游流域和浑河-太子河流域内略有增加，辽河下游流域降低，如图 5-48 所示。

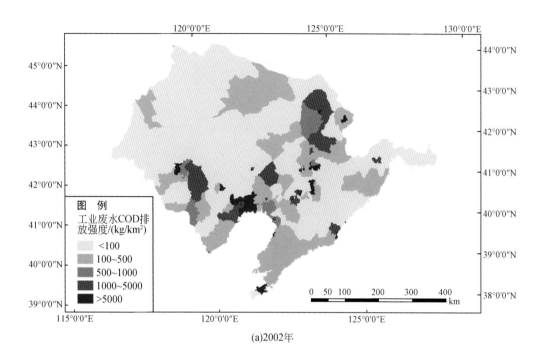

(a)2002年

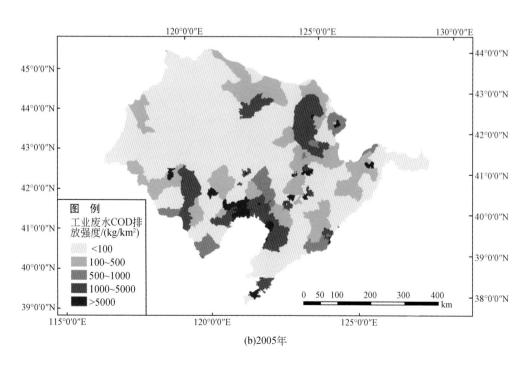

(b)2005年

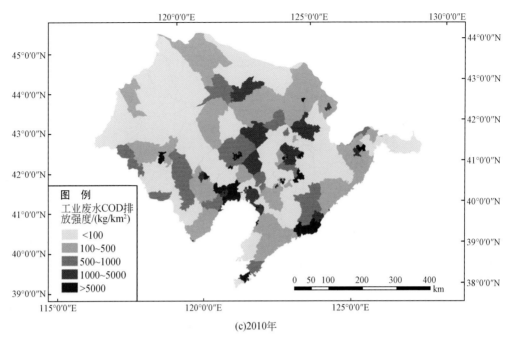

(c)2010年

图 5-48　辽河流域工业废水 COD 排放强度空间分布

（2）生活污水

生活污水中 COD 排放减少，2002 年为 51.06 万 t，2010 年减少到 44.97 万 t，减少 6.09 万 t。排放强度由 1051.13kg/km² 下降至 929.91kg/km²，如图 5-49 所示。

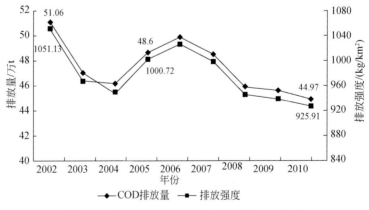

图 5-49　辽河流域生活污水 COD 排放量与强度

从空间分布来看，辽河下游流域和沿海诸河流域排放强度明显高于上游。2002～2010 年，流域排放强度整体减少，但个别地区增加明显，如图 5-50 所示。

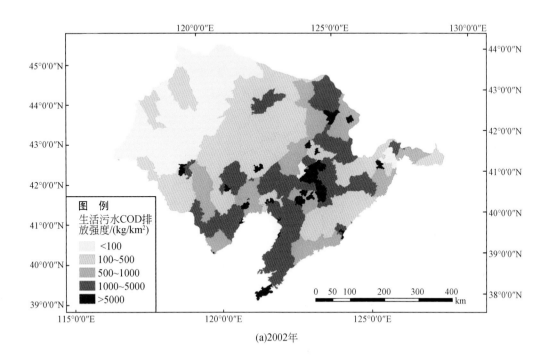

(a)2002年

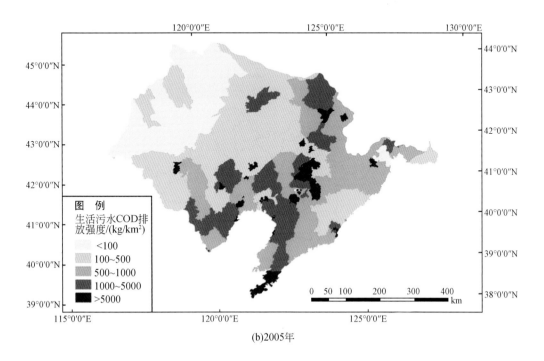

(b)2005年

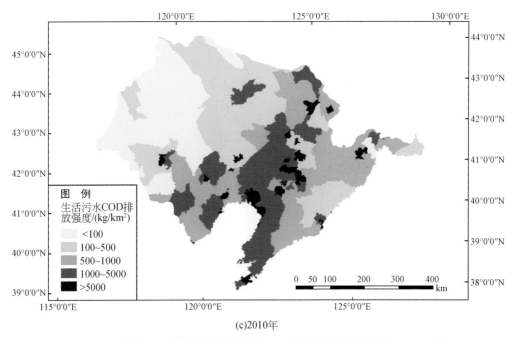

(c)2010年

图 5-50　辽河流域生活污水 COD 排放强度空间分布

5.4.3.2　子流域 COD 排放

从子流域角度来看，2002 年、2005 年和 2010 年各子流域的平均排放量为 12.5 万 t、13 万 t 和 11.6 万 t。COD 排放最高的是浑河–太子河流域，2002 年、2005 年和 2010 年分别为 24.4 万 t、26.4 万 t 和 21.4 万 t。最低的是浑江流域，三个年份分别为 3.8 万 t、4 万 t 和 4.5 万 t。从子流域排放的变化趋势来看，2002～2010 年浑河–太子河流域、绕阳河–大凌河流域和沿海诸河流域排放减少，辽河上游流域、辽河下游流域和浑江流域增加，如图 5-51 所示。

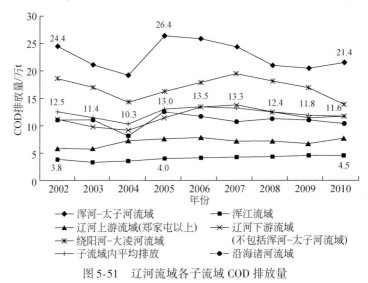

图 5-51　辽河流域各子流域 COD 排放量

从排放强度来看，浑河–太子河流域最高，辽河上游流域最低。2002～2010 年，浑河–太子河流域排放强度降低，从 7152.2kg/km² 减少至 6263.8 kg/km²，减少了 12.42%。辽河上游流域增加，从 214.7 kg/km² 增加到 290.4 kg/km²。沿海诸河流域和绕阳河–大凌河流域降低明显，辽河下游流域和浑江水流域略有增加，如图 5-52 所示。

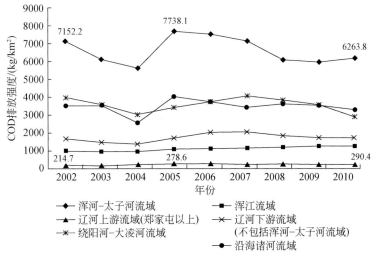

图 5-52　辽河流域各子流域 COD 排放强度

5.4.4　氨氮（NH₃–N）排放

5.4.4.1　流域氨氮排放

从流域内污水废水中氨氮排放总量来看，2002 年为 8.24 万 t，2010 年为 7.19 万 t，减少了 1.05 万 t，减少了近 13%。从排放强度来看，2002 年为 169.68 kg/km²，2010 年降低至 147.96 kg/km²，如图 5-53 所示。

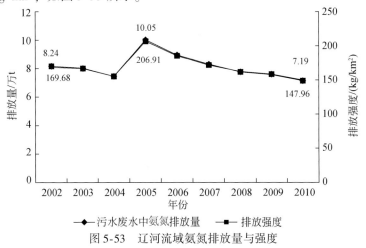

图 5-53　辽河流域氨氮排放量与强度

从空间分布来看，辽河下游流域和沿海诸河流域排放强度高，辽河上游流域较低。
2002～2010 年，辽河上游流域明显减少，辽河下游流域和沿海诸河流域略有增加。排放较
高的部分区县略有降低，如图 5-54 所示。

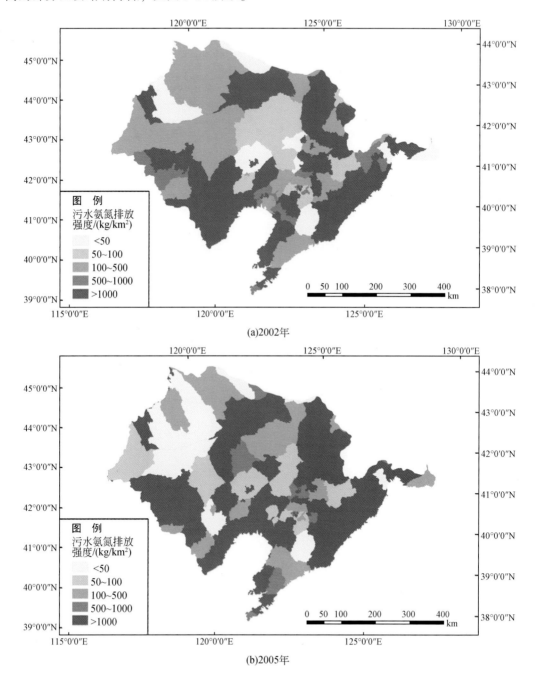

(a)2002年

(b)2005年

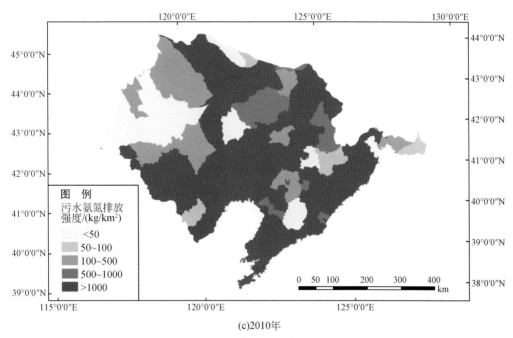

(c)2010年

图 5-54　辽河流域氨氮排放强度空间分布

（1）工业废水

2002 年工业废水中氨氮排放量为 1.71 万 t，2010 年为 0.98 万 t，减少了 0.73 万 t，减少了近 43%。排放强度由 35.22kg/km² 下降至 20.23kg/km²，如图 5-55 所示。

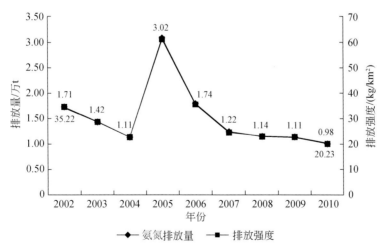

图 5-55　辽河流域工业废水氨氮排放量与强度

从空间分布来看，辽河下游流域和浑河–太子河流域氨氮排放高，辽河上游流域较低。2002~2010 年，辽河下游流域及沿海诸河流域增幅较大，辽河上游流域增加缓慢，如图 5-56 所示。

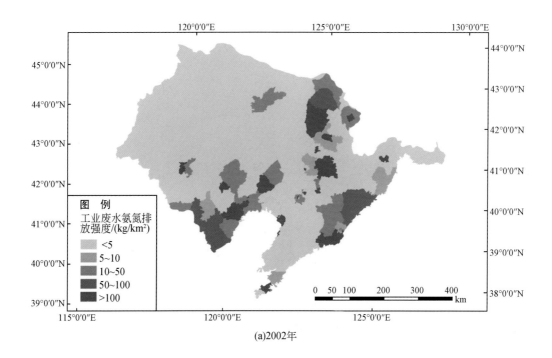

(a)2002年

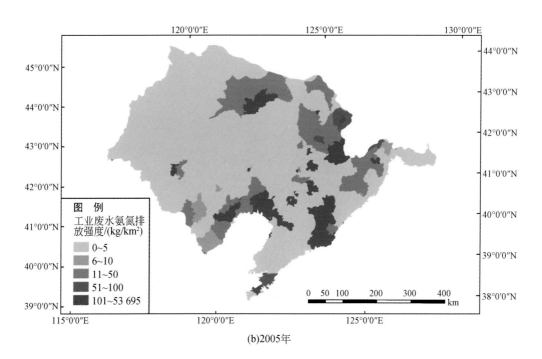

(b)2005年

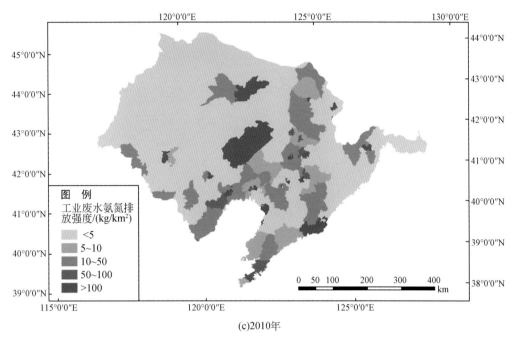

(c)2010年

图 5-56 辽河流域工业废水氨氮排放强度空间分布

(2) 生活污水

生活污水中氨氮排放量略有下降。2002 年为 6.5 万 t, 2010 年减少至 6.2 万 t, 减少了 0.3 万 t。排放强度由 134.46kg/km² 下降至 127.73kg/km², 如图 5-57 所示。

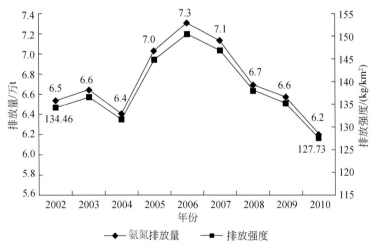

图 5-57 辽河流域生活污水氨氮排放量与强度

从空间分布来看, 辽河下游流域和沿海诸河流域较高, 辽河上游流域和浑江流域较低。2002~2010 年, 生活污水中氨氮排放强度整体降低, 如图 5-58 所示。

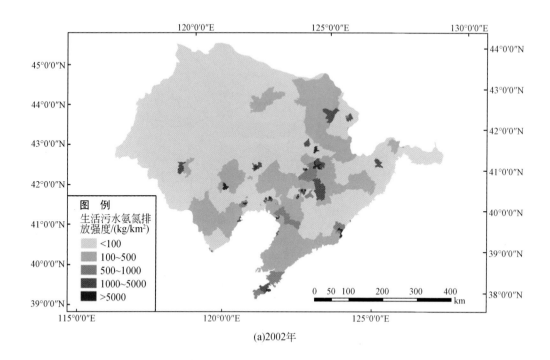

(a)2002年

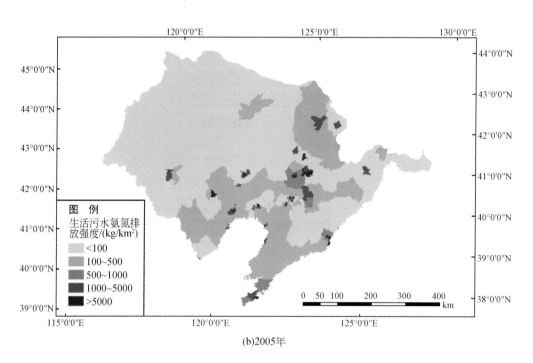

(b)2005年

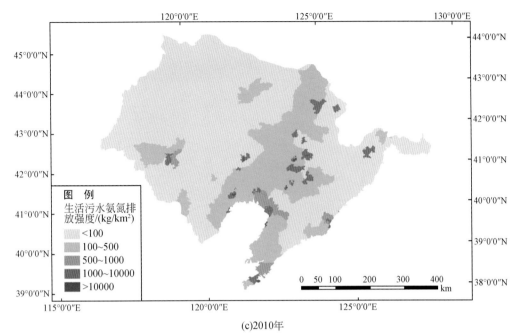

(c)2010年

图 5-58　辽河流域生活污水氨氮排放强度空间分布

5.4.4.2　流域氨氮排放

从子流域角度来看，排放最高的是浑河-太子河流域，2002 年、2005 年和 2010 年的排放量分别为 24 049.8t、37 922.6t 和 18 857.7t，2002～2010 年排放量减少 5192.1t，减少了 21.6。排放量最低的是浑江流域和辽河上游流域，2002 年和 2010 年分别为 6165.9t 和 4485t、4276.9t 和 9976.6t，浑江流域略有下降，辽河流域上游流域增加明显。2002～2010 年，绕阳河-大凌河流域和沿海诸河流域排放减少，辽河下游流域排放增加，如图 5-59 所示。

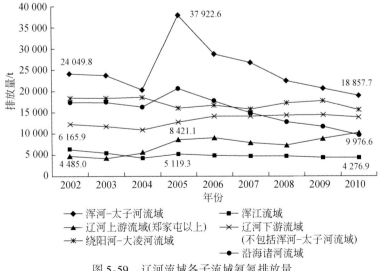

图 5-59　辽河流域各子流域氨氮排放量

从排放强度来看，浑河–太子河流域最高，辽河上游流域最低。2002～2010 年，浑河–太子河流域排放强度降低，从 703.6kg/km² 减少至 551.7 kg/km²，减少了 21.6%；辽河上游流域增加明显，从 16.5kg/km² 增加到 36.8 kg/km²，增加了 1.23 倍；沿海诸河流域、绕阳河–大凌河子流域和浑江流域减少明显，辽河下游流域略有增加，如图 5-60 所示。

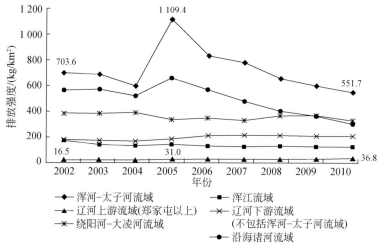

图 5-60　辽河流域各子流域氨氮排放强度

5.4.5 面源污染来源及负荷

5.4.5.1 化肥施用

化肥施用的统计数据包括流域内各辖区化肥施用总量、氮肥、磷肥、钾肥、复合肥施用量。由于数据收集受限，已有统计数据仅为流域内辽宁省各类化肥使用量，但仍能相对反映流域内整体变化趋势。

2000～2010 年化肥施用量略有增加，从 109.8 万 t 增加至 140.1 万 t，见表 5-4。

表 5-4　辽河流域辽宁省辖区化肥施用量　　　　　　　　　　　（单位/万 t）

种类	2000 年	2005 年	2010 年
化肥总量	109.8	119.9	140.1
氮肥	66.7	64.0	68.3
磷肥	11.1	11.4	11.4
钾肥	8.3	9.6	12.2
复合肥	23.7	34.9	48.1

从化肥施用类型来看，氮肥比例最高，复合肥次之，再为磷肥，最少的是钾肥。十年间氮肥比例下降，从61%降低至49%；复合肥的施用比例增加，从21%增加到34%；磷肥和钾肥使用量略有增加，比例变化不大，如图5-61所示。

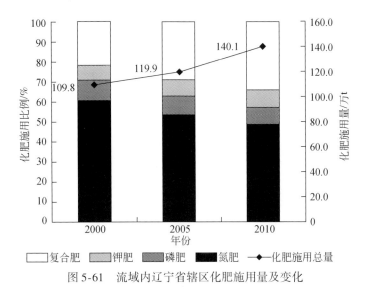

图 5-61　流域内辽宁省辖区化肥施用量及变化

5.4.5.2　农药施用

流域内农药施用强度整体增加，2005～2010年流域内平均农药使用强度从227.09 kg/km² 增加到292.98 kg/km²。河北和辽宁强度较高，吉林居中，内蒙古最低。五年间，辽宁、吉林农药施用强度增加明显，河北、内蒙古变化不大，如图5-62所示。

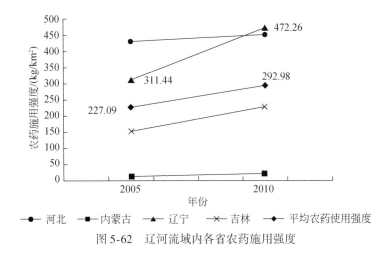

图 5-62　辽河流域内各省农药施用强度

5.4.5.3 非点源氮磷污染负荷评估

以 2010 年辽河流域辽宁省辖区内不同行政区和不同土地利用类型下的氮磷污染负荷情况为例，研究区总面积为 $7.108×10^4 km^2$。辽河流域辽宁省境内溶解态氮负荷为 $1.0087×10^5 t$，吸附态氮负荷为 586.96 t，总氮负荷为 $1.0145×10^5$；溶解态磷负荷为 $7.04×10^3 t$，吸附态磷负荷为 121.07 t，总磷负荷为 $7.15×10^3$。氮磷污染负荷主要是溶解态氮和溶解态磷，分别占总氮磷污染负荷的 99.4% 和 98.5%，说明区域的氮磷污染物主要由降雨产生，通过水土流失产生的污染较小，见表 5-5。

表 5-5 辽河流域辽宁省辖区面源污染负荷

地区	面积 /×10³km²	溶解态氮 /×10³t	吸附态氮/t	总氮 /×10³t	溶解态磷 /×10³t	吸附态磷/t	总磷 /×10³t
锦州	3.91	6.22	2.02	6.22	0.45	0.73	0.45
营口	5.20	5.74	41.53	5.78	0.39	9.57	0.40
辽阳	4.95	7.11	30.86	7.14	0.50	6.70	0.51
盘锦	2.79	3.94	3.77	3.94	0.29	1.45	0.29
鞍山	9.39	13.09	33.47	13.12	0.88	7.45	0.89
本溪	4.69	4.70	67.22	4.77	0.29	12.72	0.30
沈阳	12.67	21.06	31.92	21.09	1.52	11.35	1.53
铁岭	12.98	21.62	236.19	21.86	1.52	44.10	1.56
抚顺	10.70	12.78	134.58	12.91	0.87	24.93	0.89
阜新	3.80	4.61	5.4	4.62	0.33	2.07	0.33
总计	71.08	100.87	586.96	101.45	7.04	121.07	7.15

从空间分布来看，溶解态氮排放量较大的是铁岭和沈阳，分别为 $2.162×10^4 t$ 和 $2.106×10^4 t$，占流域总量的 21.4% 和 20.9%；其次是鞍山，约占 13%；最少的是盘锦，仅为 $3.94×10^3 t$。溶解态磷排放量较大的是沈阳和铁岭，均为 $1.52×10^3 t$，其次是鞍山 $0.88×10^3 t$，最少的是盘锦和本溪，仅为 $0.29×10^3 t$。吸附态氮排放量最大的是铁岭，为 236.19 t，占流域总量的 40%，其次是抚顺市，排放量为 134.58 t，约占 23%，最少的是锦州，为 2.02 t。吸附态磷排放量最大的是铁岭，为 44.10 t，最少的是锦州，仅为 0.73 t。

各个城市总氮的排放量显著大于总磷的排放量，尤以沈阳、铁岭、鞍山和抚顺的排放量最大。

从不同土地利用类型来看，溶解态氮负荷较大的为耕地和森林，分别为 $7.313×10^4 t$ 和 $1.892×10^4 t$，吸附态氮负荷较大的是森林和人工表面，分别为 415.95 t 和 75.26 t，总氮负荷较大的为耕地和森林，分别为 $7.318×10^4 t$ 和 $1.934×10^4 t$；溶解态磷负荷较大的是耕地和森林，分别为 $5.32×10^3 t$ 和 $1.01×10^3 t$，吸附态磷负荷较大的是森林和人工表面，分别为 76.30 t 和 23.42 t，总磷排放量较大的为耕地和森林，分别为 $5.33×10^3 t$ 和 $1.09×10^3 t$，见表 5-6。

表5-6   辽河流域辽宁省辖区不同土地利用类型面源污染负荷

土地类型	面积 /×10⁹m²	溶解态氮 /×10³t	吸附态氮/t	总氮 /×10³t	溶解态磷 /×10³t	吸附态磷/t	总磷 /×10³t
森林	23.70	18.92	415.95	19.34	1.01	76.30	1.09
灌木林	3.39	2.29	44.80	2.33	0.21	8.42	0.22
草地	0.31	0.24	0.45	0.24	0.01	0.20	0.01
湿地	2.34	0.13	0.00	0.13	0.01	0.00	0.01
耕地	34.31	73.13	48.44	73.18	5.32	12.12	5.33
人工表面	6.84	5.93	75.26	6.01	0.44	23.42	0.46
裸露地	0.20	0.24	2.07	0.24	0.01	0.63	0.01
总计	71.09	100.88	586.97	101.47	7.01	121.09	7.13

流域平均溶解态氮负荷强度为 1.42 t/(km²·a)，吸附态氮负荷强度为 8.26 kg/(km²·a)，总氮负荷强度为 1.43 t/(km²·a)；溶解态磷负荷强度为 0.10 t/(km²·a)，吸附态磷负荷强度为 1.70 kg/(km²·a)，总磷负荷强度为 0.10 t/(km²·a)，见表5-7。

从空间分布来看，总氮负荷强度较大的是铁岭、沈阳和锦州，分别为 1.68 t/(km²·a)、1.66 t/(km²·a) 和 1.59 t/(km²·a)，总磷负荷强度最大的是沈阳、铁岭和锦州，均为 0.12 t/(km²·a)。

表5-7   辽河流域辽宁省辖区面源污染强度

地区	溶解态氮/[t/ (km²·a)]	吸附态氮/[kg/ (km²·a)]	总氮/[t/ (km²·a)]	溶解态磷/[t/ (km²·a)]	吸附态磷/[kg/ (km²·a)]	总磷/[t/ (km²·a)]
锦州	1.59	0.52	1.59	0.12	0.19	0.12
营口	1.10	7.99	1.11	0.08	1.84	0.08
辽阳	1.44	6.23	1.44	0.10	1.35	0.10
盘锦	1.41	1.35	1.41	0.10	0.52	0.10
鞍山	1.39	3.56	1.40	0.09	0.79	0.09
本溪	1.00	14.33	1.02	0.06	2.71	0.06
沈阳	1.66	2.52	1.66	0.12	0.90	0.12
铁岭	1.67	18.20	1.68	0.12	3.40	0.12
抚顺	1.19	12.58	1.21	0.08	2.33	0.08
阜新	1.21	1.42	1.22	0.09	0.54	0.09
流域平均	1.42	8.26	1.43	0.10	1.70	0.10

从土地利用类型来看，总氮负荷强度较大的是耕地和裸露地，分别为 2.13 t/(km²·a) 和 1.20 t/(km²·a)，总磷负荷强度较大的是耕地和人工表面，分别为 0.16 t/(km²·a) 和 0.07 t/(km²·a)，见表5-8。

表5-8 辽河流域辽宁省辖区不同土地利用类型面源污染强度

土地类型	溶解态氮/(t/km²)	吸附态氮/(kg/km²)	总氮/(t/km²)	溶解态磷/(t/km²)	吸附态磷/(kg/km²)	总磷/(t/km²)
森林	0.80	17.55	0.82	0.04	3.22	0.05
灌木林	0.68	13.22	0.69	0.06	2.48	0.06
草地	0.77	1.45	0.77	0.03	0.65	0.03
湿地	0.06	0.00	0.06	0.00	0.00	0.00
耕地	2.13	1.41	2.13	0.16	0.35	0.16
人工表面	0.87	11.00	0.88	0.06	3.42	0.07
裸露地	1.20	10.35	1.20	0.05	3.15	0.05
流域平均	1.42	8.26	1.43	0.10	1.70	0.10

5.4.6 污染治理

由于仅收集到辽宁省辖区相关数据，因此，本部分只对辽宁省辖区进行分析。

5.4.6.1 污水处理状况

五年间辽宁省辖区内污水处理能力提高幅度明显，污水处理总量由107 375万t增加到153 131万t，污水处理总能力增加了42.6%。城市污水处理率由47.33%增加至74.9%，其中污水处理厂集中处理污水比例增加明显，由39.73%增加到71.7%，污水处理厂集中处理率增幅约为80%。污水处理厂个数增加了16座，这是污水处理厂集中处理率增加明显的主要原因，见表5-9。

污水处理的其他相关指标也有明显增加。其他污水处理设施的处理能力增加了30.5%～45%，污水再生利用量也增加了18.31%。

表5-9 辽河流域辽宁省辖区污水处理情况

项目	单位	2005年	2010年
城市污水处理率	%	47.33	74.9
污水处理厂集中处理率	%	39.73	71.7
污水处理厂污水处理能力	万t/d	347.1	503.1
污水处理厂污水处理量	万t	90 118	146 514
其他污水处理设施处理能力	万t/d	63.7	83.1
其他污水处理设施处理量	万t	17 257	6 617
污水处理总能力	万t/d	410.8	586.2
污水处理总量	万t	107 375	153 131
污水再生利用量	万t	17 339	20 513

5.4.6.2 污染治理投资

辽宁省辖区内 2005 年环境污染治理投资总额为 129 亿元,占当年 GDP 的 1.61%,2010 年增加到 206.5 亿元,占当年 GDP 的 1.12%。2005~2010 年,环境污染治理投资总额增长了约 60%,但占 GDP 比重略有下降,见表 5-10。

表 5-10 辽河流域辽宁省辖区污染治理投资

年份	环境污染治理投资总额/亿元	城市环境基础设施建设投资/亿元	工业污染源治理投资/亿元	"三同时"项目环保投资/亿元	环境污染治理投资占 GDP 比重/%
2005	129.0	75.0	36.9	17.1	1.61
2010	206.5	141.6	14.8	50.1	1.12

从污染治理投资结构来看,城市环境基础设施建设投资占投资总额的比重最大且不断增加,2005~2010 年,从 75 亿元增加至 141.6 亿元,增加了 88.8%,比重由 58% 增加至 69%。"三同时"项目环保投资与工业污染源治理投资出现了此消彼长的现象,"三同时"项目环保投资从 17.1 亿元增加至 50.1 亿元,增长了 2 倍,比重也由 13% 增加至 24%。工业污染源治理投资下降明显,从 36.9 亿元减少到 14.8 亿元,减少了 60%,2010 年的比重仅为 7%,如图 5-63 所示。

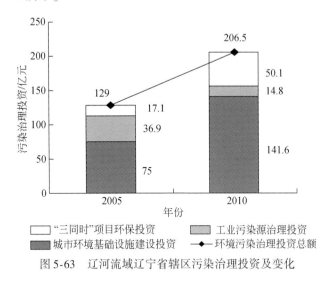

图 5-63 辽河流域辽宁省辖区污染治理投资及变化

5.5 水环境及其变化

5.5.1 水环境状况

2010 年,辽河流域水质总体状况为中度污染。在 37 个国控监测断面中,Ⅰ类~Ⅲ类、

Ⅳ类、Ⅴ类和劣Ⅴ类水质的断面比例分别为 40.5%、16.3%、18.9% 和 24.3%。主要污染指标为氨氮、高锰酸盐指数和石油类。2010 年流域水环境状况如图 5-64 所示。

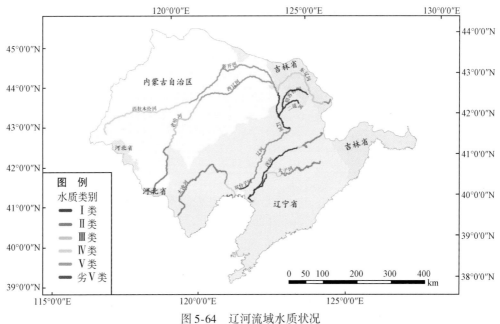

图 5-64 辽河流域水质状况

辽河干流总体为轻度污染。主要污染指标为五日生化需氧量（BOD₅）、石油类和氨氮。上游段老哈河水质为优，东辽河水质良好，西辽河为中度污染；下游段辽河为中度污染。

辽河支流总体为重度污染。西拉木伦河为轻度污染，二道河和招苏台河为重度污染。主要污染指标为高锰酸盐指数、五日生化需氧量和氨氮。

浑河-太子河及其支流总体为重度污染。其中浑河沈阳段、太子河鞍山段和大辽河营口段污染严重。主要污染指标为氨氮、石油类和高锰酸盐指数。

大凌河水质总体良好。

5.5.2 水环境变化

整体上，辽河流域 2000~2010 年水质状况呈现明显好转趋势。Ⅰ类~Ⅲ类水的比例由 2000 年的 6.3%，升至 2010 年的 40.5%；劣Ⅴ类水的比例也由 2000 年的 62.4% 降至 2010 年的 24.3%，如图 5-65 所示。

2000~2010 年辽河干流水质好转较明显。辽河上游流域水环境状况较好，近十年水质不断提升。辽河下游流域污染较为严重，但水质明显逐渐好转，干流主要站点的水质达标率增幅显著，主要污染监测指标浓度有所下降。以辽河沈阳段的福德店为例，2001 年水质达标率仅为 25%，到 2009 年已达到 58%；辽河铁岭段的朱尔山，由 2001 年的全年水质不

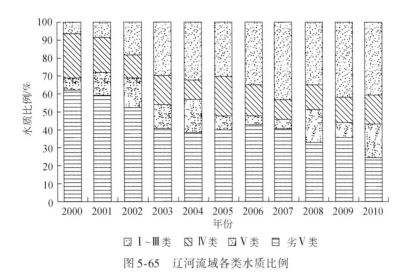

图 5-65　辽河流域各类水质比例

达标，到 2009 年达标率为 33%；以主要污染指标分析，干流 2001 年高锰酸盐指数在大部分监测时段为劣 V 类，到 2009 年已全部达到五类水标准，干流水质状况确有改善，如图 5-66、图 5-67 所示。

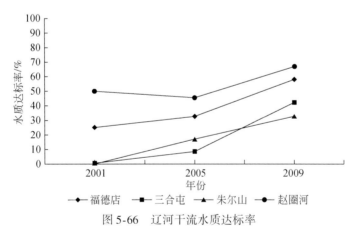

图 5-66　辽河干流水质达标率

注：辽河下游流域监测站点从上到下为福德店、三和屯、朱尔山、赵圈河。福德店位于铁岭与沈阳的交汇处；
三和屯、朱尔山在辽河铁岭段；赵圈河在入海的辽河盘锦段。

辽河流域的诸多支流水质也均有改善趋势，但趋势并不明显。大凌河流域水质有一定改善趋势。浑河流域的水质波动较大，水质好转趋势较缓。从水质达标率来看：浑河抚顺段的阿及堡与戈布桥，水质达标率在 2005 年均较高，2009 年又有所下降，但水功能达标率整体上升，分别由 2001 年的 50%、0%，上升到 2009 年的 58%、8%。从主要污染物指标高锰酸盐指数的变化来看，浑河抚顺段的戈布桥站点，高锰酸盐指数近十年下降较多，水质明显转好，如图 5-68 和图 5-69 所示。

图 5-67　辽河干流高锰酸盐指数

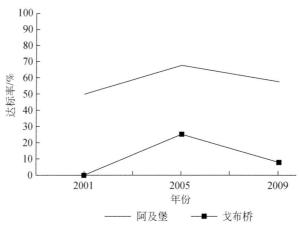

图 5-68　浑河水质达标率

站点说明：阿及堡、戈布桥为浑河抚顺段的主要监测站点。

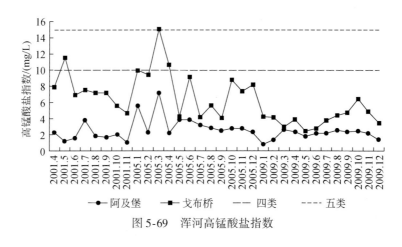

图 5-69　浑河高锰酸盐指数

5.6 陆地生态系统与水的关系

5.6.1 气候变化与径流

流域降雨量的空间分布表现出显著的下游区域高（最高可达 1400mm 以上），上游区域低（300mm 左右）的特征，且降水量低于 500mm 的干旱区与半干旱区面积大，占到流域面积的 50% 左右。

2000～2010 年，辽河流域降水量两极分化趋势加强，东部降水增加，西部旱区愈旱，干旱区面积扩大，造成上游流域径流量减少，下游流域径流量增大，流域内水资源不均衡状况加剧。如图 5-70 和图 5-71 所示。

5.6.2 污染物排放与水环境

从污染物排放的空间分布来看，辽河下游及流域中部沿海地区，污水废水排放强度、COD 排放强度以及 NH_3-N 排放强度均为全流域最高，上游区域、流域东部污染物排放强度相对较低。辽河流域水环境状况表现为，辽河干流、大凌河、浑河-太子河均表现为上游水质较好，中下游段水质变差，下游及入海口附近水环境污染严重。

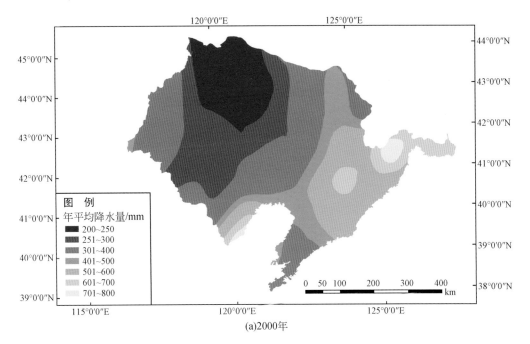

(a)2000年

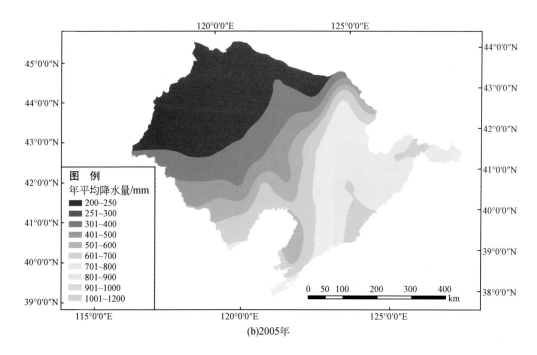

(b)2005年

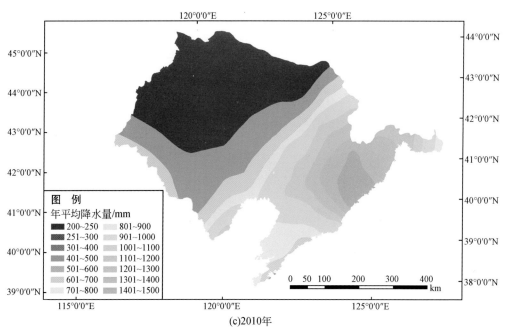

(c)2010年

图 5-70 辽河流域降水量变化

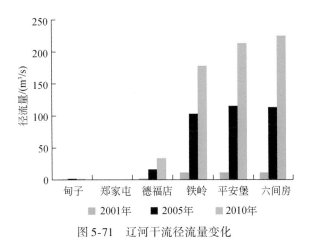

图 5-71　辽河干流径流量变化

　　总体来看，流域水环境质量与污水及污染负荷排放强度显著相关。污染负荷低的上游地区，水环境质量较好；污染负荷较高的下游及沿海地区，水环境状况较差。2010 年污水废水和污染物排放情况如图 5-72 ~ 图 5-74 所示。

5.6.3　社会经济发展与污染负荷

(1) 人口与污染负荷

　　2000 ~ 2010 年，辽河流域总人口从 5447.64 万人增加到 6171.39 万人，人口密度从 2000 年 112 人/km² 增加到 2010 年 127 人/km²。从人口的空间分布来看，辽河下游区域，浑河–太子河流域，绕阳河–大凌河流域人口密度大，辽河上游流域和东北部沿海人口密度相对较小。

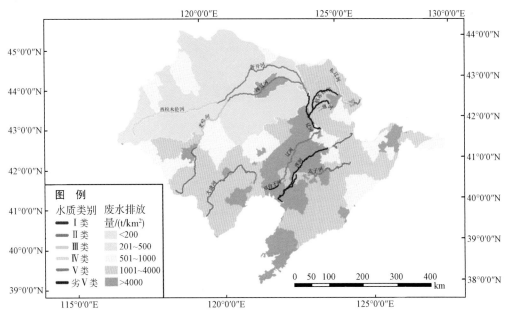

图 5-72　辽河流域单位国土面积污水废水强度

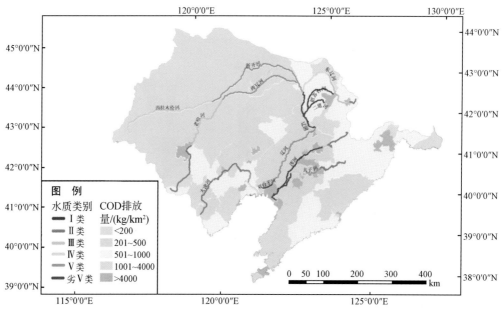

图 5-73　辽河流域单位国土面积 COD 强度

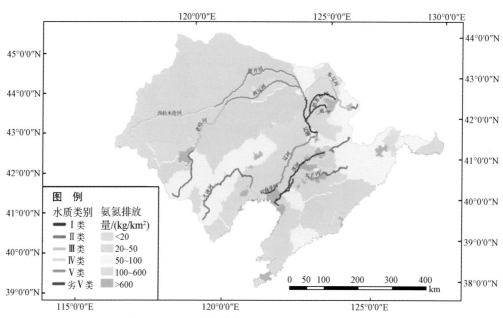

图 5-74　辽河流域单位国土面积 NH_3-N 排放强度

　　生活污水排放强度与人口分布表现出很强的空间相关性。生活污水的排放强度在人口密度高的下游区域和环渤海地区较高，上游地区偏低。随着社会经济水平的不断发展，人均收入显著增加，生活水平提高，人均生活污水的排放量也相应明显增加，如图 5-75 所示。

（2）经济产业发展与污染负荷

流域社会经济发展呈现加速增长的趋势。2000~2005 年，流域内 GDP 从 3737 亿元增长到 7690 亿元，增长 1 倍多；2005~2010 年，辽河流域地区生产总值从 7690 亿元增长到 24 942 亿元，增长近 2.24 倍。从产业规模和结构看，流域内三大产业均呈现增长的趋势，其中第二、第三产业增加迅速，十年间分别增长了近 8 倍和 5.56 倍，第一产业增速相对较缓，十年间增长了近 2.5 倍，如图 5-76 所示。

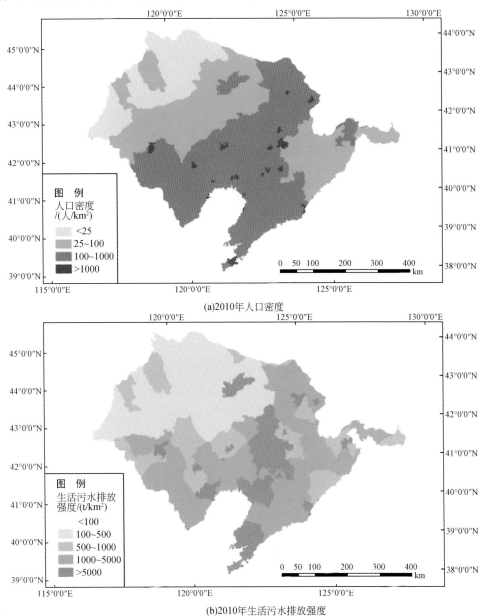

(a)2010年人口密度

(b)2010生活污水排放强度

图 5-75　辽河流域人口分布与生活污水排放强度

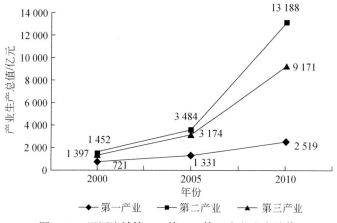

图 5-76　辽河流域第一、第二、第三产业生产总值

从空间分布来看，流域内污水废水及相关污染物负荷与经济产业发展呈现显著相关性。GDP 强度分布差异显著，辽河下游流域和环渤海区域高，辽河上游区域和东北部区域低。工业废水排放强度也是辽河下游及环渤海区域高，辽河上游区域相对较低，与 GDP 强度分布非常相似。

从变化来看，十年间，流域内三大产业增加幅度较大，第二、第三产业增速快，由于产业废水治理力度加大，工业污水处理率和达标率提高，工业污水及相关污染物排放强度呈现降低趋势，如图 5-77 所示。

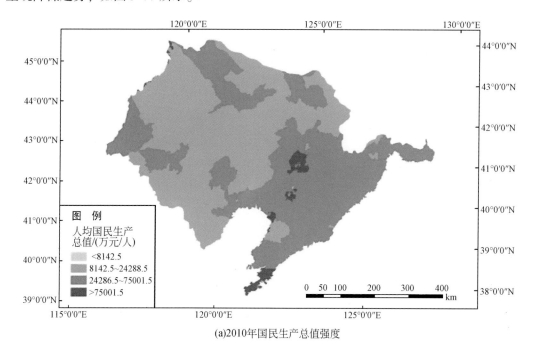

(a)2010年国民生产总值强度

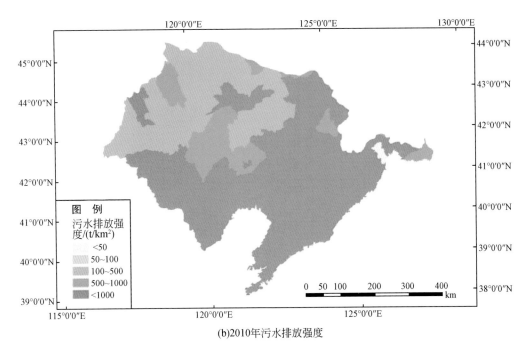

(b)2010年污水排放强度

图 5-77 辽河流域国民生产总值与工业污水排放强度

5.6.4 陆地生态系统、气候变化与水资源和水土流失

基于前述 2000～2010 年流域降水量、生态系统类型、生态系统服务、径流量、输沙量的研究结果，分析流域陆地生态系统、气候变化对流域水资源和水土流失的影响，可以得出以下结论。

1）流域陆地生态系统的变化使得土壤保持生态服务能力提升。流域总输沙量和水土流失的增加，主要是降雨量的显著增加导致的；浑河-太子河流域和饶阳河-大凌河流域在降水增加的情况下输沙量变化不大，体现了生态系统土壤保持生态服务能力的提升。但是从整个流域来看，生态系统土壤保持生态服务能力的提升不足以抵消降雨量增加导致的土壤流失的增加。

2）上游流域草地面积明显增加，生态系统类型转换强度为正值，但质量有所降低。上游河流径流含沙量有所增加，主要是受该区域草地退化和沙化的显著影响。而上游流域总输沙量的减少，则是该区域降水显著减少导致的。

3）流域东南部区域降雨量显著增加，但下游流域径流含沙量稳定或略有增加，浑河-太子河流域径流含沙量则呈明显下降趋势，显示出生态系统变化带来的土壤保持服务能力增强的效果。

第6章 大伙房水库及水源地生态环境变化、效应与安全保障对策

大伙房水库是我国最大的饮用水水源地水库。其水资源质量与水环境安全将直接影响沈阳、抚顺及下游流域的饮用水安全和工农业生产用水保障，其对于下游供水城市群可持续发展具有非常重要的意义。

大伙房水库及水源地生态环境变化、效应与安全保障对策专题从大伙房水库的生态系统特征、水资源、水环境以及区域社会经济等方面入手，调查分析了大伙房水库及水源地陆地生态系统的生态环境状况及 2000~2010 年的变化，揭示了区域社会经济、水库及水源地陆地生态系统与水资源和水环境的态势与相互关系，明确了水库及周边陆地生态环境变化的程度和方向，揭示了影响水库生态环境的直接与间接因素，为水库生态环境变化与问题辨识、生态环境保护与管理提供科学依据和对策建议。

6.1 大伙房水库概况及主要生态环境问题

6.1.1 自然地理概况

大伙房水库位于辽宁省抚顺市，是浑河上的一座大型水源型水库，总库容为 21.81 亿 m^3，流域面积为 5437 km^2，多年平均流量为 52.3 m^3/s。大伙房水库担负着沈阳、大连、鞍山、抚顺、辽阳、盘锦、营口七个城市的供水任务，供水人口达 2300 万，是全国最大的饮用水水源地水库。水库流域生态系统和水资源、水环境安全对于辽河下游区域的社会经济具有非常重要的影响。

大伙房水库截流的主要河流有浑河（清原段）、苏子河和社河三条河流。其中浑河约占入库水量的 52.7%，苏子河占 37.1%，社河占 10.2%。浑河发源于清原县，从东至西贯穿抚顺全区，浑河在抚顺境内干流长度为 207.5 km，流域面积为 7311 km^2。浑河上游在清原县马前塞附近分南北两支，南支红河，北支英额河，汇合后始称浑河，在清原北杂木入大伙房水库。红河、英额河和大伙房水库以上浑河干流均在清原县境内。三条河流流域面积为 2350 km^2，占该县面积的 60%。苏子河发源于新宾满族自治县（简称新宾县）红升乡五凤楼，流经红升、新宾县城、永陵、木奇、上夹河等乡镇，汇入大伙房水库。河长为 147 km，流域面积为 2230 km^2，是浑河流域在抚顺境内最大的一条支流。其中在新宾境内河长 119 km，流域面积为 2088 km^2，占新宾县面积的一半，是新宾境内一条主要的河

流。社河发源于抚顺县后安镇新开岭西侧，流经佟庄子、后安、上马、南章党、四家子等村镇，在台沟汇入大伙房水库，河长为 43 km，流域面积为 468 km²，全部在抚顺县境内，如图 6-1 所示。

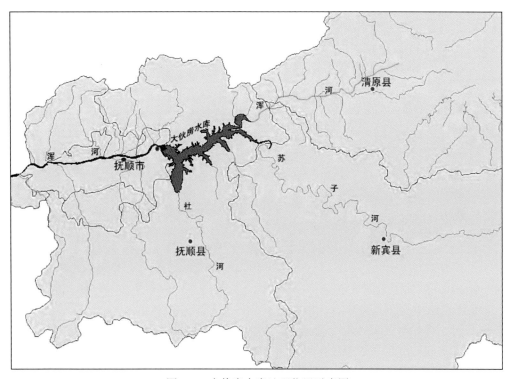

图 6-1　大伙房水库地理位置示意图

6.1.2　社会经济概况

大伙房水库流域内的行政区域主要包括抚顺县、新宾县和清原县，其中，新宾县和清原县位于大伙房水库上游流域，抚顺县位于大伙房水库下游流域。

6.1.2.1　人口

十年间，大伙房水库流域内总人口呈减少趋势。2000 年水库流域内总人口为 87.7 万人，人口密度为 83.4 人/km²；2010 年减少至 83.1 万人，人口密度为 79 人/km²。2000 ～ 2010 年共减少了 4.6 万人。从流域内各县区来看，抚顺县减少明显，从 22.5 万人减少至 19.33 万人，减少 3.17 万人，减少了 14%；清原县减少了约 2.4%；新宾县减少了约 1.9%，如图 6-2 所示。

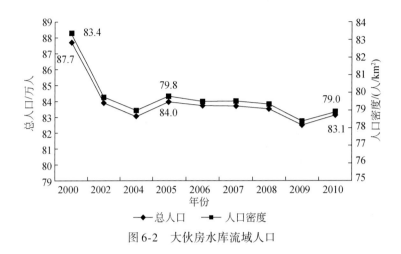

图 6-2　大伙房水库流域人口

6.1.2.2　经济

十年间，大伙房水库流域内 GDP 增加显著。2000 年 GDP 为 63.2 亿元，人均 GDP 为 7203.3 元；2010 年 GDP 为 261.7 亿元，人均 GDP 为 31 485.1 元。2000~2010 年 GDP 增加 198.5 亿元，增加了 3.14 倍，如图 6-3 所示。

从各县区 GDP 变化趋势来看，增加最多的为清原县，2000 年为 19.9 亿元，2010 年增加至 94 亿元，增加了 3.72 倍；抚顺县和新宾县分别由 22.6 亿元和 20.7 亿元增加至 91.1 亿元和 76.6 亿元，分别增加了 3.03 倍和 2.70 倍。

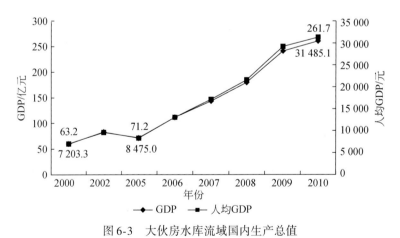

图 6-3　大伙房水库流域国内生产总值

6.1.3　主要生态环境问题

(1) 水资源供应危机加剧

沈阳、抚顺等下游城市生活、生产需水量逐年增加，相对于不断增加的水资源供应需求，不断提高的供水水质要求，水资源严重短缺、水资源供应危机不断加剧。

（2）森林生态功能衰退

天然林与人工林的比重不断降低，人工林水源涵养能力和营养盐的留滞能力远不及天然林，人工林比重的增大，势必造成森林生态功能的衰退并加剧土壤流失，植被类型退化，群落结构趋向简单化，森林生态系统功能衰退，生态系统危机加剧。

（3）农业面源污染严重，库区严重富营养化

库区周边种植业和畜牧业发展迅速，化肥施用量和畜禽排泄物总量逐年增加，其中的氮、磷等物质以不同形式进入大伙房水库周边，造成严重的农业面源污染。致使库区有机类污染物的输入增加，水质综合营养状况不断增高，目前大伙房水库水质已接近富营养化状态，供水安全等级降低。

6.2　水库水源地生态系统类型及其变化

6.2.1　生态系统类型构成

6.2.1.1　一级生态系统类型构成

大伙房水库流域总面积为 5275km²，2000 年主要生态系统类型如下，林地为 76.606%（约为 4041km²），耕地为 18.518%（约为 977km²），湿地为 2.048%（约为 108km²），草地为 1.377%（约为 72.6km²），人工表面为 1.448%（约为 76km²）。

从大伙房水库流域内一级生态系统类型构成特征来看，林地和耕地是其主要生态系统类型，总面积占比超过 90%。其中林地、草地、耕地和人工表面主要位于清原县和新宾县，湿地和其他类型主要位于抚顺县，同时湿地也是抚顺县的重要生态系统类型之一，面积占比约为 7.8%。流域内新宾县和清原县的林地面积分别占林地总面积的 39%（1583km²）和 43%（1735km²），流域内抚顺县林地面积约为 722km²。流域内新宾县和清原县的草地面积分别占草地总面积的 43.4%（约为 31.5km²）和 40.5%（约为 29km²），抚顺县草地面积约为 11.7km²。流域内新宾县和清原县的耕地面积分别占耕地总面积的 46.8%（约为 457km²）和 37.3%（约为 364km²），抚顺县耕地面积约为 155km²。流域内新宾县和清原县的人工表面面积分别占人工表面总面积的 46.9%（约为 35km²）和 41%（约为 31km²），抚顺县人工表面面积约为 9km²。而流域内抚顺县的湿地面积则占流域湿地总面积的 71%（约为 77km²），新宾县和清原县的湿地面积均约为 15km²，见表 6-1。

表 6-1 大伙房水库流域一级生态系统构成与分布

年份	Ⅰ级分类	统计参数	林地	草地	湿地	耕地	人工表面	其他
2000	流域总计	面积/km²	4041.078	72.632	108.023	976.864	76.362	0.204
		占流域总面积比例/%	76.606	1.377	2.048	18.517	1.448	0.004
	抚顺县	面积/km²	722.173	11.739	77.099	155.371	9.253	0.160
		占流域类型比例/%	17.871	16.162	71.374	15.905	12.117	78.431
	新宾县	面积/km²	1583.174	31.511	15.335	457.213	35.790	0
		占流域类型比例/%	39.177	43.384	14.196	46.804	46.869	0
	清原县	面积/km²	1735.730	29.382	15.588	364.281	31.319	0.044
		占流域类型比例/%	42.952	40.454	14.430	37.291	41.014	21.569
2005	流域总计	面积/km²	4041.310	72.630	107.048	976.544	77.428	0.204
		占流域总面积比例/%	76.610	1.377	2.029	18.512	1.468	0.004
	抚顺县	面积/km²	722.300	11.739	76.258	156.082	9.254	0.160
		占流域类型比例/%	17.873	16.162	71.237	15.983	11.953	78.431
	新宾县	面积/km²	1583.236	31.511	15.306	457.155	35.816	0
		占流域类型比例/%	39.176	43.385	14.299	46.814	46.257	0
	清原县	面积/km²	1735.774	29.380	15.483	363.306	32.357	0.044
		占流域类型比例/%	42.951	40.453	14.464	37.203	41.790	21.569
2010	流域总计	面积/km²	4040.980	72.620	106.700	967.120	87.540	0.204
		占流域总面积比例/%	76.604	1.377	2.023	18.333	1.659	0.004
	抚顺县	面积/km²	722.324	11.739	76.258	153.186	12.128	0.160
		占流域类型比例/%	17.875	16.163	71.470	15.839	13.852	78.431
	新宾县	面积/km²	1583.190	31.506	14.941	451.712	41.675	0
		占流域类型比例/%	39.178	43.384	14.006	46.708	47.606	0
	清原县	面积/km²	1735.464	29.375	15.497	362.220	33.741	0.044
		占流域类型比例/%	42.947	40.453	14.524	37.453	38.542	21.569

从流域内各县的一级生态系统类型构成变化来看，新宾县林地面积保持不变，抚顺县略有增加，清原县略有减少，变化幅度均在 0.02% 左右，说明三个县的林地面积保持较好的稳定。2000～2010 年流域内抚顺县的耕地面积减少 1.41%，湿地面积减少 1.09%，人工表面增加 30.1%，草地和其他类型面积保持稳定；2000～2010 年新宾县的耕地面积减少 1.20%，湿地面积减少 2.57%，人工表面增加 16.44%，草地面积保持稳定；清原县的耕地面积减少 0.07%，人工表面增加 0.08%，草地、湿地和其他类型面积基本保持稳定。流域内三个县的生态系统类型构成变化说明，抚顺县和新宾县的变化趋势相近，均表现为人工表面面积大幅增加，湿地减少，人工扰动和植被退化较为严重，相对而言，流域内清原县生态系统类型构成在十年间的变化较少，相对稳定，如图 6-4 所示。

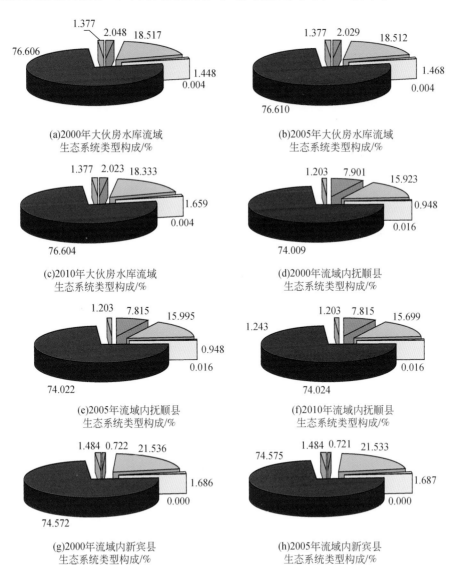

(a)2000年大伙房水库流域
生态系统类型构成/%

(b)2005年大伙房水库流域
生态系统类型构成/%

(c)2010年大伙房水库流域
生态系统类型构成/%

(d)2000年流域内抚顺县
生态系统类型构成/%

(e)2005年流域内抚顺县
生态系统类型构成/%

(f)2010年流域内抚顺县
生态系统类型构成/%

(g)2000年流域内新宾县
生态系统类型构成/%

(h)2005年流域内新宾县
生态系统类型构成/%

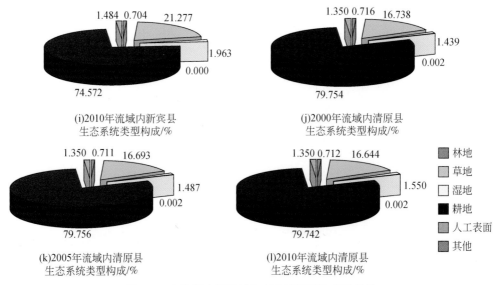

(i)2010年流域内新宾县
生态系统类型构成/%

(j)2000年流域内清原县
生态系统类型构成/%

(k)2005年流域内清原县
生态系统类型构成/%

(l)2010年流域内清原县
生态系统类型构成/%

林地
草地
湿地
耕地
人工表面
其他

图 6-4　大伙房水库流域生态系统类型构成及变化

6.2.1.2　二级生态系统类型构成

2000 年，从二级生态系统类型构成特征来看，大伙房水库流域的主要林地类型是落叶阔叶林（约为 2907km^2），占流域总面积的 55%，其次是落叶阔叶灌木林（约为 678km^2），占流域总面积的 12.8%，常绿针叶林和落叶针叶林占流域总面积的 8%。流域内水田和旱地的构成比例为 1:8，旱地约占流域总面积的 16%（约为 854km^2）。水库/坑塘和河流是主要的湿地类型，占流域总面积的 2%，草本湿地类型较少，占 0.02%。居住地和交通用地是主要的人工表面类型，占流域总面积的 1.4%。草原是流域内唯一的草地类型，占流域总面积的 1.38%，见表 6-2。

表 6-2　大伙房水库流域二级生态系统构成与分布

年份	Ⅰ级分类	Ⅱ级分类	流域总计		抚顺县		新宾县		清原县	
			面积/km^2	占流域总面积比例/%	面积/km^2	占流域类型比例/%	面积/km^2	占流域类型比例/%	面积/km^2	占流域类型比例/%
2000	林地	落叶阔叶林	2907.52	55.12	567.81	19.53	1080.25	37.15	1259.46	43.32
		常绿针叶林	181.90	3.45	40.15	22.07	31.45	17.29	110.29	60.63
		落叶针叶林	262.88	4.98	58.75	22.35	147.66	56.17	56.47	21.48
		针阔混交林	6.12	0.12	3.04	49.60	2.63	43.00	0.45	7.40
		落叶阔叶灌木林	678.35	12.86	51.39	7.58	319.55	47.11	307.41	45.32
		灌木园地	0.31	0.01	0.31	100.00	0	0	0	0

年份	Ⅰ级分类	Ⅱ级分类	流域总计		抚顺县		新宾县		清原县	
			面积/km²	占流域总面积比例/%	面积/km²	占流域类型比例/%	面积/km²	占流域类型比例/%	面积/km²	占流域类型比例/%
2000	草地	草原	73.26	1.39	11.80	16.11	31.83	43.44	29.64	40.45
	湿地	草本湿地	1.16	0.02	1.15	98.41	0	0	0.02	1.59
		水库/坑塘	79.00	1.50	71.35	90.32	4.77	6.04	2.88	3.64
		河流	28.12	0.53	4.67	16.61	10.65	37.88	12.80	45.50
	耕地	水田	125.10	2.37	5.05	4.04	79.54	63.59	40.50	32.38
		旱地	854.64	16.20	150.91	17.66	378.77	44.32	324.96	38.02
	人工表面	居住地	73.58	1.39	8.27	11.24	35.03	47.61	30.28	41.16
		工业用地	0.04	0.00	0.02	61.30	0.01	38.70	0	0
		交通用地	2.16	0.04	0.92	42.43	0.87	40.32	0.37	17.25
		采矿场	0.83	0.00	0.05	6.60	0	0	0.77	93.39
	其他	裸土	0.21	0.00	0.16	78.44	0	0	0.04	21.56
2005	林地	落叶阔叶林	2907.23	55.11	567.81	19.53	1080.20	37.16	1259.23	43.31
		常绿针叶林	182.15	3.45	40.29	22.12	31.48	17.28	110.38	60.60
		落叶针叶林	262.90	4.98	58.75	22.35	147.68	56.17	56.48	21.48
		针阔混交林	6.12	0.12	3.04	49.60	2.63	43.00	0.45	7.40
		落叶阔叶灌木林	678.60	12.86	51.37	7.57	319.63	47.10	307.59	45.33
		灌木园地	0.31	0.01	0.31	100.00	0	0	0	0
	草地	草原	73.26	1.39	11.80	16.11	31.83	43.44	29.63	40.45
	湿地	草本湿地	0.02	0.00	0	0	0	0	0.02	100.00
		水库/坑塘	79.31	1.50	71.67	90.37	4.76	6.01	2.88	3.62
		河流	27.99	0.53	4.66	16.66	10.64	38.00	12.69	45.34
	耕地	水田	130.82	2.48	8.80	6.72	81.49	62.29	40.54	30.99
		旱地	848.57	16.09	147.87	17.43	376.76	44.40	323.95	38.18
	人工表面	居住地	74.62	1.41	8.27	11.08	35.05	46.97	31.30	41.94
		工业用地	0.04	0.00	0.02	61.30	0.01	38.70	0	0
		交通用地	2.18	0.04	0.92	42.10	0.87	40.01	0.39	17.89
		采矿场	0.83	0.02	0.05	6.60	0	0	0.77	93.39
	其他	裸土	0.21	0.00	0.16	78.44	0	0	0.04	21.56

年份	Ⅰ级分类	Ⅱ级分类	流域总计		抚顺县		新宾县		清原县	
			面积/km²	占流域总面积比例/%	面积/km²	占流域类型比例/%	面积/km²	占流域类型比例/%	面积/km²	占流域类型比例/%
2010	林地	落叶阔叶	2906.84	55.10	567.82	19.53	1080.12	37.16	1258.90	43.31
		常绿针叶林	182.18	3.45	40.29	22.12	31.50	17.29	110.39	60.59
		落叶针叶林	262.88	4.98	58.75	22.35	147.66	56.17	56.47	21.48
		针阔混交林	6.12	0.12	3.04	49.60	2.63	43.00	0.45	7.40
		落叶阔叶灌木林	678.63	12.86	51.38	7.57	319.64	47.10	307.61	45.33
		灌木园地	0.31	0.01	0.31	100.01	0	0	0	0
	草地	草原	73.25	1.39	11.80	16.11	31.82	43.44	29.63	40.45
	湿地	草本湿地	0.03	0.00	0	0	0	0	0.03	99.98
		水库/坑塘	79.31	1.50	71.67	90.37	4.76	6.01	2.88	3.62
		河流	27.62	0.52	4.66	16.88	10.27	37.17	12.69	45.95
	耕地	水田	129.85	2.46	8.79	6.77	80.69	62.14	40.37	31.09
		旱地	840.09	15.93	144.98	17.26	372.09	44.29	323.02	38.45
	人工表面	居住地	81.24	1.54	11.15	13.73	37.67	46.36	32.42	39.91
		工业用地	0.04	0.00	0.02	61.25	0.01	38.69	0	0
		交通用地	5.73	0.11	0.91	15.97	4.15	72.47	0.66	11.56
		采矿场	0.83	0.02	0.05	6.60	0	0	0.77	93.39
	其他	裸土	0.21	0.00	0.16	78.44	0	0	0.04	21.56

6.2.2 生态系统类型变化

从一级生态系统类型面积变化来看，2000~2010年，大伙房水库流域的人工表面面积显著增加，耕地和湿地面积显著减少，林地和草地面积略有减少，其他类型面积基本保持稳定。林地在2000~2005年保持增加趋势，2005~2010年间出现减少，十年间流域总体林地面积略有减少，减少了约0.1 km²，其中清原县减少了0.266 km²，抚顺县和新宾县共增加了0.167 km²。流域总体及流域内三个县的湿地面积都呈现稳定的减少趋势，十年间总计减少1.326 km²。耕地面积十年间流域总体呈现显著的减少趋势，减少约9.7 km²，减少了近1%，抚顺县耕地面积在2000~2005年略有增加，但2005~2010年却出现明显地减少，流域耕地面积减少主要来自于新宾县的耕地面积减少。流域草地面积呈减少趋势，但减少幅度很小，十年间总计减少0.012 km²。人工表面在十年间保持显著的增加趋势，主要来自于新宾县交通用地的显著增加，增加了约3.2807 km²，流域内三个县的居住地面积增加幅度相近，十年间都增加了近2.5 km²，如图6-5、表6-3和表6-4所示。

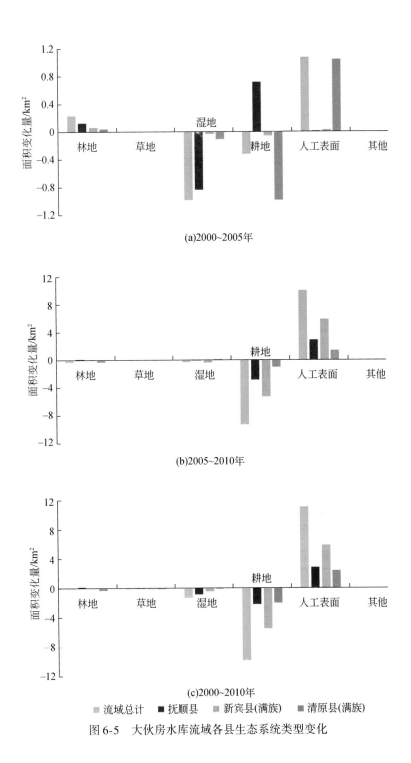

(a)2000~2005年

(b)2005~2010年

(c)2000~2010年

流域总计　■ 抚顺县　新宾县(满族)　清原县(满族)

图6-5　大伙房水库流域各县生态系统类型变化

表6-3 大伙房水库流域一级生态系统类型变化

时段	I 级分类	统计参数	林地	草地	湿地	耕地	人工表面	其他
2000~2005 年	流域总计	面积变化量/km²	0.232	−0.002	−0.975	−0.32	1.066	0
		面积变化率/%	0.006	−0.003	−0.903	−0.033	1.396	0
	抚顺县	面积变化量/km²	0.127	0	−0.841	0.711	0.001	0
		占流域该类型变化量的比例/%	54.741	0	86.256	−222.187	0.094	0
	新宾县（满族）	面积变化量/km²	0.062	0	−0.029	−0.058	0.026	0
		占流域该类型变化量的比例/%	26.724	0	2.974	18.125	2.439	0
	清原县（满族）	面积变化量/km²	0.044	−0.002	−0.105	−0.975	1.038	0
		占流域该类型变化量的比例/%	18.966	100.0	10.769	304.687	97.373	0
2005~2010 年	流域总计	面积变化量/km²	−0.330	−0.010	−0.348	−9.424	10.112	0
		面积变化率/%	−0.008	−0.014	−0.325	−0.965	13.060	0
	抚顺县	面积变化量/km²	0.024	0	0	−2.896	2.874	0
		占流域该类型变化量的比例/%	−7.273	0	0	30.730	28.422	0
	新宾县（满族）	面积变化量/km²	−0.046	−0.005	−0.365	−5.443	5.859	0
		占流域该类型变化量的比例/%	13.939	50.0	104.885	57.757	57.941	0
	清原县（满族）	面积变化量/km²	−0.310	−0.005	0.014	−1.086	1.384	0
		占流域该类型变化量的比例/%	93.939	50.0	−4.023	11.524	13.687	0
2000~2010 年	流域总计	面积变化量/km²	−0.098	−0.012	−1.323	−9.744	11.178	0
		面积变化率/%	−0.002	−0.017	−1.225	−0.997	14.638	0
	抚顺县	面积变化量/km²	0.151	0	−0.841	−2.185	2.875	0
		占流域该类型变化量的比例/%	−154.082	0	63.568	22.424	25.720	0
	新宾县（满族）	面积变化量/km²	0.016	−0.005	−0.394	−5.501	5.885	0
		占流域该类型变化量的比例/%	−16.327	41.667	29.781	56.455	52.648	0
	清原县（满族）	面积变化量/km²	−0.266	−0.007	−0.091	−2.061	2.422	0
		占流域该类型变化量的比例/%	271.429	58.333	6.878	21.151	21.668	0

表6-4 大伙房水库流域二级生态系统类型变化

时段	I级分类	II级分类	流域总计		抚顺县		新宾县（满族）		清原县（满族）	
			面积变化量/km²	流域面积变化率/%	面积变化量/km²	占流域该类型变化量的比例/%	面积变化量/km²	占流域该类型变化量的比例/%	面积变化量/km²	占流域该类型变化量的比例/%
2000～2005年	林地	落叶阔叶林	−0.283 5	−0.009 8	−0.002 1	0.740 7	−0.051	17.989 4	−0.230 4	81.269 8
		常绿针叶林	0.251 1	0.138	0.139 4	55.515 7	0.021 5	8.562 3	0.090 1	35.882 1
		落叶针叶林	0.017 4	0.006 6	0.000 6	3.448 3	0.011 9	68.390 8	0.004 9	28.160 9
		针阔混交林	0	0	0	0	0	0	0	0
		落叶阔叶灌木林	0.250 8	0.037	−0.016 4	−6.539 1	0.086 9	34.649 1	0.180 4	71.929 8
		灌木园地	−0.001 5	−0.478 8	−0.001 5	100	0	0	0	0
	草地	草原	−0.003 0	−0.004 1	0	0	−0.001 3	43.333 3	−0.001 7	56.666 7
	湿地	草本湿地	−1.145 9	−98.411 2	−1.145 9	100	0	0	0	0
		水库/坑塘	0.314 7	0.398 4	0.321 9	102.287 9	−0.007 2	−2.287 9	0	0
		河流	−0.133 2	−0.473 6	−0.009 8	7.357 4	−0.017 8	13.363 4	−0.105 6	79.279 3
	耕地	水田	5.728 6	4.579 4	3.745 3	65.379 0	1.943 4	33.924 5	0.04	0.698 3
		旱地	−6.061 0	−0.709 2	−3.034 4	50.061 0	−2.013 5	33.220 6	−1.013 3	16.718 4
	人工表面	居住地	1.048 9	1.425 6	0.003 0	0.286 0	0.027 2	2.593 2	1.018 8	97.130 3
		工业用地	0	0	0	0	0	0	0	0
		交通用地	0.016 4	0.759 6	−0.000 2	−1.219 5	0	0	0.016 6	101.219 5
		采矿场	0	0	0	0	0	0	0	0
	其他	裸土	0	0	0	0	0	0	0	0
2005～2010年	林地	落叶阔叶林	−0.399 1	−0.013 7	0.01	−2.505 6	−0.081 7	20.471 1	−0.327 4	82.034 6
		常绿针叶林	0.030 6	0.016 8	0.000 7	2.287 6	0.024 9	81.372 5	0.005 1	16.666 7
		落叶针叶林	−0.018 5	−0.007 0	0.001 1	−5.945 9	−0.011 7	63.243 2	−0.007 9	42.702 7
		针阔混交林	0	0	0	0	0	0	0	0
		落叶阔叶灌木林	0.035 4	0.005 2	0.006	16.949 2	0.010 5	29.661 0	0.018 9	53.389 8
		灌木园地	0	0	0	0	0	0	0	0
	草地	草原	−0.003 6	−0.005	−0.000 1	2.777 8	−0.003 5	97.222 2	0	0
	湿地	草本湿地	0	0	0	0	0	0	0	0
		水库/坑塘	0	0	0	0	0	0	0	0
		河流	−0.370 0	−1.321 8	−0.000 7	0.189 2	−0.368 7	99.648 6	−0.000 5	0.135 1
	耕地	水田	−0.970 9	−0.742 1	−0.005 5	0.566 5	−0.792 4	81.615 0	−0.173 1	17.828 8
		旱地	−8.486 6	−1.000 1	−2.890 9	34.064 3	−4.671 7	55.048 0	−0.924	10.887 8
	人工表面	居住地	6.616 6	8.866 5	2.880 4	43.532 9	2.613 7	39.502 2	1.122 5	16.964 9
		工业用地	0	0	0	0	0	0	0	0
		交通用地	3.552 6	163.298 3	−0.001	−0.028 1	3.280 7	92.346 5	0.273	7.684 5
		采矿场	0	0	0	0	0	0	0	0
	其他	裸土	0	0	0	0	0	0	0	0

续表

时段	Ⅰ级分类	Ⅱ级分类	流域总计		抚顺县		新宾县（满族）		清原县（满族）	
			面积变化量/km²	流域面积变化率/%	面积变化量/km²	占流域该类型变化量的比例/%	面积变化量/km²	占流域该类型变化量的比例/%	面积变化量/km²	占流域该类型变化量的比例/%
2000~2010年	林地	落叶阔叶林	-0.682 6	-0.023 5	0.007 9	-1.157 3	-0.132 7	19.440 4	-0.557 8	81.717 0
		常绿针叶林	0.281 7	0.154 9	0.140 1	49.733 8	0.046 4	16.471 4	0.095 2	33.794 8
		落叶针叶林	-0.001 1	-0.000 4	0.001 7	-154.545 5	0.000 2	-18.181 8	-0.003	272.727 3
		针阔混交林	0	0	0	0	0	0	0	0
		落叶阔叶灌木林	0.286 2	0.042 2	-0.010 4	-3.633 8	0.097 4	34.032 1	0.199 3	69.636 6
		灌木园地	-0.001 5	-0.490 3	-0.001 5	100.000 0	0	0.000 0	0	0.000 0
	草地	草原	-0.006 6	-0.009 1	-0.000 1	1.515 2	-0.004 8	72.727 3	-0.001 7	25.757 6
	湿地	草本湿地	-1.132 3	-97.242 6	-1.145 9	101.201 1	0	0	0	0
		水库/坑塘	0.314 6	0.398 2	0.321 9	102.320 4	-0.007 3	-2.320 4	0	0
		河流	-0.503 2	-1.789 1	-0.010 5	2.086 6	-0.386 5	76.808 4	-0.106 1	21.085 1
	耕地	水田	4.757 7	3.803 3	3.739 8	78.605 2	1.151	24.192 4	-0.133 1	-2.797 6
		旱地	-14.547 6	-1.702 2	-5.925 1	40.729 1	-6.685 2	45.954 0	-1.937 3	13.317 0
	人工表面	居住地	7.665 5	10.418 5	2.883 4	37.615 3	2.640 882	34.451 5	2.141 3	27.934 3
		工业用地	0	0	0	0	0	0	0	0
		交通用地	3.569	165.298 3	-0.001 2	-0.033 6	3.280 7	91.922 1	0.289 6	8.114 3
		采矿场	0	0	0	0	0	0	0	0
	其他	裸土	0	0	0	0	0	0	0	0

6.2.3　生态系统类型相互转化

6.2.3.1　大伙房水库流域

从 2000~2010 年大伙房水库流域一级生态系统类型的变化过程来看，人工表面、耕地和林地类型的变化最为显著。十年间人工表面的显著增加主要来自于耕地的转入（以旱地为主），其次是林地和湿地。耕地主要转入的生态系统类型为林地和湿地，主要表现为林地（0.839km²）和湿地（0.813km²）转化为耕地；林地类型的主要转入来自于耕地，主要以旱地形式转出，耕地类型中旱地与其他生态系统类型之间的相互转化较为活跃；湿地类型只有转出行为，十年间转出 0.813 km² 变为耕地；草地类型保持较好的稳定性，见表 6-5 和表 6-6。

表 6-5　大伙房水库流域一级生态系统类型转移矩阵　　　　（单位：km²）

年际	Ⅰ级分类	林地	草地	湿地	耕地	人工表面	其他
2000~2005 年	林地	4040.634	0.002	0.005	0.340	0.096	
	草地	0.005	72.625		0.002		
	湿地	0.143		107.029	0.797	0.054	
	耕地	0.522	0.003	0.012	975.392	0.936	
	人工表面	0.006		0.002	0.012	76.342	
	其他						0.204
2005~2010 年	林地	4040.606	0.000	0.012	0.507	0.184	
	草地	0.006	72.622		0.000	0.003	
	湿地	0.000		106.665	0.016	0.367	
	耕地	0.349	0.002	0.018	966.492	9.682	
	人工表面	0.016	0.001	0.001	0.102	77.308	
	其他						0.204
2000~2010 年	林地	4039.939	0.003	0.017	0.839	0.280	
	草地	0.011	72.617		0.002	0.003	
	湿地	0.143		106.646	0.813	0.420	
	耕地	0.862	0.005	0.029	965.351	10.617	
	人工表面	0.023	0.001	0.003	0.112	76.225	
	其他						0.204

表 6-6　大伙房水库流域一级生态系统类型转移比例矩阵　　　　（单位:%）

年际	Ⅰ级分类	林地	草地	湿地	耕地	人工表面	其他
2000~2005 年	林地	99.9890	0.0001	0.0001	0.0084	0.0024	
	草地	0.0065	99.9902		0.0033		
	湿地	0.1322		99.0800	0.7381	0.0497	
	耕地	0.0534	0.0003	0.0012	99.8493	0.0958	
	人工表面	0.0084		0.0027	0.0157	99.9732	
	其他						100
2005~2010 年	林地	99.9826	0.0000	0.0003	0.0125	0.0046	
	草地	0.0082	99.9879		0.0001	0.0038	
	湿地	0.0001		99.6423	0.0151	0.3425	
	耕地	0.0358	0.0002	0.0018	98.9707	0.9915	
	人工表面	0.0209	0.0008	0.0009	0.1318	99.8456	
	其他						100

续表

年际	Ⅰ级分类	林地	草地	湿地	耕地	人工表面	其他
2000～2010年	林地	99.9718	0.0001	0.0004	0.0208	0.0069	
	草地	0.0147	99.9781		0.0034	0.0038	
	湿地	0.1323		98.7256	0.7530	0.3891	
	耕地	0.0882	0.0005	0.0030	98.8214	1.0869	
	人工表面	0.0295	0.0009	0.0036	0.1465	99.8195	
	其他						100

6.2.3.2 流域内各县辖区

（1）抚顺县

从大伙房水库流域抚顺县辖区范围内的一级生态系统类型的变化过程来看，2000～2010年，大量耕地（2.88 km²）转为人工表面，主要以旱地形式转出。此外约0.7 km²湿地转为耕地，约0.3 km²的湿地和耕地转为林地，见表6-7和表6-8。

表6-7　大伙房水库流域抚顺县辖区一级生态系统类型转移矩阵　（单位：km²）

年际	Ⅰ级分类	林地	草地	湿地	耕地	人工表面	其他
2000～2005年	林地	722.108		0.004	0.058	0.002	
	草地		11.739				
	湿地	0.121		76.253	0.724	0.001	
	耕地	0.071		0.001	155.296	0.002	
	人工表面				0.004	9.249	
	其他						0.160
2005～2010年	林地	722.206			0.074	0.020	
	草地		11.736		0.00006	0.003	
	湿地			76.257	0.001		
	耕地	0.115	0.002	0.001	153.087	2.877	
	人工表面	0.002	0.001		0.024	9.228	
	其他						0.160
2000～2010年	林地	722.015		0.004	0.132	0.022	
	草地		11.736		0.00006	0.003	
	湿地	0.121		76.251	0.725	0.001	
	耕地	0.186	0.002	0.002	152.301	2.880	
	人工表面	0.002	0.001		0.028	9.223	
	其他						0.160

表6-8 大伙房水库流域抚顺县辖区一级生态系统类型转移比例矩阵 （单位:%）

年际	I 级分类	林地	草地	湿地	耕地	人工表面	其他
2000～2005 年	林地	99.9911		0.0006	0.0081	0.0002	
	草地		100.0000				
	湿地	0.1570		98.9022	0.9389	0.0019	
	耕地	0.0455		0.0008	99.9522	0.0015	
	人工表面	0.0016			0.0403	99.9581	
	其他						100
2005～2010 年	林地	99.9870			0.0102	0.0028	
	草地		99.9759		0.0006	0.0235	
	湿地			99.9984	0.0016		
	耕地	0.0739	0.0013	0.0003	98.0811	1.8434	
	人工表面	0.0185	0.0069		0.2573	99.7173	
	其他						100
2000～2010 年	林地	99.9781		0.0006	0.0183	0.0030	
	草地		99.9759		0.0006	0.0235	
	湿地	0.1570		98.9006	0.9405	0.0019	
	耕地	0.1197	0.0013	0.0013	98.0243	1.8534	
	人工表面	0.0201	0.0069		0.2976	99.6754	
	其他						100

（2）新宾县

从大伙房水库流域新宾县辖区范围内一级生态系统类型的变化过程来看，2000～2010 年，大量耕地（5.515 km²）转为人工表面，主要以旱地形式转出。此外约 0.2 km² 林地转为耕地，0.249 km² 的耕地转为林地。大伙房水库流域内新宾县在十年间人工表面面积增加最多，城镇化活动最活跃，见表6-9和表6-10。

表6-9 大伙房水库流域新宾县辖区一级生态系统类型转移矩阵 （单位：km²）

年际	I 级分类	林地	草地	湿地	耕地	人工表面	其他
2000～2005 年	林地	1583.134	0.001		0.039		
	草地	0.001	31.510				
	湿地	0.009		15.304	0.002	0.021	
	耕地	0.090		0.002	457.114	0.006	
	人工表面	0.001		0.000		35.789	
	其他						

年际	Ⅰ级分类	林地	草地	湿地	耕地	人工表面	其他
2005~2010年	林地	1583.013	0.000		0.170	0.052	
	草地	0.005	31.506				
	湿地	0.000		14.925	0.014	0.366	
	耕地	0.159		0.015	451.471	5.509	
	人工表面	0.012		0.001	0.056	35.747	
	其他						
2000~2010年	林地	1582.912	0.001		0.209	0.052	
	草地	0.006	31.505				
	湿地	0.009		14.923	0.016	0.388	
	耕地	0.249		0.017	451.431	5.515	
	人工表面	0.013		0.001	0.056	35.720	
	其他						

表6-10　大伙房水库流域新宾县辖区一级生态系统类型转移比例矩阵　（单位:%）

年际	Ⅰ级分类	林地	草地	湿地	耕地	人工表面	其他
2000~2005年	林地	99.9975	0.000046		0.0025		
	草地	0.0046	99.9954				
	湿地	0.0561		99.7964	0.0099	0.1376	
	耕地	0.0198		0.0004	99.9785	0.0013	
	人工表面	0.0025		0.0001		99.9974	
	其他						
2005~2010年	林地	99.9860	0.000009		0.0107	0.0033	
	草地	0.0145	99.9855				
	湿地	0.0006		97.5124	0.0927	2.3943	
	耕地	0.0348		0.0033	98.7568	1.2051	
	人工表面	0.0347		0.0019	0.1568	99.8066	
	其他						
2000~2010年	林地	99.9834	0.0001		0.0132	0.0033	
	草地	0.0191	99.9809				
	湿地	0.0567		97.3135	0.1024	2.5274	
	耕地	0.0545		0.0037	98.7355	1.2063	
	人工表面	0.0372		0.0020	0.1569	99.8039	
	其他						

（3）清原县

从大伙房水库流域清原县辖区范围内一级生态系统类型的变化过程来看，2000～2010 年，大量耕地（2.222 km²）转为人工表面，主要以旱地形式转出。此外约 0.5 km² 林地转为耕地，约 0.4km² 的耕地转为林地，见表 6-11 和表 6-12。

表 6-11 大伙房水库流域清原县辖区一级生态系统类型转移矩阵 （单位：km²）

年际	Ⅰ级分类	林地	草地	湿地	耕地	人工表面	其他
2000～2005 年	林地	1735.391	0.002	0.001	0.243	0.095	
	草地	0.003	29.376			0.002	
	湿地	0.013		15.472	0.072	0.031	
	耕地	0.361	0.003	0.009	362.981	0.927	
	人工表面	0.005		0.002	0.008	31.304	
	其他						0.044
2005～2010 年	林地	1735.386	0.000	0.012	0.263	0.112	
	草地	0.001	29.379				
	湿地			15.482	0.001	0.000	
	耕地	0.075		0.002	361.934	1.296	
	人工表面	0.002			0.022	32.333	
	其他						0.044
2000～2010 年	林地	1735.012	0.002	0.013	0.498	0.206	
	草地	0.005	29.375		0.002		
	湿地	0.013		15.471	0.073	0.031	
	耕地	0.427	0.003	0.010	361.619	2.222	
	人工表面	0.007		0.002	0.028	31.282	
	其他						0.044

表 6-12 大伙房水库流域清原县辖区一级生态系统类型转移比例矩阵 （单位:%）

年际	Ⅰ级分类	林地	草地	湿地	耕地	人工表面	其他
2000～2005 年	林地	99.980 4	0.000 1	0.000 030	0.014 0	0.005 47	
	草地	0.011 2	99.980 5		0.008 3		
	湿地	0.084 6		99.254 5	0.461 3	0.199 6	
	耕地	0.099 1	0.000 7	0.002 4	99.643 2	0.254 6	
	人工表面	0.017 2		0.006 5	0.026 4	99.949 9	
	其他						100

续表

年际	Ⅰ级分类	林地	草地	湿地	耕地	人工表面	其他
2005~2010年	林地	99.977 6	0.000 012	0.000 7	0.015 2	0.006 5	
	草地	0.004 7	99.995 3				
	湿地			99.994 2	0.004 7	0.001 1	
	耕地	0.020 7		0.000 5	99.622 1	0.356 7	
	人工表面	0.006 3			0.068 3	99.925 4	
	其他						100
2000~2010年	林地	99.958 6	0.000 1	0.000 8	0.028 7	0.011 8	
	草地	0.015 9	99.975 8		0.008 3		
	湿地	0.084 6		99.248 7	0.466 0	0.200 7	
	耕地	0.117 1	0.000 7	0.002 8	99.269 2	0.610 2	
	人工表面	0.023 6		0.006 5	0.090 0	99.879 9	
	其他						100

6.2.4 生态系统类型流量与流向

从林地生态系统的流量、流向分析来看，大伙房水库流域林地主要转化为耕地，其次是人工表面。流域内三个县的林地转出面积由大到小依次为清原县、新宾县、抚顺县。流域内转入为林地的生态系统类型主要为耕地和湿地，湿地转为林地的活动主要发生在抚顺县，耕地转为林地面积最多的为清原县，说明清原县在十年间耕地和林地之间转入转出很活跃，如图6-6所示。

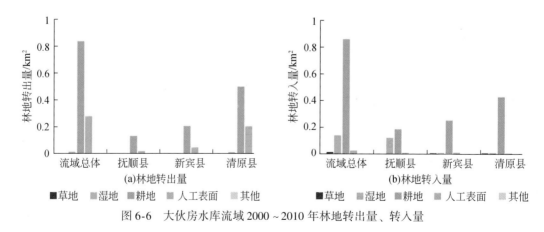

图6-6 大伙房水库流域2000~2010年林地转出量、转入量

从草地生态系统的流量、流向分析来看，2000~2010年流域内草地类型的转出、转入量较小，草地类型维持较为稳定的状态。流域总体而言，十年间约有0.016 km² 草地转

出，转为林地、耕地和人工表面；约有 0.009 km² 的林地、耕地和人工表面转为草地，如图 6-7 所示。

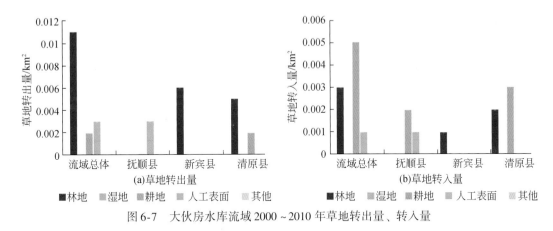

图 6-7　大伙房水库流域 2000~2010 年草地转出量、转入量

从湿地生态系统的流量、流向分析来看，流域内湿地与其他生态系统类型之间的相互转化主要表现为转出为其他类型，十年间约有 0.138 km² 湿地转为耕地、人工表面和林地。湿地转为耕地和林地主要发生在抚顺县，湿地转为人工表面主要发生在新宾县。湿地的主要转入类型为耕地和林地，但其转入量很小，仅为 0.049 km²，如图 6-8 所示。

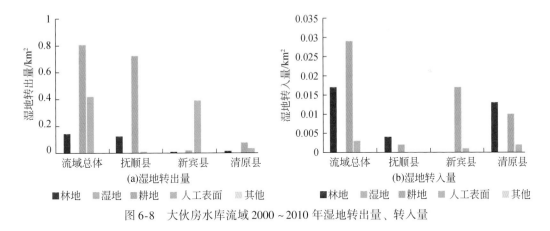

图 6-8　大伙房水库流域 2000~2010 年湿地转出量、转入量

从耕地生态系统的流量、流向分析来看，流域内耕地主要转出为人工表面，最活跃区域为新宾县。由其他生态系统类型转入为耕地的量较小，主要为湿地和林地，为 1.776 km²，如图 6-9 所示。

从人工表面的流量、流向分析来看，流域内人工表面主要表现为耕地的大量转入，最活跃区域为新宾县，如图 6-10 所示。

结合以上分析可以看出，大伙房水库流域生态系统挤占与退化严重程度从高到低依次为抚顺县、新宾县、清原县。在流域经济发展的过程中要特别注意对自然资源的适度开发，以防止流域内生态环境的进一步恶化。

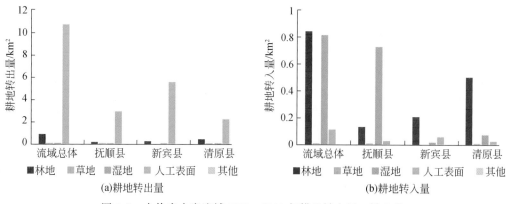

图 6-9　大伙房水库流域 2000~2010 年耕地转出量、转入量

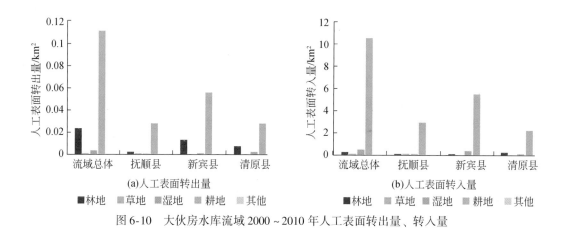

图 6-10　大伙房水库流域 2000~2010 年人工表面转出量、转入量

6.3　水库水源地生态系统格局及其变化

从 2000~2010 年大伙房水库流域生态系统的景观格局变化来看，斑块数增加、平均斑块面积减少，而边界密度增加，聚集度指数下降，这说明大伙房水库流域的生态系统破碎化程度有所加剧，连通性有所下降。

从一级和二级生态系统类斑块平均面积的变化情况来看，2000~2010 年湿地和耕地类斑块平均面积显著减小，主要表现为草本湿地、河流和旱地等二级生态系统类型类平均斑块面积的减小，而水库/坑塘和水田的类平均斑块面积在增大；人工表面的类平均斑块面积在显著增大，主要表现为居住地和交通用地的类平均斑块面积增大，其他人工表面对应的二级生态系统类型类平均斑块面积基本保持稳定；林地类型类平均斑块面积显著增加，但其对应的各二级生态系统类平均斑块面积基本保持稳定，灌木园地类平均斑块面积甚至出现了显著减少趋势，见表 6-13~表 6-15。

表 6-13　大伙房水库流域生态系统景观格局特征及其变化

年份	一级生态系统				二级生态系统			
	斑块数/个	平均斑块面积/km²	边界密度/(km/km²)	聚集度指数	斑块数/个	平均斑块面积/km²	边界密度/(km/km²)	聚集度指数
2000	6558	80.44	26.87	68.75	28534	18.49	60.06	57.81
2005	6571	80.28	26.88	68.75	28604	18.44	60.17	57.77
2010	6682	78.94	27.07	68.53	28753	18.35	60.33	57.59

表 6-14　大伙房水库流域一级生态系统类型类斑块平均面积　　（单位：km²）

年份	林地	草地	湿地	耕地	人工表面	其他
2000	669.90	4.80	18.58	31.64	10.11	4.54
2005	668.86	4.79	18.38	31.57	10.18	4.54
2010	673.27	4.79	18.32	30.78	10.61	4.54

表 6-15　大伙房水库流域二级生态系统类型类斑块平均面积　　（单位：km²）

代码	Ⅱ级分类	2000 年	2005 年	2010 年
102	落叶阔叶林	104.66	104.66	104.53
103	常绿针叶林	4.28	4.26	4.26
104	落叶针叶林	5.87	5.87	5.87
105	针阔混交林	37.97	37.97	37.97
107	落叶阔叶灌木林	8.10	8.10	8.10
110	灌木园地	16.20	14.18	14.18
22	草原	4.88	4.88	4.88
33	草本湿地	17.13	2.43	4.86
35	水库/坑塘	140.64	141.19	141.17
36	河流	5.28	5.27	5.19
41	水田	6.24	6.44	6.38
42	旱地	22.91	22.56	22.06
51	居住地	10.64	10.73	11.37
52	工业用地	1.62	1.62	1.62
53	交通用地	2.49	2.48	3.57
54	采矿场	21.06	21.06	21.06
66	裸土	4.54	4.54	4.54

6.4　水库水源地生态系统服务及其变化

6.4.1　产品供给能力

6.4.1.1　农作物供给

2000 年，大伙房水库流域作物供给总热量值为 327 682.52×10^{6}kcal，单位面积作物供给能力为 3.21×10^6 kcal/hm^2。

从流域内不同区县的作物供给来看，流域内不同区县的总热量值供应大小依次为清原县>新宾县>抚顺县，其中抚顺县的单位面积作物供给能力为 4.83×10^6 kcal/hm^2，远高于清原县和新宾县，主要是由于不同区县的耕地面积不同。从不同子流域的作物供给来看，社河>浑河>苏子河，供给能力差异明显。

从不同海拔高度的作物供给来看，海拔 200m 以下地区的单位面积作物供给能力最高，达到 3.80×10^6 kcal/hm^2，其他海拔高度的耕地单位面积作物供给能力相近，介于 2.85×10^6 ~3.22×10^{6}kcal/hm^2；以海拔 500 m 为界，将大伙房水库流域划分为平原（<500 m）和山地（>500 m），大伙房水库流域的耕地生态系统和作物供给主要分布在平原地区。2000 年平原地区的耕地面积占流域耕地面积的 94.40%，占流域总面积的 17.72%，单位面积作物供给能力为 3.26×10^6 kcal/hm^2，作物供给总热量值为 310 493.75×10^6 kcal，为大伙房水库流域提供了近 95% 的作物产品。

2005 年，大伙房水库流域内耕地面积占总面积的 18.512%，作物供给总热量值为 374 160.59×10^{6}kcal，单位面积作物供给能力为 3.66×10^6 kcal/hm^2。

不同区县和不同子流域的单位面积作物供给能力和作物供给总热量值较 2000 年均有一定程度的提高，但分布趋势与 2000 年保持一致。不同海拔高度的作物供给能力较 2000 年也有显著提高，海拔 200 m 以下地区的单位面积作物供给能力最高，达到 4.34×10^6 kcal/hm^2，其他海拔高度的耕地单位面积作物供给能力介于 3.30×10^6 ~3.67×10^{6}kcal/hm^2；2005 年流域内平原地区的耕地面积占流域耕地面积的 94.44%，占流域总面积的 17.68%，耕地面积有所减少，单位面积作物供给能力有所提高，达到 3.72×10^6 kcal/hm^2，作物供给总热量值总体增加，达到 353 933.34×10^6 kcal，平原地区仍然是大伙房水库流域最主要的作物供给区域。

2010 年，大伙房水库流域内耕地面积占总面积的 18.333%，作物供给总热量值为 446 739.69×10^{6}kcal，单位面积作物供给能力为 4.42×10^6 kcal/hm^2。

不同区县和不同子流域的单位面积作物供给能力和作物供给总热量值较 2005 年均有一定程度的提高，但分布趋势与 2000 年和 2005 年保持一致。不同海拔高度的作物供给能力较 2005 年也有显著提高，海拔 200 m 以下地区的单位面积作物供给能力最高，达到 5.17×10^6 kcal/hm^2，其他海拔高度的耕地单位面积作物供给能力介于 3.99×10^6 ~4.48×10^6

$kcal/hm^2$；2010 年流域内平原地区的耕地面积占流域耕地面积的 94.37%，占流域总面积的 17.53%，耕地面积有所减少，单位面积作物供给能力有所提高，达到 $4.48×10^6$ kcal/hm^2，作物供给总热量值总体增加，达到 422 792.98×10⁶ kcal。

2000～2010 年，大伙房水库流域的耕地面积下降了 0.997%，约为 9.744km²，而十年间流域以及流域内不同尺度（区县、子流域、海拔）对应的单位面积作物供给能力和作物供给总热量值均增加了 36% 以上，并呈现加速增长的趋势。2005～2010 年流域作物供给能力提高速度是 2000～2005 年的 1.5 倍左右，社河流域（抚顺县）2005～2010 年的作物供给能力是 2000～2005 年的 2 倍以上，增加最为显著，其次是清原县，增加速度为流域平均水平，新宾县的增加速度略低于流域平均水平。如图 6-11、图 6-12 和表 6-16 所示。

(a)2000年　　　　　　　　(b)2005年　　　　　　　　(c)2010年

图 例
▢ 流域边界
作物供给功能/(10⁶kcal/hm²)

<3.0 3.0~3.5 3.5~4.0 4.0~4.5 4.5~5.0 5.0~5.5 5.5~6.0 >6.0

图 6-11 大伙房水库流域单位面积生态系统农作物供给量

  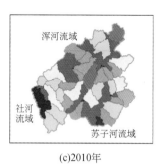

(a)2000年　　　　　　　　(b)2005年　　　　　　　　(c)2010年

图 例
▢ 流域边界
作物供给功能/×10⁶kcal

<1000 1000~5000 5000~8000 8000~12000 12000~16000 16000~20000 20000~25000 25000~28000

图 6-12 大伙房水库流域生态系统农作物供给量

表 6-16　大伙房水库流域生态系统农作物供给服务

食物供给能力		2000 年		2005 年		2010 年	
		总热量值/×10⁶ kcal	单位面积热量值/(×10⁶ kcal/hm²)	总热量值/×10⁶ kcal	单位面积热量值/(×10⁶ kcal/hm²)	总热量值/×10⁶ kcal	单位面积热量值/(×10⁶ kcal/hm²)
流域内各区县	抚顺县	75 374.16	4.83	82 639.12	5.27	95 193.75	6.19
	新宾满族自治县	119 294.03	2.61	138 885.94	3.04	166 181.47	3.69
	清原满族自治县	132 956.80	3.25	152 573.22	3.73	185 284.65	4.55
子流域	社河	40 634.38	4.83	44 663.78	5.27	51 444.98	6.19
	浑河	152 273.25	3.33	173 642.22	3.81	209 098.89	4.63
	苏子河	135 855.36	2.81	156 489.57	3.24	187 779.69	3.91
大伙房水库流域		327 682.52	3.21	374 160.59	3.66	446 739.69	4.42

6.4.1.2　肉类供给

大伙房水库流域的肉类供给能力采用基于行政区划的肉类总产量转换为热量值，并除以区县总面积得到单位肉类供给能力的方法来进行分析，单位为 kcal/hm²，受行政区划的限制，且研究区只涉及三个区县，所得结果空间差异显著。从流域总体角度看，2000 ~ 2010 年，猪肉供给能力呈逐步增加趋势，由 2000 年的 0.29×10⁶ kcal/hm² 增长至 2010 年的 0.37×10⁶ kcal/hm²，空间分布趋势为社河流域>浑河流域>苏子河流域，社河流域的猪肉供给能力较强，为 0.5×10⁶ kcal/hm²，而浑河流域和苏子河流域的猪肉供给能力相近。社河流域 2000 ~ 2010 年猪肉供给能力先升高后降低，浑河流域先降低后提高，苏子河流域呈现稳步提高趋势，如图 6-13 和表 6-17 所示。

从分析结果来看，作物供给和猪肉供给能力变化都与土地利用类型变化无关。

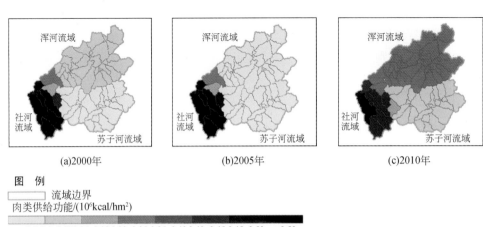

(a)2000年　　　　　　(b)2005年　　　　　　(c)2010年

图　例

▭ 流域边界

肉类供给功能/(10⁶kcal/hm²)

<0.2　0.2~0.25　0.25~0.30　0.30~0.35　0.35~0.40　0.40~0.45　0.45~0.50　>0.50

图 6-13　大伙房水库流域生态系统肉类供给能力

表 6-17　大伙房水库流域肉类供给服务能力　（单位：×10⁶kcal/hm²）

年份	流域总体	子流域			区县		
		社河	浑河	苏子河	抚顺县	新宾县	清原县
2000 年	0.29	0.50	0.23	0.19	0.50	0.22	0.15
2005 年	0.30	0.56	0.18	0.20	0.55	0.16	0.16
2010 年	0.37	0.45	0.32	0.27	0.44	0.32	0.24

6.4.2　固碳能力

6.4.2.1　固碳能力空间特征

2000 年，大伙房水库流域的平均碳密度为 198.0357 Mg/hm²，总碳贮量为 108.1872 Tg（1 Tg=10¹² g）。碳密度与土壤有机碳密度的分布基本一致，东南方向高，主要由于该地区分布着大范围的暗棕壤，具有较高的土壤有机碳密度。碳贮量构成特征分析显示，2000 年大伙房水库流域的土壤有机碳密度平均为 136.7884 Mg/hm²，约是植被生物量碳密度的 2.23 倍，土壤有机碳库为 74.7286 Tg，占流域总碳贮量的 69.07%，其中林地土壤有机碳库为 57.2396Tg，耕地土壤有机碳库为 13.78 Tg，湿地土壤有机碳库为 1.6211 Tg。

研究中多时段评估采用相同的土壤数据，对于大伙房水库流域整体而言，土壤有机碳密度及其碳贮量没有发生变化。因此，区域在不同时段的碳贮量构成及其变化，主要是分析由于土地利用变化导致的植被生物量平均碳密度和碳库大小的变化；而分析不同生态系统类型的碳贮量构成及其变化时，仍需要考虑土地利用变化导致的土壤有机碳密度和土壤有机碳库大小的变化。

2000 年，流域植被生物量平均碳密度为 61.2473Mg/hm²，碳贮量为 33.4586 Tg，表现为地上部分>地下部分>凋落物层，地上生物量碳密度和碳贮量分别为 49.4745 Mg/hm² 和 27.0339 Tg，地下分别为 7.9264 Mg/hm² 和 4.3311 Tg，凋落物层分别为 3.8464Mg/hm² 和 2.0902Tg。

从一级生态系统类型的植被生物量平均碳密度和碳贮量来看，都呈现出林地>耕地>草地>人工表面>湿地的趋势，其中湿地类型中只考虑了研究区灌丛湿地和草本湿地的植被生物量密度，而研究区存在大面积的水库和河流，这可能是导致湿地类型植被生物量碳密度值偏低的原因；林地类型（约占流域总面积的 76.60%）的生物量碳库为 32.5383Tg，占流域总植被生物量碳库的 97.25%，以落叶阔叶林为主（27.30 Tg），其次为落叶阔叶灌木林、常绿针叶林、落叶针叶林和针阔混交林。除林地外，耕地类型（水田和旱地）为流域碳贮量贡献了将近 0.9 Tg。

子流域生态系统植被生物量平均碳密度空间分布特征分析显示，社河流域>浑河流域>苏子河流域，而从碳贮量来看，浑河流域>苏子河流域>社河流域，碳贮量的大小主要受生态系统类型构成和面积的影响。

从不同碳密度区间的植被生物量碳库和面积构成分析来看，大伙房水库流域接近55%区域的植被生物量碳密度位于80~100 Mg/hm²，区域植被生物量碳库达到27.35 Tg，占流域植被生物量碳库总量的81.76%，主要对应于林地生态系统的分布区域。其他植被生物量碳密度区间的区域分布特征明显，主要沿着水系水域分布，如图6-14所示。

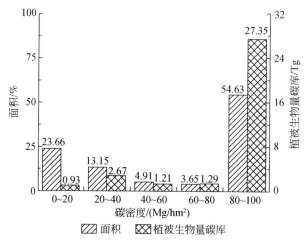

图6-14　大伙房水库流域生态系统不同碳密度区间的面积和植被碳贮量

从不同海拔高度区间的植被生物量平均碳密度和碳贮量分布来看，区域植被生物量平均碳密度基本呈现随海拔上升而升高的趋势，在600~800m达到峰值（>81 Mg/hm²），800m以上海拔地区的植被生物量平均碳密度出现小幅波动，基本保持在70 Mg/hm²以上。由不同海拔的林地面积占比分析可知，在400~500m海拔区间，林地面积占82%，500~600m海拔区间为92.58%，600m以上海拔区域的生态系统类型几乎全部为林地，因此600m以上海拔区域的植被生物量平均碳密度波动与不同林地类型随海拔升高的分布差异有关。大伙房水库流域的植被生物量碳贮量随海拔变化具有明显的先增加后减少的趋势，处于0~500m海拔区间的区域面积占流域总面积的70.61%，其植被生物量碳贮量随海拔升高而增加，植被碳贮量为21.03 Tg，占总植被碳贮量的62.83%；大于500m的区域，植被生物量碳贮量随海拔升高而降低，与区域面积及其林地面积随海拔升高而减少的变化趋势一致，如图6-15所示。

2005年，大伙房水库流域的平均碳密度为198.0294 Mg/hm²，总碳贮量为108.1838 Tg，流域土壤有机碳密度和碳库与2000年相同，流域植被生物量平均碳密度为61.2423 Mg/hm²，植被碳贮量为33.4552Tg，大小表现为地上部分>地下部分>凋落物层，流域生态系统植被生物量平均碳密度大小依次为社河流域>浑河流域>苏子河流域，而植被碳贮量大小依次为浑河流域>苏子河流域>社河流域。一级生态系统类型的植被生物量平均碳密度和碳贮量相对大小与2000年一致，林地类型面积较2000年略有增加（约为23 hm²），而林地生物量碳库基本没有变化，林地土壤有机碳库略有增加；耕地生物量碳库和土壤有机碳库都呈现减少趋势，与耕地面积的减少有关。不同碳密度区间的面积构成特征与2000年

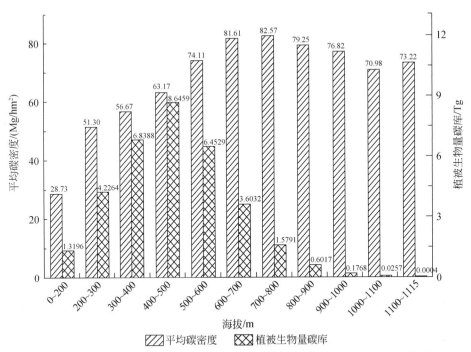

图 6-15　大伙房水库流域生态系统不同海拔的植被生物量平均碳密度和碳贮量

相似，而不同碳密度区间的植被生物量碳库大小略有差异。2005 年 0 ~ 20 Mg/hm² 和 80 ~ 100 Mg/hm² 的碳贮量略有减少，20 ~ 40 Mg/hm² 和 60 ~ 80 Mg/hm² 的碳贮量略有增加。不同海拔高度区间的植被生物量平均碳密度和碳贮量总体分布特征均与 2000 年相似，存在较小的差异。与 2000 年相比，<400m 海拔的植被生物量平均碳密度出现下降趋势，>400m 海拔的植被生物量平均碳密度大多出现增加趋势，而植被生物量碳库 2000 年与 2005 年差异不明显。

2010 年，大伙房水库流域的平均碳密度为 198.0105Mg/hm²，总碳贮量为 108.1734Tg，流域土壤有机碳密度和碳库与 2000 年相同，流域植被生物量平均碳密度为 61.2221 Mg/hm²，植被碳贮量为 33.4448 Tg，表现为地上部分>地下部分>凋落物层，流域生态系统植被生物量平均碳密度大小依次为社河流域>浑河流域>苏子河流域，而植被碳贮量则为浑河流域>苏子河流域>社河流域。一级生态系统类型的植被生物量平均碳密度和碳贮量相对大小与 2000 年一致，林地类型面积较 2005 年略有减少（约为 40 hm²），而林地生物量碳库和林地土壤有机碳库都出现减少趋势；耕地生物量碳库和土壤有机碳库仍保持减少趋势，与耕地面积的持续减少有关。不同碳密度区间的面积构成特征与 2005 年相似，而 2010 年不同碳密度区间的植被碳贮量大小，以及不同海拔高度区间的植被生物量平均碳密度和植被碳贮量大小，与 2005 年相比，都出现了减少的趋势，如图 6-16 ~ 图 6-18 和表 6-18 ~ 表 6-21 所示。

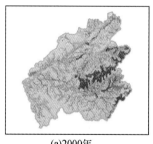 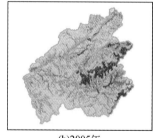 

(a)2000年　　　　　　　　　(b)2005年　　　　　　　　　(c)2010年

图　例

流域边界　碳密度/(Mg/hm²)

279.254　251.278　223.303　195.327　167.351　139.376　111.4

图 6-16　大伙房水库流域生态系统固碳能力

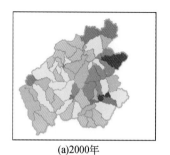 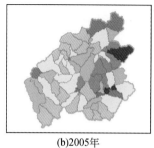 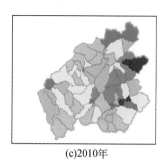

(a)2000年　　　　　　　　　(b)2005年　　　　　　　　　(c)2010年

图　例

流域边界

碳密度/(Mg/hm²)

<160　160~180　180~190　190~200　200~210　210~230　>230

图 6-17　大伙房水库流域子流域固碳能力

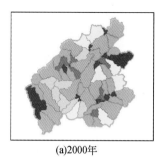 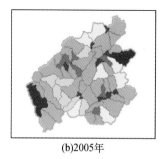 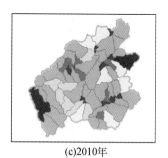

(a)2000年　　　　　　　　　(b)2005年　　　　　　　　　(c)2010年

图　例

流域边界

碳贮量/Tg

<0.5　0.5~1.0　1.0~1.5　1.5~2.0　2.0~2.5　2.5~3.5　3.5~4.0　>4.0

图 6-18　大伙房水库流域子流域固碳量

表6-18 大伙房水库流域生态系统固碳能力

序号	子流域	年份	植被生物量密度/(Mg/hm²) 地上部分	地下部分	凋落物层	植被生物量碳平均密度/(Mg/hm²)	土壤有机碳密度/(Mg/hm²)	流域生态系统平均碳密度/(Mg/hm²)	植被生物量碳库/Tg 地上部分	地下部分	凋落物层	植被生物量碳库/Tg	土壤有机碳库/Tg	流域生态系统碳总贮量/Tg
1	社河	2000	51.962 6	8.343 5	4.140 5	64.446 6		198.385 7	3.193 1	0.512 7	0.254 5	3.960 3		12.190 9
		2005	51.967 4	8.331 2	4.137 2	64.435 8	133.939 2	198.375 0	3.193 4	0.512 0	0.254 2	3.959 6	8.230 6	12.190 3
		2010	51.956 3	8.325 7	4.137 1	64.419 1		198.358 3	3.192 7	0.511 6	0.254 3	3.958 6		12.189 2
2	浑河	2000	50.400 1	7.978 2	3.881 6	62.259 9		199.180 8	12.686 8	2.008 3	0.977	15.672 1		50.137 9
		2005	50.395 2	7.976 5	3.881 4	62.253 1	136.920 9	199.174 0	12.685 5	2.007 8	0.977 1	15.670 4	34.465 8	50.136 2
		2010	50.376 2	7.970 8	3.880 6	62.227 6		199.148 5	12.680 7	2.006 4	0.976 9	15.664 0		50.129 7
3	苏子河	2000	47.814 3	7.759 7	3.730 5	59.304 5		196.699 4	11.147 4	1.809 1	0.869 7	13.826 2		45.858 4
		2005	47.812 4	7.757 0	3.730 6	59.300 0	137.394 9	196.694 9	11.147 0	1.808 5	0.869 7	13.825 7	32.032 2	45.857 4
		2010	47.803 5	7.753 7	3.730 4	59.287 6		196.682 5	11.144 9	1.807 7	0.869 7	13.822 3		45.854 5
大伙房水库流域		2000	49.474 5	7.926 4	3.846 4	61.247 3		198.035 7	27.033 9	4.331 1	2.093 6	33.458 6		108.187 2
		2005	49.472 9	7.923 2	3.846 2	61.242 3	136.788 4	198.029 4	27.035 3	4.329 7	2.090 2	33.455 2	74.728 6	108.183 8
		2010	49.458 1	7.918 4	3.845 6	61.222 1		198.010 5	27.025 0	4.326 8	2.093 0	33.444 8		108.173 4

表 6-19　大伙房水库流域一级生态系统类型固碳能力

序号	子流域	年份	碳密度/(Mg/hm²)			碳贮量/Tg			生态系统面积/hm²
			植被生物量平均碳密度	土壤有机碳密度	生态系统平均碳密度	植被生物量碳库	土壤有机碳库	生态系统总碳贮量	
1	草地	2000	4.836 0	132.351 0	137.187 0	0.038 4	1.049 9	1.088 3	7 932.600 0
		2005	4.836 0	132.350 0	137.186 0	0.038 4	1.049 9	1.088 3	7 932.960 0
		2010	4.836 0	132.351 0	137.187 0	0.038 4	1.049 8	1.088 2	7 931.970 0
2	湿地	2000	0.105 8	148.180 0	148.285 8	0.001 2	1.621 1	1.622 3	10 940.040 0
		2005	0.001 7	148.200 0	148.201 7	0.000 02	1.606 9	1.606 9	10 842.840 0
		2010	0.003 0	148.210 0	148.213 0	0.000 03	1.601 7	1.601 7	10 807.290 0
3	耕地	2000	8.484 3	134.369 0	142.853 3	0.870 1	13.780 0	14.650 1	102 553.020 0
		2005	8.461 8	134.372 0	142.833 8	0.867 5	13.776 0	14.643 5	102 521.520 0
		2010	8.460 8	134.338 0	142.798 8	0.858 9	13.638 1	14.497 0	101 520.450 0
4	人工表面	2000	2.879 8	134.483 0	137.362 8	0.022 6	1.057 4	1.080 0	7 862.580 0
		2005	2.880 8	134.564 0	137.444 8	0.023 0	1.072 2	1.095 2	7 967.610 0
		2010	2.755 6	134.964 0	137.719 6	0.024 9	1.220 7	1.245 6	9 044.820 0
5	其他	2000	0	153.223 0	153.223 0	0	0.003 2	0.003 2	21.060 0
		2005	0	153.223 0	153.223 0	0	0.003 2	0.003 2	21.060 0
		2010	0	153.223 0	153.223 0	0	0.003 2	0.003 2	21.060 0
6	林地	2000	77.999 1	137.211 0	215.210 1	32.538 3	57.239 6	89.777 9	417 163.140 0
		2005	77.994 7	137.212 0	215.206 7	32.538 3	57.242 9	89.781 2	417 186.450 0
		2010	77.993 1	137.212 0	215.205 1	32.534 6	57.237 6	89.772 2	417 146.850 0

表 6-20　大伙房水库流域不同碳密度区间的面积和植被碳贮量

碳密度区间/(Mg/hm²)	2000 年		2005 年		2010 年	
	面积/%	碳贮量/Tg	面积/%	碳贮量/Tg	面积/%	碳贮量/Tg
0~20	23.66	0.932 3	23.66	0.928 8	23.67	0.922 3
20~40	13.15	2.673 7	13.15	2.674 6	13.15	2.674 8
40~60	4.91	1.215 0	4.91	1.215 0	4.91	1.214 9
60~80	3.65	1.295 0	3.66	1.296 9	3.66	1.296 9
80~100	54.63	27.354 7	54.62	27.351 8	54.61	27.347 9

表 6-21　大伙房水库流域不同海拔区间的植被生物量平均碳密度和碳贮量

海拔区间/m	2000 年		2005 年		2010 年	
	平均碳密度/(Mg/hm²)	碳贮量/Tg	平均碳密度/(Mg/hm²)	碳贮量/Tg	平均碳密度/(Mg/hm²)	碳贮量/Tg
0~200	28.727 7	1.319 6	28.662 2	1.316 6	28.570 7	1.312 4
200~300	51.303 6	4.226 4	51.297 2	4.225 9	51.252 3	4.222 1
300~400	56.667 8	6.838 8	56.664 2	6.838 4	56.651 6	6.836 9

续表

海拔区间/m	2000 年		2005 年		2010 年	
	平均碳密度 /(Mg/hm²)	碳贮量/Tg	平均碳密度 /(Mg/hm²)	碳贮量/Tg	平均碳密度 /(Mg/hm²)	碳贮量/Tg
400~500	63.169 4	8.645 9	63.170 3	8.646 0	63.166 4	8.645 4
500~600	74.111 0	6.452 9	74.116 1	6.453 4	74.112 8	6.453 1
600~700	81.609 2	3.603 2	81.607 4	3.603 1	81.608 3	3.603 2
700~800	82.570 9	1.579 1	82.571 8	1.579 1	82.568 7	1.579 1
800~900	79.254 7	0.601 7	79.261 8	0.601 8	79.250 8	0.601 7
900~100 0	76.915 7	0.176 8	76.915 7	0.176 8	76.915 7	0.176 8
1000~110 0	70.976 4	0.025 7	70.976 4	0.025 7	70.976 4	0.025 7
1100~111 5	73.216 7	0.000 4	73.216 7	0.000 4	73.216 7	0.000 4

6.4.2.2　固碳能力变化

2000~2010 年,大伙房水库流域整体平均碳密度持续减少了 0.03 Mg/hm²,总碳贮量持续减少了 0.01 Tg,十年间假定土壤碳库未发生变化,流域整体碳贮量的减少主要表现为流域内植被碳贮量的减少,对应的地上部分、地下部分和凋落物层的碳贮量和平均碳密度都呈现下降趋势。

从栅格单元角度来看,平均碳密度减少主要发生在大伙房水库周边地区,对应的土地利用类型转变趋势主要为高植被生物量碳密度的林地类型向低植被生物量碳密度的林地类型转换,林地类型向耕地和人工表面转换,耕地类型向人工表面转换。

从不同子流域来看,大伙房水库库区的子流域平均碳密度呈现明显的降低趋势,这个变化趋势与从栅格单元尺度得到的结论一致。从不同碳密度区间来看,虽然 2000~2010 年不同碳密度区间的生态系统类型面积构成比例几乎没有变化,但 80~100 Mg/hm² 和 0~20 Mg/hm² 碳密度区间对应的植被碳贮量都呈现明显且持续的下降趋势,其他区间的植被碳贮量变化不明显。

从不同海拔高度区间来看,2000~2010 年,500m 以下海拔区域的植被生物量平均碳密度呈持续下降趋势,而 500m 以上海拔区域的植被生物量平均碳密度的年际变化情况呈现一定波动,不同海拔区段的植被碳贮量的年际变化趋势与平均碳密度相同。

从不同一级生态系统类型的主要变化来看,2000~2010 年,湿地和耕地生态系统总碳贮量呈持续减少趋势,人工表面的碳贮量呈加速增加趋势,林地生态系统总碳贮量呈现先增加后减少的趋势,草地和其他生态系统类型的总碳贮量没有明显变化,不同生态系统类型总碳贮量的变化情况与该生态系统类型的面积变化方向具有较强的一致性,生态系统类型面积减少,其生态系统碳贮量也减少,如图 6-19 和图 6-20 所示。

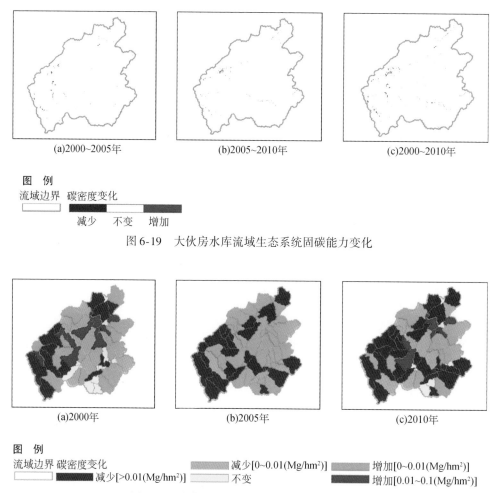

(a)2000~2005年　　　　　　　(b)2005~2010年　　　　　　　(c)2000~2010年

图　例

流域边界　碳密度变化

减少　　不变　　增加

图 6-19　大伙房水库流域生态系统固碳能力变化

(a)2000年　　　　　　　(b)2005年　　　　　　　(c)2010年

图　例

流域边界　碳密度变化　　　　　　减少[0~0.01(Mg/hm²)]　　　增加[0~0.01(Mg/hm²)]

减少[>0.01(Mg/hm²)]　　　不变　　　　　　　　增加[0.01~0.1(Mg/hm²)]

图 6-20　大伙房水库流域子流域固碳能力变化

6.4.3　产水能力

6.4.3.1　产水能力空间特征

2000 年，大伙房水库流域生态系统平均产水能力为 609.398mm，总产水量为 3328.716×10⁶ m³。从子流域生态系统的区域产水能力来看，浑河和社河的产水能力相近，约为 590 mm，而苏子河的产水能力达到 631.449 mm，比前两个地区高出 40 mm；从产水量来看，浑河>苏子河>社河。从空间分布来看，流域生态系统产水能力呈现出西北向东南方向逐渐升高的趋势。

2005 年，流域平均产水能力为 609.409 mm，总产水量为 3328.773×10⁶ m³。从子流域生态系统的区域产水能力来看，社河产水能力为 586.031 mm，略有下降，年产水量较

2000 年略有下降；浑河和苏子河的产水能力略有升高，分别为 591.728 mm 和 631.451 mm，对应的年产水量较 2000 年略有上升。产水能力与产水量的空间变化趋势与 2000 年相同。

2010 年，流域平均产水能力为 609.551 mm，总产水量为 3329.553×10⁶ m³。从子流域生态系统的区域产水能力来看，浑河流域和苏子河流域的平均产水能力较 2005 年都有 0.1 mm 以上的增幅，其中苏子河的产水能力增加最明显，较 2005 年增加了约 0.2 mm，相对应各区域的产水量也有增加。产水能力与产水量的空间变化趋势与 2000 年相同，如图 6-21 和图 6-22、表 6-22 所示。

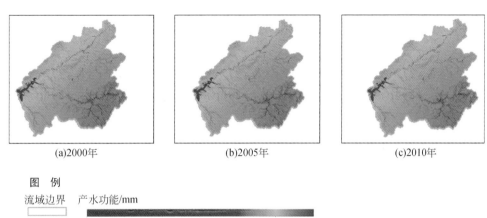

图 例

流域边界　产水功能/mm

1710.5　1482.35　1254.2　1026.04　797.892　569.74　341.588

图 6-21　大伙房水库流域生态系统产水能力

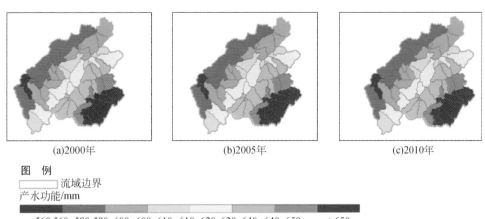

图 例

　　　　　流域边界
产水功能/mm

<560　560~580　580~600　600~610　610~620　620~640　640~650　　>650

图 6-22　大伙房水库流域子流域产水能力

表6-22 大伙房水库流域生态系统产水能力

序号	子流域	年份	产水能力/mm	产水量/×10⁶ m³
1	社河	2000	586.050	360.865
		2005	586.031	360.853
		2010	586.121	360.908
2	浑河	2000	591.702	1 494.273
		2005	591.728	1 494.338
		2010	591.833	1 494.602
3	苏子河	2000	631.449	1 473.578
		2005	631.451	1 473.582
		2010	631.648	1 474.043
大伙房水库流域		2000	609.398	3 328.716
		2005	609.409	3 328.773
		2010	609.551	3 329.553

6.4.3.2 产水能力变化

2000～2010年，大伙房水库流域整体产水能力和产水量呈现持续增长的趋势，其中产水能力十年间增加了0.153 mm，产水量增加了0.837×10⁶ m³。从栅格单元的产水能力变化来看，2005～2010年时段的产水能力增加趋势比2000～2005年更为显著，增加的栅格单元主要分布在大伙房水库上游以及苏子河流域。从三个子流域来看，浑河和苏子河产水能力保持持续增长的趋势，而社河在2005年的产水能力略有降低，2005～2010年时段有较大幅度的增长。从不同子流域的次一级流域来看，产水能力在不同时段的变化趋势具有较大的差异性。2000～2005年，三大流域都有子流域出现产水能力降低；2005～2010年期间，水库各子流域大都呈现增加趋势，如图6-23和图6-24所示。

 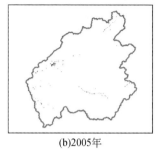 

(a)2000年   (b)2005年   (c)2010年

图 例

流域边界 产水功能变化

减少 不变 增加

图6-23 大伙房水库流域生态系统产水能力变化

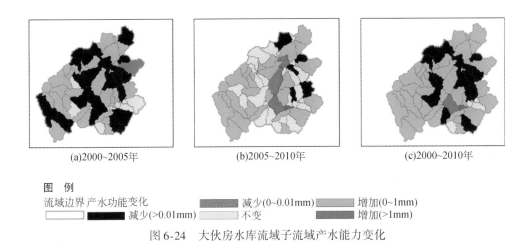

(a)2000~2005年   (b)2005~2010年   (c)2000~2010年

图 例

流域边界 产水功能变化   减少(0~0.01mm)   增加(0~1mm)

减少(>0.01mm)   不变   增加(>1mm)

图 6-24 大伙房水库流域子流域产水能力变化

6.4.4 土壤保持能力

6.4.4.1 土壤保持能力空间特征

2000 年，大伙房水库流域的平均土壤保持能力为 872.599 t/hm²，土壤保持总量为 474.997×10⁶ t。从子流域生态系统的区域土壤保持能力来看，社河流域>苏子河流域>浑河流域，从土壤保持量上，苏子河流域>浑河流域>社河流域，与区域面积有关，其中社河流域 2000 年的土壤保持能力为 1030.413 t/hm²，土壤保持总量为 62.925×10⁶。从整体来看，大伙房水库流域位于辽河流域的东南部，是属于辽河流域内土壤保持能力较强的区域，从大伙房水库流域各子流域的土壤保持能力空间分布来看，南部的几个子流域呈现出较高的土壤保持能力，流域整体的土壤保持能力呈现出由西南部向东北部逐渐减弱的趋势。

2005 年，大伙房水库流域的平均土壤保持能力为 872.596 t/hm²，土壤保持总量为 474.995×10⁶ t。从流域生态系统的区域土壤保持能力来看，社河流域土壤保持能力为 1030.419t/hm²，略有增加，对应的年土壤保持量较 2000 年略有增加；而浑河流域和苏子河流域土壤保持能力都略有减少，对应的土壤保持量也减少。土壤保持能力与土壤保持量的空间变化趋势与 2000 年相同。

2010 年，大伙房水库流域的平均土壤保持能力为 872.602 t/hm²，土壤保持总量为 474.998×10⁶ t。从子流域生态系统的区域土壤保持能力来看，社河流域、浑河流域和苏子河流域的平均土壤保持能力较 2005 年都有 0.005 t/hm²左右的增幅，其中苏子河流域的土壤保持能力增加最明显，较 2005 年增加了 0.008 t/hm²，相对应各区域的产水量也有增加。产水能力与产水量的空间变化趋势与 2005 年相同，如图 6-25、图 6-26 和表 6-23 所示。

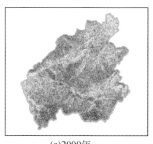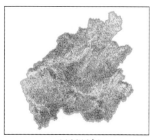

(a)2000年　　　　　　　　　　(b)2005年　　　　　　　　　　(c)2010年

图　例

▭流域边界

土壤保持功能/(t/hm²)

<0.5　0.5~1　1~10　10~50　50~300 300~600 600~1000 >1000

图 6-25　大伙房水库流域生态系统土壤保持能力

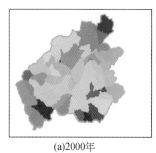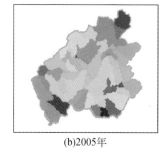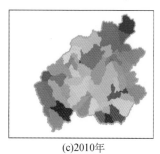

(a)2000年　　　　　　　　　　(b)2005年　　　　　　　　　　(c)2010年

图　例

流域边界　土壤保持功能/(t/hm²)

▭

1856.03 1586.52 1317.02 1047.51 778.007 508.501 238.995

图 6-26　大伙房水库流域子流域土壤保持能力

表 6-23　大伙房水库流域生态系统土壤保持能力

序号	子流域	年份	土壤保持能力/(t/hm²)	土壤保持量/×10⁶t
1	社河	2000	1 030.413	62.925
		2005	1 030.419	62.926
		2010	1 030.422	62.926
2	浑河	2000	723.723	181.462
		2005	723.716	181.461
		2010	723.721	181.462
3	苏子河	2000	991.678	230.609
		2005	991.675	230.608
		2010	991.683	230.610
大伙房水库流域		2000	872.599	474.997
		2005	872.596	474.995
		2010	872.602	474.998

6.4.4.2 土壤保持能力变化

2000～2010 年，大伙房水库流域整体土壤保持能力和土壤保持量在 2000～2005 年略有减少，在 2005～2010 年略有增加，增幅大于减幅，总体为土壤保持能力增加。2000～2010 年土壤保持能力增加了 0.003 t/hm²，土壤保持量增加了 0.001×10⁶ t。

从栅格单元的土壤保持能力变化来看，2005～2010 年的土壤保持能力变化不明显，主要集中在浑河上游；2005～2010 年的土壤保持能力变化相对明显，变化区域范围更大，主要集中在大伙房水库上游、浑河上游等。

从三个大子流域来看，苏子河流域土壤保持能力保持持续增长的趋势，而浑河流域和社河流域在 2005 年的土壤保持能力略有减少，2005～2010 年有较大幅度的增长。从次一级不同子流域来看，产水能力在不同时段的变化趋势具有较大的差异性，浑河流域的土壤保持能力年际变化较大，如图 6-27 和图 6-28 所示。

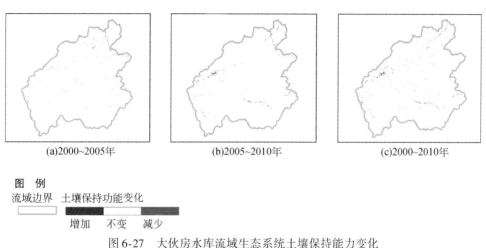

(a)2000~2005年　　(b)2005~2010年　　(c)2000~2010年

图 例

流域边界　土壤保持功能变化

增加　不变　减少

图 6-27　大伙房水库流域生态系统土壤保持能力变化

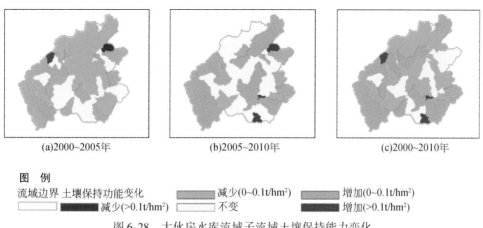

(a)2000~2005年　　(b)2005~2010年　　(c)2000~2010年

图 例

流域边界　土壤保持功能变化　　减少(0~0.1t/hm²)　　增加(0~0.1t/hm²)

减少(>0.1t/hm²)　不变　　增加(>0.1t/hm²)

图 6-28　大伙房水库流域子流域土壤保持能力变化

6.5　河流与水库水资源、水环境

6.5.1　水库水环境质量状况

6.5.1.1　水库水质

(1) 水库水质评价

根据 2001~2010 年连续十年的水库水质监测数据，对大伙房水库的水质状况进行评价。评价方法为综合污染指数方法。评价指标包括高锰酸盐指数、BOD_5、油、挥发酚、总氮、总磷、氨氮、砷、汞、铜、镉、铅 12 项指标。

2001~2009 年，大伙房水库的水质有转好趋势。到 2009 年综合污染指数为 6.87，为近十年来最低值。2010 年大伙房水库水质变差的原因主要是受"7.30"洪水影响，入库水质较差，而且入库水量较大，库区蓄水量急剧上升，以至于溢洪道连续开闸泄洪，搅动底泥。底泥中含有有机质和养分，使得当年水库库区水质中化学需氧量、高锰酸盐指数、总磷和总氮的浓度剧增。总氮、总磷、高锰酸盐指数、化学需氧量的最大值均出现在洪水过后的 8 月。主要污染物严重超标：总氮最大值为 3.39mg/L，超Ⅱ类标准 5.8 倍；总磷最大值为 0.324 mg/L，超Ⅱ类标准 12.0 倍；高锰酸盐指数最大值为 16.32 mg/L，超Ⅱ类标准 3.1 倍，如图 6-29 所示。

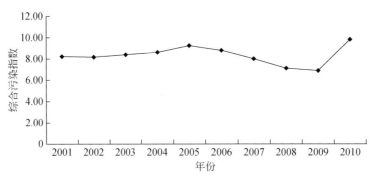

图 6-29　大伙房水库水质综合污染指数

近十年来大伙房水库的水质比较稳定，各指标年均值除总氮和总磷超标外，其他均符合地表水Ⅱ类标准。2010 年总氮和总磷的污染物分担率分别达到了 47.8% 和 20.9%。水质污染主要为营养盐污染，如图 6-30 所示。

2001~2010 年总氮和磷的变化趋势：总磷呈下降趋势，到 2010 年骤然升高，总氮波动变化，2010 年增幅较大。从而可以看出 2010 年"7.30"洪水对水库水质的影响较大。总体来说，2001~2010 年大伙房水库库区水质综合污染指数和主要污染物总氮、总磷的变化趋势均不显著，如图 6-31 和图 6-32 所示。

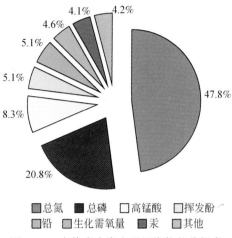

图 6-30 大伙房水库主要污染物的分担率

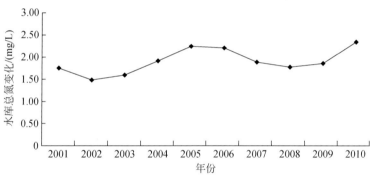

图 6-31 大伙房水库总氮变化

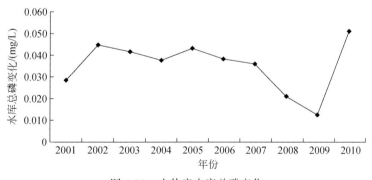

图 6-32 大伙房水库总磷变化

（2）富营养化指数

采用综合营养状态指数法，选取叶绿素 a（Chla）、总磷（TP）、总氮（TN）、透明度（SD）、高锰酸盐指数（COD$_{Mn}$）为评价指标，对大伙房水库富营养化状况进行评价，见表 6-24。

表 6-24　大伙房水库富营养化评价

评价指标 年份	叶绿素 a（Chla）	总磷（TP）	总氮（TN）	透明度（SD）	高锰酸盐指数（COD$_{Mn}$）	综合营养状态	评价结果
2001	6.028	0.029	1.74	1.81	3.06	43.15	中营养
2002	3.511	0.045	1.47	1.75	3.58	43.3	中营养
2003	5.7067	0.042	1.6	1.78	3.3	44.3	中营养
2004	3.3973	0.038	1.91	1.8	3.23	42.88	中营养
2005	2.3833	0.044	2.23	1.63	3.29	43.22	中营养
2006	3.7498	0.039	2.19	1.7	3.22	43.85	中营养
2007	2.8204	0.037	1.88	2.7	2.62	39.75	中营养
2008	2.4798	0.022	1.77	2.8	2.05	36.29	中营养
2009	2.3218	0.014	1.84	2.4	2.14	35.59	中营养
2010	3.649	0.051	2.33	1.3	3.25	45.77	中营养

注：叶绿素 a（Chla）单位为 mg/mL，透明度（SD）单位为 m；其他指标单位均为 mg/L。

资料来源：抚顺市环境保护局。

湖泊（水库）营养状态分级采用 0～100 的一系列连续数字对湖泊（水库）营养状态进行分级，见表 6-25。

表 6-25　湖泊（水库）营养状态分级表

取值	评价结果
<30	贫营养
30～50	中营养
>50	富营养
50～60	轻度富营养
60～70	中度富营养
>70	重度富营养
在同一营养状态下，指数值越高，其营养程度越重	

近十年，大伙房水库虽然没有达到富营养化水平，但已接近营养化状态。2006 年之前，综合营养状态指数在 42.88～43.85，2007～2009 年已降至 40 以下，2009 年最低，为 35.59。2010 年为最高值，接近富营养化。总体来说，2001～2010 年大伙房水库库区富营养指数变化趋势不显著，其变化趋势与大伙房水库综合污染指数变化趋势吻合，如图 6-33 所示。

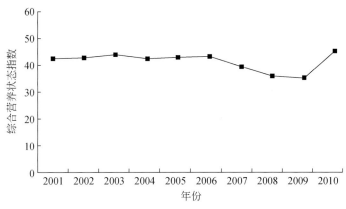

图 6-33　大伙房水库富营养化指数

6.5.1.2　入库河流

上游入库的河流有三条，社河、浑河、苏子河。对这三条支流水质的评价方法与大伙房水库评价方法相同，也采用综合污染指数法，评价指标选择溶解氧、高锰酸盐指数、化学需氧量、生化需氧量、石油类、挥发酚、氨氮、总磷 8 项。

对三条河流的水质评价可看出，2001 ~ 2005 年，社河的水质状况好于苏子河和浑河。同时对其主要污染物的分担率进行计算。可以看出，不同于大伙房水库水质营养盐污染的特征，三条河流的污染主要是有机物污染，其中溶解氧的污染贡献率达到 30% 以上。总氮和总磷的污染贡献率小于 15%，如图 6-34 和表 6-26 所示。

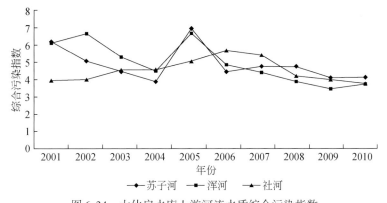

图 6-34　大伙房水库上游河流水质综合污染指数

表 6-26　大伙房水库上游河流主要污染物分担率　　　　　　　　　　（单位：%）

具体指标	苏子河	浑河	社河
溶解氧	33.8	30.5	45.4
化学需氧量	11.4	14.2	7.6
高锰酸盐指数	8.3	9.2	9.8

具体指标	苏子河	浑河	社河
生化需氧量	17.9	11.5	9.6
石油类	7.5	8.2	16.7
挥发酚	6.2	11.2	7.8
氨氮	6.5	6.8	3.1
总磷	8.3	8.4	4.9

6.5.2 主要污染源

流域工业污染源主要沿水库上游三条河流分布,其中,浑河工业污染源集中于清原镇、苍石乡和南杂木镇三处;苏子河工业污染源集中于新宾镇和永陵镇;而社河工业污染源则较为分散。农业污染源遍布全流域,因水田施用的化肥、农药均高于旱田,所以水田是主要化肥、农药污染源。具体分析如下。

(1) 水库上游农业污染源

大伙房水库的农业污染源遍布全流域,水库受农业污染的影响范围广,大量农药、化肥受雨水冲刷或随地表径流进入水库,致使库区水质受到污染,2010 年 "7.30" 洪水造成库区水质急剧恶化即是例证。农业污染源对水库的污染影响,特别是对水库中氮、磷的污染影响比较严重,是水库污染的主要面源。

(2) 水库上游工业污染源

"十一五" 期间由于加强了对水库上游企业的治理改造,对未达标排放的企业实行了停产或转产等措施,特别是污染较重的造纸行业全部实行了停产。故 2006~2010 年的工业废水排放量较 2001~2005 年减少较多。各类污染物排放量相应都有较大下降。"十一五" 期间大伙房水库上游工业污染对水库的水质影响程度较 "十五" 期间明显减弱。

(3) 水库上游生活污水

水库上游流域内的清原县城、红透山镇、南杂木镇、新宾县城、永陵镇等是居民较集中的城镇,每天约有 1.6 万 t 左右的生活污水进入浑河和苏子河,生活污水中含有大量的化学需氧量、生化需氧量、洗涤剂等,是大伙房水库的重点污染源。自 2007 年,先后启动了 6 座生活污水处理厂的建设工程,以保障水库上游水质得到改善。

(4) 水库库区污染

水库库区的污染主要来自于水产养殖业和旅游业。大伙房水库养殖总场是抚顺市最大的水产养殖基地,其饵料及鱼的代谢物,对库区水质产生了较大影响。据统计,每年养殖场向库区投放的饵料有 2000 t,而这些饵料的实际利用率为 80% 左右,有相当部分的饵料进入水体,加重了库区的污染,是大伙房水库富营养化的主要原因之一。旅游业对水库库区的负面影响在于游客遗弃物及各种旅游辅助设施对库区的污染。

6.6 水库水源地陆地生态系统与水的关系

6.6.1 人口与水环境

2000~2010年，大伙房水库流域内总人口呈减少趋势，十年间共减少了4.6万人。库区水质变化表现为2000~2005年持续变差，2005~2009年好转的变化过程，2009年为近10年来水质最好的年份，2010年水质较差，主要受到了当年洪水的影响，如图6-35所示。大伙房水库流域内人口与水库水质的关系，表现出较一致的变化趋势，人口减少，水库水质持续变好。因此人口是影响水库水质的因素之一。

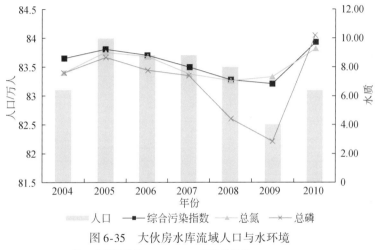

图6-35 大伙房水库流域人口与水环境

注：总氮单位为0.25mg/L；总磷单位为0.005mg/L。

从主要污染物角度来看，大伙房水库的总氮与总磷在此期间也呈现持续下降的趋势，趋势在2005年之后更为明显。这与人口数量减少，日常生活、消费过程中氮、磷的排放减少有关，从而使水体中的总氮、总磷的浓度也有所降低。

综上所述，人口数量的减少，对大伙房水库库区水质好转，总氮、总磷浓度的降低的有一定的影响和贡献。

6.6.2 降雨量与径流量

大伙房水库流域的径流与水文条件主要受到区域气候、降雨等自然因素的影响。2000~2010年，大伙房水库区域的年均降雨量呈持续上升趋势，增幅显著，如图6-36所示。降雨直接影响河道的径流，降雨量多年持续增高，增加了区域径流量，同时大暴雨或其他降雨灾害也会对该时段的水环境产生负面影响。

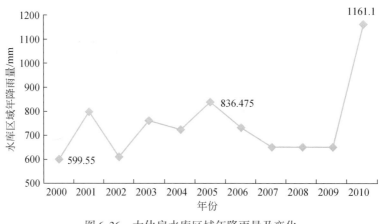

图 6-36　大伙房水库区域年降雨量及变化

6.6.3　陆地生态系统与水资源、水环境

从一级生态系统类型构成特征来看，林地和耕地是大伙房水库流域内的主要生态系统类型，总面积占比超过 90%。从一级生态系统类型构成变化来看，十年间，林地面积的变化幅度在 0.01% 以下，说明林地面积保持较好的稳定性；人工表面显著增加，十年间增加了 11.12km²，2000～2005 年的面积变化率为 1.40%，2005～2010 年的面积变化率为 13.06%，后五年的增长最为显著，人工表面的显著增加主要来自耕地的转入，其他生态系统类型构成在十年间的变化较少，相对稳定。

从流域生态系统的景观格局变化来看，2000～2010 年大伙房水库斑块数增加、平均斑块面积减少，而边界密度增加，聚集度指数下降，说明大伙房水库流域的生态系统破碎化程度有所增加，连通性有所下降。

大伙房水库库区及三条入库河流的水质，在 2005～2010 年都呈现好转趋势，从结果上来看陆地生态系统类型、格局的变化，并未对流域水环境产生直接影响，即人工表面增加，生态系统破碎化程度增加，没有表现出对流域水文、水环境的明显影响，如图 6-37 所示。

具体来看，虽然生态系统中人工表面增加，但一方面区域人口呈现减少趋势，人口规模对环境的压力逐渐减小，另一方面，无论是城镇还是农村地区，都更加注重环境保护，都具备更加完善的污水处理设备设施，这些正的环境效应可能抵消了一部分陆地生态系统类型与格局变化对水资源、水环境的负效应，所以从结果上来看，2000～2010 年，大伙房水库陆地生态系统类型、格局的一些变化并未对区域水环境、水资源产生显著影响。

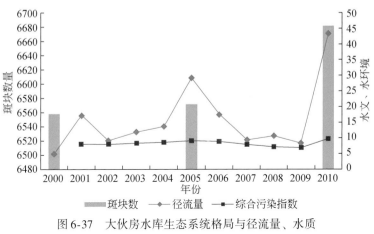

图 6-37 大伙房水库生态系统格局与径流量、水质

注：径流量单位为 m³/s。

6.6.4 生态系统服务与水资源

6.6.4.1 产品供给功能与水资源

2000～2010 年，大伙房水库流域的耕地面积下降了 0.997%，约为 9.744hm²，而十年间流域内单位面积作物供给能力和作物供给总热量值增加了 36% 以上，并呈现加速增长的趋势。2005～2010 年流域作物供给能力提高速度是 2000～2005 年的 1.5 倍左右。同一时期，整个流域内的径流量也呈现出增长趋势。

以大伙房水库入库支流浑河（北口前控制站点）及其流域范围为例，农作物生产能力的提升，并没有表现出对地表径流的挤占，反而可能是由于径流量增加，农业灌溉条件改善，提升了农作物生产能力，如图 6-38 所示。

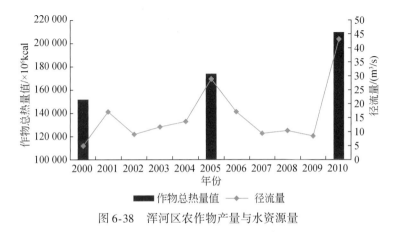

图 6-38 浑河区农作物产量与水资源量

6.6.4.2 生态系统产水能力与径流

2000～2010 年，大伙房水库流域整体的产水能力和产水量呈现持续增长的趋势，其中产水能力十年间约增加了 0.153 mm，产水量增加了 0.837×10^6 m^3。2005～2010 年的产水功能增加趋势比 2000～2005 年更为显著。同时期内，流域径流量也呈现较显著的增长趋势。产水功能的增强，有助于径流量的增加，但河流径流量增加最主要的原因是降雨量的增加，如图 6-39。

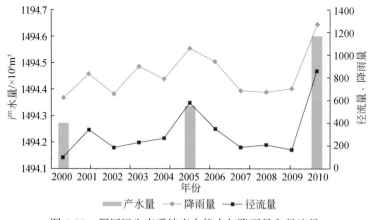

图 6-39　浑河区生态系统产水能力与降雨量和径流量

注：降雨量单位为 mm；径流量单位为 0.05m^3/s。

6.6.4.3 土壤保持能力与径流含沙量

从流域生态系统的区域土壤保持能力来看，2000～2005 年大伙房水库流域的土壤保持功能有一定程度下降，到 2010 年有所回升，而同期的河流含沙量则表现出相反的变化，即土壤保持能力较强年份，河道含沙量低，土壤保持功能较低的年份，河道内含沙量高，显示出土壤保持能力对河流含沙量的显著影响，如图 6-40 所示。

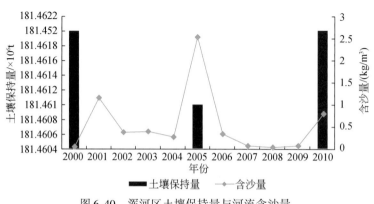

图 6-40　浑河区土壤保持量与河流含沙量

6.7 水库及水源地管理对策及建议

基于专题研究结果，对大伙房水库及水源地生态环境管理与建设提出以下对策和建议。

1）大伙房水库担负辽宁省7个地级市的供水任务，保持水库水质稳定、达标是首要任务，近十年来水库水质总氮与总磷超标，富营养化为中营养化状态，对此，需进一步加强水库周边农业污染物排放的管理，控制水库的总氮总磷浓度。

2）人口规模对区域水环境、生态系统有一定影响，在流域人口规模的不变或减少的情况下，进一步加强大伙房水库流域村镇生活污水治理设施建设，加强居民的生态环境保护意识，削减生活源氮磷污染负荷，以持续改善水质。

3）加强水库周边的土地利用的管理，提高人工用地效率，严格控制水库周边区域的人工表面用地增加和耕地占用，严格保护湿地。

4）大伙房水库周边耕地较多，尤其在消落带内仍存在大量农田，应该对水库核心区加强管理，控制和缩减农田，加强化肥、农药使用监管。

5）大伙房水库流域的生态系统服务能力，对维持水源地各项功能与保持区域生态环境起到重要的作用。应进一步实施和完善区域生态补偿机制，保护和提升水库流域的生态系统服务能力，保障库区生态系统健康和可持续发展。

|第7章| 辽河流域生态系统保护与管理对策及建议

7.1 主要结论

辽河流域位于东北部沿海区域，人口稠密、工业密集、城市化水平较高，也是我国重要的重工业基地和粮食生产基地之一。流域内水资源供需矛盾突出、水环境恶化、水生态系统功能退化较为严重，生态环境问题严峻。

针对辽河流域典型的生态环境问题，本书研究了 2000～2010 年辽河流域生态系统类型、格局及变化，生态系统服务功能特征及变化，水资源与水环境特征及变化，大伙房水库及其水源地生态环境变化、效应与生态安全保障。总结主要结论如下。

（1）流域生态系统类型构成、格局及其变化

辽河流域最主要的生态系统类型为耕地、林地、草地，分别占流域总面积的 40.69%、30.89% 和 19.33%。2000～2010 年，流域内林地总面积保持稳定，耕地、湿地和其他生态系统面积缩减，草地和人工生态系统面积增加。其中，耕地面积减少最多，十年间减少了 2333.07 km²，并且约 70% 的耕地转化为人工表面。2000～2010 年，辽河流域生态系统景观格局变化表现为生态系统破碎化程度增加，连通性下降。林地、湿地、人工表面生态系统类型破碎度增加，人工表面平均面积稳步增加，其他生态系统类型的类斑块平均面积大多呈现减小趋势。

辽河流域生态系统类型的分布空间特征差异较大，由从东南到西北面积占比最大的生态系统类型向林地—耕地—草地转变和过渡。流域东南区域林地占比最大，如浑江流域（80%）、沿海诸河流域（54%）、浑河–太子河流域（47%），中部的耕地占比最大，如辽河下游流域（66%）、绕阳河–大凌河流域（53%），西北地区草地占比最大，如上游的草地面积占总生态系统面积的 42%。2000～2010 年，辽河流域各子流域内均表现为人工表面显著增加，耕地急剧减少。各子流域的生态系统格局变化表现出显著空间差异，东南与西北"两头"的流域生态系统团聚度增加，连通性增强；而流域中部地区的生态系统破碎化过程增加，连通性下降。

2000 年，辽河流域岸边带生态系统类型构成中耕地面积比例超过 50%（2.1×10^4 km²）。不同距离的岸边带生态系统类型构成存在差异，随着距离的增加，耕地和湿地类型比例减少，林地、草地以及人工表面的构成比例增加。不同子流域岸边带的生态系统构与子流域生态系统构成基本一致。2000～2010 年，岸边带总体耕地和湿地面积减少，人工表面和草地面积增加。在不同距离的岸边带内，湿地面积减少主要发生在 0～500m 岸边带内；耕地面积在不同岸边带的减少比例相近（2.5%），且随着离河岸距离越远，耕地面积减少量逐渐增大；人工表面在不同岸边带的增加比例相近（20%），随着离河岸距离越远，人工表面面积增加量逐渐增大。岸边带生态系统破碎化程度增加，连通性下降，整体呈现由自然向人工转化的趋势。说明岸边带受社会经济活动的影响增加，污染风险增加，岸边带生态与环境功能受到破坏，缓冲和净化能力降低。

（2）流域生态系统质量、格局及其变化

生态系统质量指标包括叶面积指数、植被覆盖度、净初级生产力、地表蒸散量。

从叶面积指数来看，不同年均叶面积指数等级对应的生态系统面积特征表现为（0~0.5）>（0.5~1）>（1~2）>（2~5）>（5~∞），流域内超过60%的面积处于0~0.5年均叶面积指数等级，主要是位于流域西北部的草地生态系统。空间分布上，流域内叶面积指数空间差异明显，以太子河为界，太子河以西地区的年均叶面积指数大多处于0~0.5等级，太子河以东地区大多处于1~∞等级。叶面积指数年均变异系数计算结果显示，流域整体叶面积指数变异程度的年际差异没有明显趋势，呈现出一定程度的波动。

从植被覆盖度来看，不同年均植被覆盖度等级对应的生态系统面积特征表现为（20%~40%）>（40%~60%）>（0~20%）>（60%~80%）>（80%~100%），流域内超过60%的面积处于20%~40%年均植被覆盖度指数区间，说明流域整体年均植被覆盖度不高，这与流域整体的植被状况以及季相变化有关。从年际变化来看，2000~2010年，植被覆盖度在20%~40%区间的生态系统面积呈减少趋势，在0~20%、40%~60%和60%~80%区间的生态系统面积均呈增加趋势；而在80%~100%区间的生态系统面积变化呈现波动。低覆盖度（低质草地）和较高覆盖度（林地）的生态系统面积均在增加，中覆盖度（优质草地）面积减少，流域植被状况有两极分化的趋势。从空间分布来看，辽河流域植被覆盖度空间差异性较大，东南部地区具有较高的植被覆盖度，上游流域的植被覆盖度较低。植被覆盖度年均变异系数计算结果显示，十年间流域整体植被覆盖度的变异程度呈现一定下降趋势，显示流域生态系统在空间分布和季相差异的变动有所减小。

从净初级生产力来看，不同年均净初级生产力指数区间对应的生态系统面积特征表现为（12~18）>（6~12）>（18~24）>（0~6）>（24~∞），流域内超过70%的面积处于6~18等级，与流域草地类型的分布特征具有一致性。2000~2010年，流域生态系统的净初级生产力总体有所增加，但存在两极分化的特征。从空间分布来看，辽河流域的净初级生产力空间差异性较大，东南部地区较高，辽河上游流域较低。净初级生产力年均变异系数计算结果显示，十年间流域整体净初级生产力的变异程度呈现一定下降趋势，显示出流域生态系统在空间分布和季相差异的变动有所减小。

从地表蒸散量来看，不同年均地表蒸散量指数区间对应的生态系统面积特征表现为（400~600）>（200~400）>（600~800）>（0~200）>（800~∞），流域内超过50%的面积处于400~600mm年均地表蒸散量指数等级。2000~2010年，流域地表蒸散量总体呈减少趋势。从空间分布来看，辽河流域地表蒸散量空间差异性较大，东南部地区较高，辽河上游流域较低。地表蒸散量年均变异系数计算结果显示，流域整体地表蒸散量的变异程度的年际差异呈现了一定程度的波动，没有明显趋势。

（3）流域生态系统服务及其变化

2010 年，辽河流域单位面积生态系统产品供给能力平均为 3.68×10^6 kcal/hm²；生态系统固碳总量 4.3817 Pg，单位面积生态系统平均固碳能力 140.33 Mg/hm²；生态系统产水能力总量达 773.07 亿 m³，单位面积产水能力均值为 247.59mm；生态系统土壤保持能力总量为 69.34 亿 t，单位面积生态系统平均土壤保持能力为 222.08 t/hm²。

辽河流域生态系统服务的总体空间格局表现为：①产品供给服务平原地区高于山区，主要沿辽河干流水系分布，与耕地的分布特征一致；②固碳、土壤保持等生态系统调节服务均呈现东部最高、西部次之，中部低的格局，主要与森林和草原生态系统类型分布相关；③水源涵养服务则呈现由东南向西北逐渐较低的格局，浑江流域最高，辽河上游流域最低，格局受降水和生态系统类型共同控制。辽河上游流域单位面积生态系统产水能力虽然最低，但对流域总产水量的贡献却最大，占流域产水总量的 20.3%。

2000～2010 年辽河流域生态系统服务变化主要表现为：①产品供给服务增加，整体增加了 115%。各子流域都有一定的增加，增幅最显著的区域是绕阳河-大凌河流域、辽河上游流域和辽河下游流域，分别增加了 164%、154% 和 137%。②固碳服务略有降低，减少了 0.04%。除了浑江流域和绕阳河-大凌河流域呈现波动变化外，其他子流域的固碳量能力均呈现一定程度的下降。降幅相对较大的区域是浑河-太子河流域和沿海诸河流域，分别下降了 0.11% 和 0.06%。③水源涵养服务有小幅度增加，流域生态系统产水量增加了 3.47 亿 m³，单位面积产水能力增加了 1.11mm，但增幅较小，仅为 0.45%。其中，流域中部的浑河-太子河流域、绕阳河-大凌河流域、辽河下游流域增长相对较多，而流域西部的辽河上游流域增幅较小，流域产水能力的区域差异有加剧趋势。④土壤保持服务略有增加，流域整体增加了 0.09%，但空间差异显著。绕阳河-大凌河流域土壤保持服务提升较为明显，辽河上游流域和浑江流域略有减少。

（4）水资源与水环境

流域水资源分布空间差异显著，径流量与含沙量分布空间差异明显。各子流域径流量从大到小排序，依次是辽河下游流域>浑河-太子河流域>沿海诸河流域>绕阳河～大凌河流域>辽河上游流域。2000～2010 年，流域西部（辽河上游流域与大凌河流域）的径流量减少，流域中部地区（绕阳河流域）径流量变化不大，流域中东部（辽河下游流域、浑河-太子河流域）及南部沿海诸河流域径流量显著增加。各子流域径流含沙量由大到小依次为辽河上游流域>绕阳河-大凌河流域>辽河下游流域>浑河-太子河流域>沿海诸河流域，径流量较小的西部地区（辽河上游流域-绕阳河—大凌河流域）含沙量较大，径流量较高的中东部地区（辽河下游流域、浑河-太子河流域）与南部地区（沿海诸河流域）的含沙量较低。从输沙量来看，辽河上游流域部分河段的径流含沙量和输沙量较大，辽河下游流域的输沙量较小。

流域内污水废水排放总量持续增长，污水中 COD 和氨氮排放总量略有降低。2002～2010 年，工业废水排放量有所减少，生活污水排放增加明显。空间分布上，辽河下游流域及沿海诸河流域污水废水排放强度高，辽河上游流域相对较低，但污水废水在上游地区及浑河-太子河流域增加幅度大于下游。流域内污水废水中 COD 排放总量有所减少，从

55.81 亿 t 减少到 49.9 亿 t, 其中, 生活污水中 COD 排放减少 6.09 万 t。空间分布上, 辽河下游流域和沿海诸河流域排放强度高, 辽河上游流域相对较低。2002~2010 年, 辽河下游流域部分排放强度大的区县略有降低, 辽河上游流域和沿海诸河流域明显增加。流域内污水废水中氨氮排放总量有所减少, 从 8.24 万 t 减少到 7.19 万 t, 减少主要来自工业废水中氨氮的减少。从空间分布及变化来看, 工业废水中氨氮在辽河下游流域和浑河-太子河流域氨氮排放高、辽河上游流域较低, 生活污水中氨氮排放在辽河下游流域和沿海诸河流域较高、辽河上游流域和浑河-太子河流域低。

辽河干流总体为轻度污染。主要污染指标为 BOD_5、石油类和氨氮。上游段老哈河水质为优, 东辽河水质良好, 西辽河为中度污染; 下游段辽河为中度污染。辽河支流总体为重度污染。西拉木伦河为轻度污染, 二道河和招苏台河为重度污染。主要污染指标为高锰酸盐指数、BOD 和氨氮。浑河-太子河及其支流总体为重度污染。其中浑河沈阳段、太子河鞍山段和大辽河营口段污染严重。主要污染指标为氨氮、石油类和高锰酸盐指数。

（5）流域陆地生态系统与水的关系

从气候变化与径流的关系、污染物排放与水环境的关系、社会经济发展与污染负荷的关系、陆地生态系统和气候变化与水资源和水土流失的关系四个方面分析了流域生态系统变化与水的关系。

2000~2010 年, 辽河流域降水量两极分化趋势加强, 东部降水增加, 西部旱区愈旱, 干旱区面积扩大, 造成上游流域径流量减少, 下游流域径流量增大, 流域内水资源不均衡状况加剧。

从污染物排放的空间分布来看, 辽河下游及流域中部沿海地区, 污水废水排放强度、COD 排放强度以及 NH_3-N 排放强度均为全流域最高, 上游区域、流域东部污染物排放强度相对较低。流域水环境质量与污水及污染负荷排放强度显著相关。污染负荷低的上游地区, 水环境质量较好; 污染负荷较高的下游及沿海地区, 水环境状况较差。

生活污水排放强度与人口分布表现出很强的空间相关性。生活污水的排放强度在人口密度高的下游区域和环渤海地区较高, 上游地区偏低。随着社会经济发展和人均收入增加, 人均生活污水的排放量也相应增加。污水废水及相关污染物负荷与经济产业发展也呈现显著相关性。流域 GDP 强度分布空间差异显著, 辽河下游流域和环渤海区域高, 上游区域和东北部区域低。工业废水排放强度也是辽河下游及环渤海区域高, 上游区域相对较低。从十年间变化来看, 虽然流域内三大产业增加幅度较大, 第二、第三产业增速快, 但由于产业废水治理力度加大, 工业污水处理率和达标率提高, 工业污水及相关污染物排放强度呈现降低趋势。

流域陆地生态系统和气候变化与流域水资源和水土流失在不同空间子流域上表现出不同的相关关系。流域陆地生态系统的变化使得土壤保持能力有所提升, 但上游流域总输沙量减少的主要原因是该区域降水显著减少导致, 其他子流域总输沙量和水土流失的增加是降雨量的显著增加导致。生态系统土壤保持生态服务能力的提升不足以抵消降雨量增加导致的土壤流失的增加。流域东南部区域降雨量显著增加, 但下游流域径流含沙量稳定或略有增加, 浑河-太子河流域径流含沙量则呈明显下降趋势, 显示出生态系统变化带来的土壤保持服务能力增强的效果。

（6）辽河流域主要生态环境问题

根据以上研究结果，总结流域主要生态环境问题，主要有以下几个方面：①流域内耕地向人工用地转化剧烈，人工用地对耕地、草地、湿地等自然生态系统类型的侵占可能导致流域内生态系统的稳定性和弹性降低；②岸边带内湿地减少与人工用地面积增加趋势显著，岸边带受社会经济活动的不良影响加剧，污染风险增加，岸边带的缓冲和净化能力受到严重影响；③流域内水资源分布不均程度有加剧趋势，流域上游区域水资源匮乏且继续减少，流域下游水资源相对丰富而且持续增加；④流域水环境污染严重，污水排放量持续增加，污染物负荷较高，不同子流域水污染程度不均，浑河-太子河及其支流水污染最为严重；⑤大伙房水库水源地的水资源与水环境问题依然严峻，大伙房水库流域受周边农业、工业与生活污水污染较为严重。

7.2　对策与建议

针对上述辽河流域生态环境问题与演变趋势，提出以下流域生态环境管理与建设的对策和建议。

1）协调林草保护与利用，防止生态系统质量退化。在退耕还林还草、扩大草地生态系统面积取得显著效果的同时，加强对优质林地、草地和湿地的保护，遏制生态系统质量退化。

2）加强水源管理，严格保护湿地。采取严格的水资源利用管理、限制湿地占用等措施，努力保护湿地，遏制湿地减少和河道断流。

3）提高人工用地效率，切实保护耕地。努力提高人工用地的效率，控制建设用地扩张规模和对湿地、草地和耕地的占用。

4）加强岸边带管理，提升生态环境功能。继续开展岸边带退耕，严格控制岸边带内的土地开发，增强岸边带生态环境能力，减少岸边带内的社会经济活动，降低岸边带内污染排放强度。

5）分区重点建设，提升生态系统服务能力。流域生态系统水源涵养能力保育的重点在上游地区，应在上游区域大力开展生态建设措施，防治草地退化和土壤沙化，提升生态系统功能和服务。流域水土流失主要发生在辽河干流流域和浑河-太子河流域，评价结果表明该区域也是流域生态系统土壤保持服务能力相对较弱的区域，应重点在该区域开展生态工程，提升流域生态系统土壤保持服务能力。

6）加强污水治理，削减污染负荷，改善流域水质。重点加强辽河下游流域、浑河~太子河流域、饶阳河~大凌河流域的污水治理，大力优化产业结构、促进产业升级，提高社会经济发展的资源环境效率，削减污水和污染负荷排放强度，改善水体水质。

7）加强大伙房水库流域村镇生活污水治理，进一步削减氮磷污染负荷；加强水库核心区管理，控制和缩减农田，加强化肥、农药使用监管；保证水库水质安全。实施和完善库区生态补偿机制，保护和提升水库流域的生态系统服务能力，保障库区生态系统健康和可持续发展。

参 考 文 献

蔡永明, 张科利, 李双才. 2003. 不同粒径制间土壤质地资料的转换问题研究. 土壤学报, 4 (4):
  511-517.

陈龙, 谢高地, 张昌顺, 等. 2012. 澜沧江流域土壤侵蚀的空间分布特征. 资源科学, 34 (7):
  1240-1247.

陈庆美, 王绍强, 于贵瑞. 2003. 内蒙古自治区土壤有机碳, 氮蓄积量的空间特征. 应用生态学报,
  14 (5): 699-704.

董德明, 葛淑芳, 沈万斌, 等. 2012. 辽河吉林省段 COD 环境容量研究. 吉林大学学报 (地球科学版),
  (42): 361-366.

方精云, 杨元合, 马文红. 2010. 中国草地生态系统碳库及其变化. 中国科学: 生命科学, 07: 566-576.

傅抱璞. 1981. 论陆面蒸发的计算. 大气科学, 5 (1): 23-31.

傅斌, 徐佩, 王玉宽, 等. 2013. 都江堰市水源涵养功能空间格局. 生态学报, 33 (3): 789-797.

高歌, 陈德亮, 任国玉, 等. 2006. 1956 ~ 2000 年中国潜在蒸散量变化趋势. 地理研究, 25 (3):
  378-587.

河北省统计局. 2001. 河北统计年鉴 2001. 北京: 中国统计出版社.

河北省统计局. 2002. 河北统计年鉴 2002. 北京: 中国统计出版社.

河北省统计局. 2003. 河北统计年鉴 2003. 北京: 中国统计出版社.

河北省统计局. 2004. 河北统计年鉴 2004. 北京: 中国统计出版社.

河北省统计局. 2005. 河北统计年鉴 2005. 北京: 中国统计出版社.

河北省统计局. 2006. 河北统计年鉴 2006. 北京: 中国统计出版社.

河北省统计局. 2007. 河北统计年鉴 2007. 北京: 中国统计出版社.

河北省统计局. 2008. 河北统计年鉴 2008. 北京: 中国统计出版社.

河北省统计局. 2009. 河北统计年鉴 2009. 北京: 中国统计出版社.

河北省统计局. 2010. 河北统计年鉴 2010. 北京: 中国统计出版社.

河北省统计局. 2011. 河北统计年鉴 2011. 北京: 中国统计出版社.

侯元兆, 王琦. 1995. 中国森林资源核算研究. 世界林业研究, 8 (3): 51-56.

吉林省统计局. 2001. 吉林统计年鉴 2001. 北京: 中国统计出版社.

吉林省统计局. 2002. 吉林统计年鉴 2002. 北京: 中国统计出版社.

吉林省统计局. 2003. 吉林统计年鉴 2003. 北京: 中国统计出版社.

吉林省统计局. 2004. 吉林统计年鉴 2004. 北京: 中国统计出版社.

吉林省统计局. 2005. 吉林统计年鉴 2005. 北京: 中国统计出版社.

吉林省统计局. 2006. 吉林统计年鉴 2006. 北京: 中国统计出版社.

吉林省统计局. 2007. 吉林统计年鉴 2007. 北京: 中国统计出版社.

吉林省统计局. 2008. 吉林统计年鉴 2008. 北京: 中国统计出版社.

吉林省统计局. 2009. 吉林统计年鉴 2009. 北京: 中国统计出版社.

吉林省统计局. 2010. 吉林统计年鉴 2010. 北京: 中国统计出版社.

吉林省统计局. 2011. 吉林统计年鉴 2011. 北京: 中国统计出版社.

江忠善, 王志强. 1996. 黄土丘陵区小流域土壤侵蚀空间变化定量研究. 土壤侵蚀与水土保持学报,
  2 (1): 1-9.

李苗苗，吴炳方，颜长珍，等.2004.密云水库上游植被覆盖度的遥感估算.资源科学，26（4）：153-159.

李明.2012.辽河铁岭段水环境容量及总量分配方法研究.沈阳：沈阳理工大学硕士学位论文.

辽宁省统计局.2001.辽宁统计年鉴2001.北京：中国统计出版社.

辽宁省统计局.2002.辽宁统计年鉴2002.北京：中国统计出版社.

辽宁省统计局.2003.辽宁统计年鉴2003.北京：中国统计出版社.

辽宁省统计局.2004.辽宁统计年鉴2004.北京：中国统计出版社.

辽宁省统计局.2005.辽宁统计年鉴2005.北京：中国统计出版社.

辽宁省统计局.2006.辽宁统计年鉴2006.北京：中国统计出版社.

辽宁省统计局.2007.辽宁统计年鉴2007.北京：中国统计出版社.

辽宁省统计局.2008.辽宁统计年鉴2008.北京：中国统计出版社.

辽宁省统计局.2009.辽宁统计年鉴2009.北京：中国统计出版社.

辽宁省统计局.2010.辽宁统计年鉴2010.北京：中国统计出版社.

辽宁省统计局.2011.辽宁统计年鉴2011.北京：中国统计出版社.

刘秉正，刘世海.1999.作物植被的保土作用及作用系数.水土保持研究，6（2）：32-36.

刘钰.1997.参照腾发量的新定义及计算方法对比.水利学报，（6）：27-33.

吕超群，孙书存.2004.陆地生态系统碳密度格局研究概述.植物生态学报，28（5）：692-703.

马雪华.1993.森林水文学.北京：中国林业出版社.

苗正红，刘志明，王宗明，等.2010.基于MODIS NDVI的吉林省植被覆盖度动态遥感监测.遥感技术与应用，25（3）：387-393.

内蒙古自治区统计局.2001.内蒙古统计年鉴2001.北京：中国统计出版社.

内蒙古自治区统计局.2002.内蒙古统计年鉴2002.北京：中国统计出版社.

内蒙古自治区统计局.2003.内蒙古统计年鉴2003.北京：中国统计出版社.

内蒙古自治区统计局.2004.内蒙古统计年鉴2004.北京：中国统计出版社.

内蒙古自治区统计局.2005.内蒙古统计年鉴2005.北京：中国统计出版社.

内蒙古自治区统计局.2006.内蒙古统计年鉴2006.北京：中国统计出版社.

内蒙古自治区统计局.2007.内蒙古统计年鉴2007.北京：中国统计出版社.

内蒙古自治区统计局.2008.内蒙古统计年鉴2008.北京：中国统计出版社.

内蒙古自治区统计局.2009.内蒙古统计年鉴2009.北京：中国统计出版社.

内蒙古自治区统计局.2010.内蒙古统计年鉴2010.北京：中国统计出版社.

齐贞，杜丽平，刘晓冰，等.2012.SWAT模型中气象数据库和土壤数据库的构建方法.河南科学，29（12）：1458-1463.

史东梅，陈正发，蒋光毅，等.2012.紫色丘陵区几种土壤可蚀性K估算方法的比较.北京林业大学学报，34（1）：32-38.

水利部松辽水利委员会水文局，松辽流域地下水通报.http：//www.slwr.gov.cn/sldsstb/

水利部松辽水利委员会水文局，松辽流域河流泥沙公报.http：//www.slwr.gov.cn/nsgb2011/

水利部松辽水利委员会水文局，松辽流域水资源公报.http：//www.slwr.gov.cn/szy2011/

司今，韩鹏，赵春龙.2011.森林水源涵养价值核算方法评述与实例研究.自然资源学报，26（12）：2100-2109.

孙小舟，封志明，杨艳昭.2009.西辽河流域1952年~2007年参考作物蒸散量的变化趋势.资源科学，31（3）：479-484.

田杰，于大炮，周莉，等 . 2012. 辽东山区典型森林生态系统碳密度 . 生态学杂志，31（11）：
　　2723-2729.

汪邦稳，杨勤科，刘志红，等 . 2007. 基于 DEM 和 GIS 的修正通用土壤流失方程地形因子值的提取 . 中
　　国水土保持科学，5（2）：18-23.

王辉，栾维新，康敏捷，等 . 2012. 辽河流域社会经济活动的环境污染压力研究——以氮污染为研究对
　　象 . 生态经济，（8）：152-157.

王辉，栾维新，康敏捷 . 2013. 辽河流域社会经济活动的 COD 污染负荷 . 地理研究，32（10）：
　　1802-1813.

王淑平，周广胜，吕育财，等 . 2002. 中国东北样带（NECT）土壤碳，氮，磷的梯度分布及其与气候因
　　子的关系 . 植物生态学报，26（5）：513-517.

王铁良，赵博，周林飞，等 . 2007. 辽宁双台子河口湿地生态环境需水量估算 . 沈阳农业大学学报，
　　38（4）：572-576.

王万忠，焦菊英 . 1996. 中国的土壤侵蚀因子定量评价研究 . 水土保持通报，16（5）：1-20.

王效科，欧阳志云，肖寒，等 . 2001. 中国水土流失敏感性分布规律及其区划研究 . 生态学报，21（1）：
　　14-19.

吴昌广，李生，任华东，等 . 2012. USLE/RUSLE 模型中植被覆盖管理因子的遥感定量估算研究进展 . 应
　　用生态学报，23（6）：1728-1732.

奚小环，杨忠芳，廖启林，等 . 2010. 中国典型地区土壤碳储量研究 . 第四纪研究，30（3）：573-583.

肖寒，欧阳志云，赵景柱，等 . 2000. 森林生态系统服务功能及其生态经济价值评估初探——以海南岛尖
　　峰岭热带森林为例 . 应用生态学报，11（4）：481-484.

谢云，刘宝元 . 2000. 侵蚀性降雨标准研究 . 水土保持学报，14（4）：6-11.

解宪丽，孙波，周慧珍，等 . 2004. 中国土壤有机碳密度和储量的估算与空间分布分析 . 土壤学报，
　　41（1）：35-43.

许炯心 . 2006. 黄河下游河道输沙功能的时间变化及其原因 . 地理研究，25（2）：276-283.

杨玲，杨艳昭 . 2016. 基于 TVDI 的西辽河流域土壤湿度时空格局及其影响因素 . 干旱区资源与环境，
　　30（2）：76-81.

杨萍，胡续礼，姜小三，等 . 2007. 小流域尺度土壤可蚀性（K 值）的变异及不同采样密度对其估值精度
　　的影响 . 水土保持通报，2007，26（6）：35-39.

杨艳昭，杨玲，张伟科，等 . 2014. 西辽河流域玉米水分平衡时空分布格局 . 干旱区资源与环境，
　　28（4）：147-152.

杨艳昭，张伟科，封志明，等 . 2013. 土地利用变化的水土资源平衡效应研究——以西辽河流域为例 . 自
　　然资源学报，28（3）：437-449.

于东升，史学正，孙维侠，等 . 2005. 基于 1：100 万土壤数据库的中国土壤有机碳密度及储量研究 . 应
　　用生态学报，16（12）：2279-2283.

于格，陈静，张学庆，等 . 2012. 大辽河口水环境污染生态风险评估 . 生态学报，32（15）：4651-4660.

张彪，李文华，谢高地，等 . 2009. 森林生态系统的水源涵养功能及其计量方法 . 生态学杂志，28（3）：
　　529-534.

张海丽 . 2013. 大辽河口水环境污染生态风险评价指标体系与技术方法研究 . 青岛：中国海洋大学硕士学
　　位论文 .

张科利，彭文英，杨红丽 . 2007. 中国土壤可蚀性值及其估算 . 土壤学报，44（1）：7-13.

张三焕，田允哲 . 2001. 长白山珲春林区森林资源资产生态环境价值的评估研究 . 延边大学学报：自然科

学版, 27 (2)：126-134.

张伟科, 封志明, 杨艳昭, 等. 2010. 北方农牧交错带土地利用/覆被变化分析——以西辽河流域为例. 资源科学, 32 (3)：573-579.

章文波, 付金生. 2003. 不同类型雨量资料估算降雨侵蚀力. 资源科学, 25 (1)：35-41.

赵元慧. 2012. 铁岭市水环境承载力研究. 沈阳：沈阳理工大学硕士学位论文.

赵崭. 2013. 浑河干流水质评价与生态需水量研究. 沈阳：沈阳农业大学硕士学位论文.

中国气象科学数据共享服务网, 中国地面气候资料日值数据集 (V3.0), http：//www. escience. gov. cn/metdata/page/index. html

中华人民共和国环境保护部. 辽宁省自然保护区名录 (截至 2011 年年底). http：//sts. mep. gov. cn/zrbhq/zrbhq/201208/t20120824_ 235193. htm

中华人民共和国水利部水文局. 第二卷, 辽河流域水文资料, 第 1 册：2006 年-2010 年.

中华人民共和国水利部水文局. 第二卷, 辽河流域水文资料, 第 2 册：2001 年-2005 年, 2007 年-2010 年.

中华人民共和国水利部水文局. 第二卷, 辽河流域水文资料, 第 3 册：2000 年-2010 年.

中华人民共和国水利部水文局. 第二卷, 辽河流域水文资料, 第 4 册：2000 年-2001 年, 2006-2010 年.

周彬. 2011. 基于生态服务功能的北京山区森林景观优化研究. 北京：北京林业大学硕士学位论文.

周林飞, 康萍萍, 张玉龙, 等. 2013. 基于生态需水的辽河干流生态系统功能价值计算. 水力发电学报, 32 (2)：114-118.

周林飞, 王辉, 孙佳竹. 2010. 大凌河河道生态环境需水量研究. 沈阳农业大学学报, 41 (2)：241-243.

周林飞, 赵崭, 张玉龙. 2014. 基于水文要素变化特征的浑河干流生态需水量计算. 大连理工大学学报, 54 (2)：215-221.

周文佐. 2003. 基于 GIS 的我国主要土壤类型土壤有效含水量研究. 南京：南京农业大学硕士学位论文.

周玉荣, 于振良, 赵士洞. 2000. 我国主要森林生态系统碳贮量和碳平衡. 植物生态学报, 24 (5)：518-522.

朱苑维, 管东生, 胡燕萍. 2013. 珠三角地区农田生态系统植被碳储量与碳密度动态研究. 南方农业学报, 44 (8)：1313-1317.

Allen R G, Pereira L S, Raes D, et al. 1998. Crop evapotranspiration-guidelines for computing crop water requirements. Fao Irrigation & Drainage Paper：56

Canadell J, Jackson R B, Ehleringer J B, et al. 1996. Maximum rooting depth of vegetation types at the global scale. Oecologia, 108 (4)：583-595.

Carlson T N, Ripley D A. 1997. On the relation between NDVI, fractional vegetation cover, and leaf area index. Remote Sensing of Environment, 62 (3)：241-252.

Cohen M J, Shepherd K D, Walsh M G. 2005. Empirical reformulation of the universal soil loss equation for erosion risk assessment in a tropical watershed. Geoderma, 124 (3)：235-252.

Daughtry C, Hunt Jr E. 2008. Mitigating the effects of soil and residue water contents on remotely sensed estimates of crop residue cover. Remote Sensing of Environment, 112 (4)：1647-1657.

de Asis A M, Omasa K. 2007. Estimation of vegetation parameter for modeling soil erosion using linear spectral mixture analysis of landsat ETM data. ISPRS Journal of Photogrammetry and Remote Sensing, 62 (4)：309-324.

Desmet P, Govers G. 1996. A GIS procedure for automatically calculating the USLE LS factor on topographically complex landscape units. Journal of Soil and Water Conservation, 51 (5)：427-433.

Dissmeyer G E, Foster G R. 1981. Estimating the cover-management factor（C）in the universal soil loss equation for forest conditions. Journal of Soil and Water Conservation, 36（4）: 235-240.

Donohue R J, Roderick M L, Mcvicar T R. 2007. On the importance of including vegetation dynamics in Budyko´s hydrological model. Hydrology and Earth System Sciences Discussions, 11（2）: 983-995.

Donohue R J, Roderick M L, Mcvicar T R. 2012. Roots, storms and soil pores: Incorporating key ecohydrological processes into Budyko's hydrological model. Journal of Hydrology, 436: 35-50.

Droogers P, Allen R G. 2002. Estimating reference evapotranspiration under inaccurate data conditions. Irrigation and Drainage Systems, 16（1）: 33-45.

Gabriels D, Ghekiere G, Schiettecatte W, et al. 2003. Assessment of USLE cover-management-C-factors for 40 crop rotation systems on arable farms in the kemmelbeek watershed, belgium. Soil and Tillage Research, 74（1）: 47-53.

Lal R. 1994. Soil Erosion Research Methods. Florida: CRC Press.

Leprieur C, Verstraete M M, Pinty B. 1994. Evaluation of the performance of various vegetation indices to retrieve vegetation cover from AVHRR data. Remote Sensing Reviews, 10（4）: 265-284.

Ma Q, Yu X, Lü G, et al. 2012. The changing relationship between spatial pattern of soil erosion risk and its influencing factors in Yimeng mountainous area, China 1986－2005. Environmental Earth Sciences, 66（5）: 1535-1546.

McCool D K, Foster G R, Mutchler C K, et al. 1989. Revised slope length factor for the universal soil loss equation. Transactions of the ASAE, 32（5）: 1571-1576.

Piao S, Fang J, Ciais P, et al. 2009. The carbon balance of terrestrial ecosystems in China. Nature, 458（7241）: 1009-1013.

Renard K G, Foster G R, Weesies G A, et al. 1997. Predicting soil erosion by water: A guide to conservation planning with the Revised Universal Soil Loss Equation（RUSLE）. Agriculture Handbook.

Shangguan W, Dai Y, Liu B, et al. 2013. A China data set of soil properties for land surface modeling. Journal of Advances in Modeling Earth Systems, 5（2）: 212-224.

Sharpley A N, Williams J R. 1990. EPIC-erosion/productivity impact calculator: 1. Model documentation. Washington D C: Technical Bulletin-United States Department of Agriculture.

Strange E M, Fausch K D, Covich A P. 1999. Sustaining ecosystem services in human-dominated watersheds: Biohydrology and ecosystem processes in the South Platte River Basin. Environmental Management, 24（1）: 39-54.

Sweeney B W, Bott T L, Jackson J K, et al. 2004. Riparian deforestation, stream narrowing, and loss of stream ecosystem services. Proceedings of the National Academy of Sciences of the United States of America, 101（39）: 14132-14137.

Villamagna A M, Angermeier P L, Bennett E M. 2013. Capacity, pressure, demand, and flow: A conceptual framework for analyzing ecosystem service provision and delivery. Ecological Complexity, 15: 114-121.

Williams J R, Renard K G, Dyke P T. 1983. EPIC: A new method for assessing erosion´s effect on soil productivity. Journal of Soil and Water Conservation, 38（5）: 381-383.

Wischmeier W H, Smith D D. 1978a. Agriculture Handbook No. 537. Washington D C: U. S. Department of Agriculture.

Wischmeier W H, Smith D D. 1978b. Predicting rainfall erosion losses-A guide to conservation planning. Predicting rainfall erosion losses-A guide to conservation planning.

Wischmeier W H. 1959. A rainfall erosion index for a universal soil-loss equation. Soil Science Society of America Journal, 23 (3): 246-249.

Wu H, Guo Z, Peng C. 2003. Distribution and storage of soil organic carbon in China. Global Biogeochemical Cycles, 17 (2): 67-80.

Xie Z, Zhu J, Liu G, et al. 2007. Soil organic carbon stocks in China and changes from 1980s to 2000s. Global Change Biology, 13 (9): 1989-2007.

Yang H, Yang D, Lei Z, et al. 2008. New analytical derivation of the mean annual water - energy balance equation. Water Resources Research, 44 (3): 893-897.

Yang Y, Fang J, Ma W, et al. 2010. Soil carbon stock and its changes in northern China's grasslands from 1980s to 2000s. Global change biology, 16 (11): 3036-3047.

Yang Y, Fang J, Smith P, et al. 2009. Changes in topsoil carbon stock in the Tibetan grasslands between the 1980s and 2004. Global Change Biology, 15 (11): 2723-2729.

Yang Y, Fang J, Tang Y, et al. 2008. Storage, patterns and controls of soil organic carbon in the Tibetan grasslands. Global Change Biology, 14 (7): 1592-1599.

Zhang L, Hickel K, Dawes W, et al. 2004. A rational function approach for estimating mean annual evapotranspiration. Water Resources Research, 40 (2): 89-97.

Zribi M, Le Hegarat-Mascle S, Taconet O, et al. 2003. Derivation of wild vegetation cover density in semi-arid regions: ERS2/SAR evaluation. International Journal of Remote Sensing, 24 (6): 1335-1352.

索　引